普通高等教育"十二五"规划教材

基础物理学教程

（第2版）（下册）

主　编　白少民　李卫东
副主编　薛琳娜　苏芳珍　任新成

U0290723

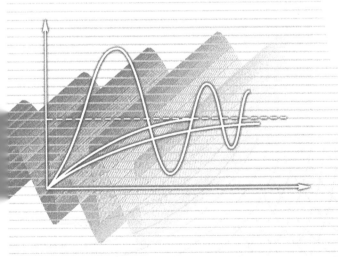

西安交通大学出版社
XI'AN JIAOTONG UNIVERSITY PRESS

内容提要

本教材上下册共五篇,分为十三章.上册两篇,包括第一篇力学部分的质点力学、力学中的守恒定律、刚体和流体;第二篇电磁学部分的静电场、稳恒磁场、电磁感应和电磁场.下册三篇,包括第三篇热物理学的热力学基础、气体动理论;第四篇振动与波部分的振动学基础、波动学基础、波动光学;第五篇近代物理学基础部分的相对论基础、量子力学基础.

本教程可作为理、工科非物理专业大学物理学课程的教材,也可供成人教育及其他专业基础物理课程选用.

图书在版编目(CIP)数据

基础物理学教程.下册/白少民主编.—2版.—西安:西安交通大学出版社,2014.1(2015.7 重印)

ISBN 978 - 7 - 5605 - 5950 - 6

Ⅰ.①基…　Ⅱ.①白…　Ⅲ.①物理学-高等学校-教材

Ⅳ.①O4

中国版本图书馆 CIP 数据核字(2014)第 016546 号

书　　名	基础物理学教程(第 2 版)下册
主　　编	白少民　李卫东
策划编辑	李慧娜
责任编辑	李慧娜
出版发行	西安交通大学出版社
	(西安市兴庆南路 10 号　邮政编码 710049)
网　　址	http://www.xjtupress.com
电　　话	(029)82668357　82667874(发行中心)
	(029)82668315(总编办)
传　　真	(029)82668280
印　　刷	北京京华虎彩印刷有限公司
开　　本	727mm×960mm　1/16　印张 18.5　字数 332 千字
版次印次	2014 年 2 月第 2 版　2015 年 7 月第 2 次印刷
书　　号	ISBN 978 - 7 - 5605 - 5950 - 6/O・452
定　　价	32.00 元

读者购书、书店添货、如发现印装质量问题,请与本社发行中心联系、调换。

订购热线:(029)82665248　(029)82665249

投稿热线:(029)82667097　QQ:8377981

读者信箱:lg_book@163.com

版权所有　侵权必究

第 2 版 前 言

本教材经几年的教学使用后,获读者反馈:内容取舍和基本结构符合地方性高校大多数非物理专业大学物理课程的教学实际要求,也适合较少学时专业选用。因此本次修订,仍保持原教材的风格和特点,即"保证基础、加强近代、联系实际、涉及前沿"的选材原则和教材的原有结构体系。

本次修订作了几处次序的调整,以便使讲解更加合理流畅,例如第 1 章中的惯性系与非惯性系、伽利略变换等的节次进行了调整;对一般可不作为基础的部分内容进行了删除,例如第 2 章碰撞一节中的部分内容;在文字上也作了必要的修改,以使论述更加严谨、通俗易懂;同时对第一版中存在的其他方面的不妥之处进行了修正,使教材的科学性、教学实用性和先进性有了进一步的增强,教材的整体质量有了提高。本版配有配套电子课件,可通过读者信箱:lg_book@163.com 索取或官方网站下载。

由于作者水平所限,本书一定还存在不当和错误的地方,恳请专家及读者不吝指正。

作 者

2014 年 1 月

第 1 版 前 言

随着科学技术的飞速发展,对人才的培养也提出了更高、更新的要求.为了满足这一要求,基础物理的教学内容和课程体系就要不断改进.本教材就是为此目的,在教学实践和教改研究的基础上编写的.

本教材在内容上,注意"保证基础,加强近代,联系实际,涉及前沿"的选材原则.具体考虑如下几点:

1. 考虑到教材既要反映物理学的新进展,使教学内容现代化,又能适应课程授课学时不断减少的趋势,教材从形式上减少了力学和电磁学等部分的章节(这两部分各压缩为三章);在内容上尽量避免与中学物理的不必要重复.本书力求以简明、准确的语言阐述物理学中的基本概念、原理、定律、定理和定义等.

2. 教材内容采取以"渗透式"与"透彻式"相结合的方式介绍,不同内容采取不同的形式.除基本内容外,教材中安排了标"＊"号的内容,可根据课时和专业及学生对象的情况在教学中进行取舍,不影响后继内容的学习.还有一些关于学科发展的前沿进展、新技术和应用等,教材以阅读材料形式编入供学生阅读,以使学生涉猎前沿、了解学科的发展及新技术的应用等.

3. 《基础物理学教程》与中学物理的不同主要在于数学处理方法的不同及适用范围的扩展.而数学处理方法是该课程一开始的难点.本教材把数学处理方法的过渡作为突破口(如微积分的应用、矢量运算等),使学生尽快适应该课程的处理方法,为学好该门课程扫除障碍.

4. 教材力求体现对学生高素质和综合能力的培养,注意物理思想及处理物理问题方法的介绍,克服教材就是知识堆砌的现象.在教材中适量加入物理学史的介绍和物理学家简介,以培养学生创造发明意识及对待科学的严谨态度和实事求是的作风.

5. 纵观物理学的内容,它可分为两大部分:一是牛顿力学、麦克斯韦电磁学及热力学为基础构成的经典物理学;另一是以相对论及量子物理为基础而构成的近代物理学.近代物理学是更为普遍的理论,它可以把经典物理作为一种近似包含在其中.但是对宏观领域内的绝大多数研究现象来说,经典物理不仅适用,所得的结论的正确程度与近代物理处理并无差异,而且方法更为简捷方便,并还在不断地取得新的进展和应用.为此考虑,本教材将相对论和量子物理等作为近代物理部分仍

I

安排在最后介绍.

6. 在习题和思考题的选编上,以"题量不多、难点不大和兼顾应用"为前提,以加强学生基础知识的训练.

7. 全书采用 SI 单位制.

8. 本教材上下册共五篇,分为十三章.上册两篇,包括第一篇力学部分的质点力学、力学中的守恒定律、刚体和流体;第二篇电磁学部分的静电场、稳恒磁场、电磁感应和电磁场.下册三篇,包括第三篇热物理学的热力学基础、气体动理论;第四篇振动与波部分的振动学基础、波动学基础、波动光学;第五篇近代物理学基础部分的相对论基础、量子力学基础.

本教程可作为理、工科非物理专业大学物理学课程的教材,也可供成人教育及其他专业基础物理课程选用.

本教材第 1—3 章由苏芳珍编写,第 4 章、第 9—10 章由任新成编写,第 5—6 章、第 12—13 章由白少民编写,第 7—8 章由李卫东编写,第 11 章由薛琳娜编写,全书由白少民统稿。

在本教材的编写和出版过程中,受到西安交通大学出版社的大力支持和帮助,西北大学董庆彦、胡晓云、贺庆丽教授,陕西师范大学范中和、王较过教授等对教材的编写提出了许多宝贵的建议和意见,在此一并致谢.

由于作者水平所限,本书的不当和错误之处在所难免,恳请专家及读者不吝指正.

作　者
2010 年 1 月

目　录

第三篇　　热物理学

第四篇 振动与波

第五篇　近代物理基础

第三篇　热物理学

首先应当指出,热物理学(即热学)部分涉及到的热运动一词有两种含义,一种是作为宏观物质运动形态使用的(如谈到宏观物质的热运动与其他运动形态之间的转化时所用到的那样);另一种是作为构成宏观物质的微观粒子的运动形态来使用的.本教材提到的热运动是指第一种含义,而将微观粒子运动说成粒子的无规则运动.这里所说的宏观物质(由大量微观粒子如分子、原子或离子所组成的系统)的热运动形态实质上就是组成物质的大量微观粒子的无规则运动(机械运动)在总体上所表现出来的一种运动形态(非机械运动).宏观物质的这种热运动形态是以冷热现象(即热现象)为主要标志的.所谓热现象就是与物体冷热程度有关的物理性质及其状态变化.例如,物体受热后体积膨胀,水冷却到一定程度会变成冰;导线受热后电阻会增大,导体在低温下可变成超导体等等,热学就是以研究物质的热运动形态以及热运动与其他运动形态之间的转化规律为研究对象的一门学科.热运动与单个微观粒子的无规则运动不同,既不同于机械运动,也不遵从力学规律(个别粒子运动遵从力学规律),而是遵从统计规律(支配大量个别偶然事件的整体行为的规律).这是热运动区别于机械运动的主要标志.

统计规律在某种意义上也就是将微观量(描写粒子微观性质的物理量)和宏观量(描述系统宏观性质的物理量)联系起来的规律,统计平均的方法(对大数量粒子的微观量求平均值的方法)是把两类量联系起来的桥梁.

研究热运动可以从宏观的角度去研究,也可以从微观的角度去研究,这就形成了热学的两种理论,即热力学和统计物理学(分子动理论是它的初级理论),也就是热学的宏观理论和微观理论.

热力学不涉及物质的微观结构,只是根据由观察和实验所总结出来的宏观热现象所遵循的基本定律,用严密的逻辑推理方法,研究系统的热学性质.而统计物理学则是从物质的内部微观结构出发,即从组成物质的分子、原子的运动和它们之间的相互作用出发,依据每个粒子所遵循的力学规律,运用统计的方法阐明系统的热学性质.热力学的研究能给出普遍而可靠的结果,可以用来检验微观理论的正确性,统计物理学的研究能深入到热现象的本质,二者相辅相成,相互补充.

本教材先介绍热学的宏观理论(热力学),然后介绍微观理论,而且后者只涉及初等的气体动理论.

第7章 热力学基础

本章是热现象的宏观描述——热力学,其主要内容有:平衡态、准静态过程、热量、功、内能、热容等概念;热力学第一定律及其对理想气体等值过程、绝热过程和多方过程的应用;循环过程、卡诺循环、热力学第二定律、熵和熵增加原理等.

§7.1 热力学系统 理想气体状态方程

一、热力学系统

在热学中,通常把确定为研究对象的物体或物体系统称为**热力学系统**(简称为**系统**),这里所说的物体可以是气体、液体或固体这些宏观物体,在热力系统外部,与系统的状态变化直接有关的一切叫做**系统的外界**.热力学研究的客体是由大量分子、原子组成的物体或物体系.

若系统与外界没有能量和质量的交换,这样的系统称为**孤立系统**;与外界没有质量交换,但有能量交换的系统,称为**封闭系统**;既有质量又有能量交换的系统称为**开放系统**.

二、气体的状态参量

在力学中研究质点机械运动时,我们用位矢和速度(动量)来描述质点的运动状态.而在讨论由大量作无规则运动的分子构成的气体状态时,位矢和速度(动量)只能用来描述分子运动的微观状态,不能描述整个气体的宏观状态.对一定量的气体,其宏观状态常用气体的体积(V)、压强(P)和热力学温度(T)(简称温度)来描述. P、V、T 这三个物理量叫做**气体的状态参量**,是描述整个气体特征的量,它们均为宏观量,而分子的质量、速度、能量等则是微观量.

三个量中,气体的体积(V)是几何参量,是指气体分子所能到达的空间,对于装在容器中的气体,容器的容积就是气体的体积. 在国际单位制中,体积的单位是立方米,符号是 m^3.

气体的压强是力学参量,是作用于容器器壁上单位面积上的正压力. 在国际单位制中,压强的单位是帕斯卡[①],符号为 Pa,1 Pa＝1 N・m^{-2},有时也用标准大气压(atm),厘米汞柱高(cmHg),它们之间的关系为

$$1 \text{ atm}＝76 \text{ cmHg}＝1.013 \times 10^5 \text{ Pa}$$

温度(T)是物体冷热程度的量度,是热学量.定义温度的科学依据是热力学第零定律[②].要进行温度的测量,必须建立温标,温标是温度的数值表示法.各种各样的温度计都是由各种温标确定的.常用的温标有摄氏温标,而热力学温标是最基本的温标,符号为 T,单位是开尔文(K).1960 年国际计量大会规定摄氏温度与热力学温度之间的关系为

$$t＝T－273.15$$

三、平衡态

气体平衡态的概念是个非常重要的概念.把一定质量的气体装在一给定体积的容器中,经过足够长的时间后,容器内各部分气体的压强相等,温度相同,此时气体的状态参量具有确定的值.如果容器中的气体与外界没有能量和物质的交换,气体内部也没有任何形式的能量与物质转化(例如没有发生化学变化或原子核的变化等),则气体的状态参量将不随时间而变化,这样的状态叫做平衡态.应该指出,容器中的气体总不可避免地会与外界发生不同程度的能量和物质交换.所以平衡态只是一个理想的模型.在实际中,如果气体状态的变化很微小,可以忽略不计时,就可以把气体的状态看成是近似平衡态.还应指出,气体的平衡态只是一种动态平衡,因为分子的无规则运动是永不停息的.通过气体分子的运动和相互碰撞,在宏观上表现为气体各部分的密度、温度、压力均匀且不随时间变化.

对于处在平衡态、质量为 M 的气体,它的状态可用 P、V、T 三个量值来表示.例如,一组参量 P_1、V_1、T_1 表示一个状态,另一组参量 P_2、V_2、T_2 表示另一状态,在以 P 为纵轴,V 为横轴的 $P-V$ 图上,气体的一个平衡状态可以用一个确定的点来表示.如图 7.1 中的点 $A(P_1$、V_1、$T_1)$ 或点 B $(P_2$、V_2、$T_2)$.

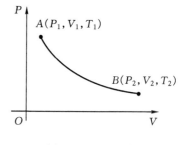

图 7.1 $P-V$ 图

---

① 帕斯卡(B.Pascal,1623—1662),法国数学家,物理学方面的成就主要是流体力学,他提出大气压力随高度的增加而减少的思想,后得到证实.为纪念他,国际单位制中压强的单位用"帕斯卡"命名.

② 如有兴趣了解热力学温标的建立,可参阅黄淑清、聂宜如、申先甲编《热学》12—21 页.

四、理想气体状态方程

实验证明,当一定量的气体处于平衡态时,描述平衡态的三个参量 P、V、T 之间存在一定的关系,当其中任意一个参量发生变化时,其他两个参量也将随之改变,即其中一个量是其他两个量的函数,如

$$T = T(P, V) \quad \text{或} \quad f(T, V, P) = 0$$

上述方程就是一定量的气体处于平衡态时气体的状态方程. 在中学物理中我们已经知道,一般气体在密度不太大,压力不太高(与大气压强相比)和温度不太低(与室温比较)的实验范围内,遵守玻意耳定律、盖·吕萨克定律和查理定律,我们把任何情况下都遵守上述三条实验定律和阿伏伽德罗定律[①]的气体称为**理想气体**.一般气体在温度不太低,压强不太大时,都可以近似当做理想气体. 描述理想气体状态的三个参量 P、V、T 之间的关系即为**理想气体状态方程**. 可由三个实验定律和阿伏伽德罗定律导出. 对一定质量的理想气体,物态方程的形式为

$$PV = \frac{M}{\mu}RT \tag{7.1}$$

式中的 M 为气体质量,μ 为 1 摩尔气体的质量,简称**摩尔质量**,如氧气的摩尔质量 $\mu = 32 \times 10^{-3} \text{ kg} \cdot \text{mol}^{-1}$,通常也用 $\nu = \frac{M}{\mu}$ 表示气体的量,称为**摩尔数**. 上式叫做理想气体状态方程. 在式(7.1)中,R 为一常数,称为**摩尔气体常量**. 其取值与方程中各量的单位有关,在国际单位制中 $R = 8.31 \text{ J} \cdot \text{mol}^{-1} \cdot \text{K}^{-1}$.

理想气体实际上是不存在的,它只是真实气体的初步近似,许多气体如氢、氧、氮、空气等,在一般温度和较低压强下,都可看做理想气体.

例 7.1 一长金属管下端封闭,上端开口,置于压强为 P_0 的大气中,今在封闭端加热达 $T_1 = 1000 \text{ K}$,另一端则达到 $T_2 = 200 \text{ K}$,设温度沿管长均匀变化. 现封闭开口端,并使管子冷却到 100 K,计算这时管内的压强(不计金属管的膨胀).

解 本题中系统初始不处于平衡态. 末态则是平衡态. 解该题的关键是算出初态(封闭管口时)的管内所存气体的质量. 因为初态时管内气体的温度沿管长变化,如图 7.2 所示,设管长为 L,截面积为 S,则距管口为 y 处管内气体的温度为

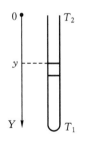

图 7.2 例 7.1 图

① 阿伏伽德罗(A. Avogadro,1776—1856),意大利物理学家,他在 1811 年提出在同样的温度和压强下,相同体积的气体含有相同数量的分子,这就是阿伏伽德罗定律.

$$T(y) = T_2 + \frac{T_1 - T_2}{L} y$$

对于 y 处管内一小段气体,设质量为 ΔM,占有体积为 ΔV,可认为近似处于平衡态,应用理想气体状态方程

$$P_0 \Delta V = \frac{\Delta M}{\mu} R T(y)$$

式中的 μ 为空气的摩尔质量,由上式可求得气体在该处的密度

$$\rho(y) = \frac{\Delta M}{\Delta V} = \frac{P_0 \mu}{R T(y)}$$

管内气体的总质量

$$M = \int_0^L \rho(y) s \mathrm{d}y = \frac{P_0 \mu}{R} s \int_0^L \frac{\mathrm{d}y}{T_2 + (T_1 - T_2) y/L}$$

$$= \frac{P_0 \mu s}{R} \cdot \frac{L}{T_1 - T_2} \ln \frac{T_1}{T_2}$$

设末态气体的压强为 P_f,将 $V = Ls$,$T_f = 100$ K 以及求出的 M 代入 $P_f V = \frac{M}{\mu} R T_f$ 中,即可算出

$$P_f = \frac{P_0}{T_1 - T_2} T_f \ln \frac{T_1}{T_2} = \frac{\ln 5}{8} P_0 = 0.2 P_0$$

§7.2   热力学第一定律

一、准静态过程

上一节讲到,当热力学系统处于平衡态时,如果系统与外界无能量和物质交换,系统的各个状态参量将保持不变.如果系统与外界发生了相互作用(做功或者传热),平衡态就遭到破坏而发生状态变化.当一个热力学系统的状态随时间变化时,就说系统经历了一个热力学过程(简称过程).过程是由一系列状态组成的,由于中间状态不同,热力学过程又分为非静态过程和准静态过程.

设有一个系统开始处于平衡态,经过一系列状态变化后到达另一平衡态,一般来说,在实际的热力学过程中,始末两平衡态之间所经历的每一个中间态不可能都是平衡态,而常为非平衡态.我们将中间状态为非平衡态的过程称为**非静态过程**.例如,在图 7.3 所示的气体膨胀或压缩过程中,如果将活塞极其迅速的外拉或内推,活塞附近气体的压强和远离活塞处的压强就会有差异.气体内就会出现压强不均匀,由于剧烈的气流和涡旋,还会造成气体各部分温度的差异.由于过程不断迅

速进行,新的平衡难以建立.所以气体的迅速膨胀或压缩过程为一非静态过程.

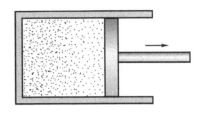

图 7.3　气体膨胀过程

非静态过程密度和压强的不均匀(还有加热过程中各部分温度不均匀等)给研究工作带来了一定的困难.所以人们提出一种叫准静态的理想过程.即在系统的始末两平衡态之间所经历的中间状态无限接近于平衡态(当做平衡态),这样的状态变化过程称为**准静态过程**.如图 7.4 所示,在带有活塞的容器内贮有一定量的气体,活塞与容器壁无摩擦,在活塞上放置一些沙粒.开始时,气体处于平衡态,其状态参量为 P_1、V_1、T_1,然后缓慢减小外界压力,即将砂粒一粒一粒地拿走,使压强每次减小一个微小量 ΔP,气体将缓慢地膨胀直到气体的状态参量变为 P_2、V_2、T_2.该过程的逆过程是一颗一颗加砂粒,使外压缓慢地增加,气体将被缓慢地压缩,直到压强从 P_2 又增加到 P_1.因正反过程的每一步压强的变化都很微小,过程进行得十分缓慢,气体压强所产生的微小不均匀性有足够的时间得以消除,系统在过程中的每一状

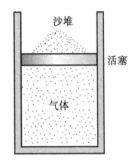

沙堆

活塞

气体

图 7.4　准静态过程

态都接近平衡态,这样的过程可以看做准静态过程.而实际过程不可能是无限缓慢的,准静态过程是实际过程的理想化、抽象化(它在热力学的理论研究和对实际应用的指导上有着重要意义).以后讨论的各种过程除非特别声明,都是指准静态过程.

在准静态过程中,由于系统所经历的每一个状态都可以当做平衡态,即都可以用一组状态参量来描写,进而都可以在 $P\text{-}V$ 图上用一点来表示.当气体经历一准静态过程,我们就可以在 $P\text{-}V$ 图上用一条相应的曲线来表示其准静态过程,如图 7.1 中 A 点和 B 点之间的连线,称为准静态过程曲线,简称过程曲线.

二、功

在热力学中,准静态过程的功,尤其是当系统体积变化时压力所做的功具有重要意义.如图 7.5(a)所示.在一有活塞的容器内盛有一定量气体,设气体压强为 P,当面积为 S 的活塞缓慢地移动一段微小距离 $\mathrm{d}l$,因气体的体积也增加了一微小量 $\mathrm{d}V$,按做功定义气体对活塞所做的功为 $\mathrm{d}A = PS\mathrm{d}l$.由于 $S\mathrm{d}l = \mathrm{d}V$,故气体对外所做的元功

$$\mathrm{d}A = P\mathrm{d}V$$

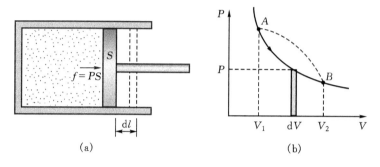

(a)　　　　　　　　(b)

图 7.5　准静态过程的功

在图 7.5(b)中,曲线下面画斜线的小矩形面积数值上就等于元功 dA,当系统的状态由 V_1 变化到 V_2 的有限过程中对外所做的总功

$$A = \int_{V_1}^{V_2} P dV \tag{7.2}$$

总功在数值上就等于 P-V 图中过程曲线下的总面积.当气体膨胀时,气体对外做正功;当气体被压缩时,气体对外做负功,但其数值都等于曲线下的面积.假定气体从状态 A 到状态 B 经历另一过程,如图 7.5(b)中的虚线所示,则气体所做的功应是虚线下的面积.显然,状态变化过程不同,过程曲线下的面积不同,系统所做的功也不同.结果说明,系统所做的功不仅与系统的初、末状态有关,还与过程有关.即功不是表征系统状态的量,而是一个过程有关的量.因此不能说"系统的功是多少"或"处于某一状态的系统有多少功".

三、热量

前已指出,对系统做功可以改变系统的状态.经验也证明,向系统传递热量也可以引起系统状态的改变.例如,一杯水放在电炉上加热,可使水温从某一温度升高到另一温度,也可以通过搅拌做功的方法,使水温升高到同一温度,前者是当系统与外界之间存在温度差时通过传递热量完成的,而后者是通过做功完成的,状态变了,也就是系统的能量变了,所以热量就是在不做功的纯传热过程中系统能量变化的一种量度.因为做功和传热可导致相同的状态变化,可见做功和传递热量具有等效性.在国际单位制中,热量和功的单位均为焦耳.以前,热量的单位用卡,功和热量的当量关系称为热功当量,即 1 卡＝4.186 焦耳.热量的符号通常用"Q"表示.它也是一个过程量.

还应指出,做功和传递热量虽有等效的一面,但有本质的区别.做功与宏观位移相联系,以做功的方式改变系统的状态时,常伴随着热运动与其他运动形态(如机械运动、电磁运动)之间的转化;传热则是和温度差的存在相联系,当以传热的方式使系统状态变化时,没有热运动形态与其他运动形态之间的转化,只有热运动能量的转移.所以,功和热量是两个不同的物理量.

四、内能

由前面的讨论已知,向系统传递热量可以使系统的状态发生变化,对系统做功也可以使系统的状态改变.而且当初、末态给定,单独向系统传递热量或对系统做功,传热或做功的数值是随过程的不同而不同的.然而大量事实表明,对于给定的初状态和末状态,不论所经历的过程有何不同,对系统传递热量和做功的总和是恒定不变的,与过程无关.在力学中,保守力做功与路径无关,从而可定义出系统的势能这个态函数.类似地,在此我们也可以引入一个只由系统状态决定的态函数,叫做**热力学系统的内能**,当系统由初状态变到末状态时,内能的增量是确定的,与所经历的过程无关,当气体的状态一定时,其内能也一定.

因此,内能是系统状态的单值函数.在以后的讨论中我们将知道,理想气体的内能仅是温度的函数,而对实际气体来说,其内能不仅与温度有关,还与体积有关,内能用符号"U"表示.

在图 7.6(a)中,一个系统从内能为 U_1 的状态 A 经 ACB 的过程到达内能为 U_2 的状态 B,也可经过 ADB 的过程到达 B 状态,虽然两过程的中间状态并不相同,但系统内能的增量相同,都为 $\Delta U = U_2 - U_1$. 再如图 7.6(b)所示的过程,系统从状态 A 出发,经 $ACBDA$ 过程后又回到初始状态 A,即末态与初态同为一个态,则系统内能的增量为零.也就是说,系统的状态经一系列变化又回到初始状态时,系统的内能不变.总之,系统内能的增量只与系统的初始和终了状态有关,与系统所经历的过程无关,它是系统状态的单值函数.

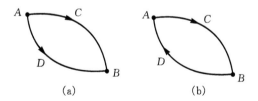

(a)　　　　　　(b)

图 7.6　系统内能与过程无关

五、热力学第一定律

一般情况下,当系统状态发生变化时,做功和传热往往是同时存在的.若开始时系统处于平衡态 1，系统的内能为 U_1，当系统从外界吸收热量 Q 后，经过某一过程，系统达到平衡态 2，其内能为 U_2，在这个过程中，系统对外界做功 A，则

$$Q = U_2 - U_1 + A \tag{7.3}$$

上式是**热力学第一定律的数学表示式**，在国际单位制中各量的单位都为焦耳．热力学第一定律说明：系统从外界吸收的热量，一部分使系统的内能增加，另一部分用于系统对外做功．它是包括热现象在内的能量转换和守恒定律．

A 和 Q 符号的规定为：A 表示系统对外界所做的功，系统对外做功时，A 取正值，外界对系统做功时，A 取负值；Q 表示系统从外界吸收的热量，系统从外界吸收热时，Q 取正值，系统向外界放热时，Q 取负值．$U_2 - U_1$ 或 ΔU 表示内能的增量，正值表示内能增加，负值表示内能减少．

对于微小的状态变化过程，热力学第一定律的数学表达式为

$$\mathrm{d}Q = \mathrm{d}U + \mathrm{d}A \tag{7.4}$$

如果研究的系统是气体（即只有体积功），热力学第一定律可写成

$$Q = U_2 - U_1 + \int_{V_1}^{V_2} P \mathrm{d}V \tag{7.5}$$

最后简述一下所谓第一类永动机的问题．由热力学第一定律可知，要使系统对外做功，必然要从外界吸热或消耗系统的内能，或两者皆有．历史上，人们曾幻想制造一种机器，即不消耗系统的内能，又不需要外界向它传递热量，即不需要任何动力或燃料却能不断对外做功，这种机器叫做第一类永动机．很明显，由于它违反了热力学第一定律而终未制成，所以热力学第一定律也可表述为第一类永动机是不可能造成的．

§7.3　理想气体的等值过程　摩尔热容

作为热力学第一定律的一个应用，我们讨论理想气体的等体、等压和等温过程的功、热量、内能以及摩尔热容．

一、等体过程　定体摩尔热容

等体过程的特征是系统的体积保持不变，即 V 为恒量，$\mathrm{d}V = 0$.

设将贮有气体的气缸活塞固定，使气缸连续地与一系列有微小温度差的恒温热源相接触，使气体的温度准静态地上升（或降低），压强增大（或降低）．这样的准静态过程是一个等体过程，其 P-V 图如图 7.7 所示．

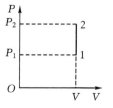

图 7.7　等体过程

对微小过程,因 $dV=0$,所以体积功 $dA=PdV=0$,由热力学第一定律,有

$$(dQ)_V = dU \tag{7.6a}$$

对有限过程

$$Q_V = U_2 - U_1 \tag{7.6b}$$

即在等体过程中,气体吸收的热量全部用来增加了气体的内能.

我们知道,系统吸收的热量(或放出的热量)同系统温度变化的比值称为**系统的热容**,用 C 表示,其定义是

$$C = \frac{dQ}{dT} \tag{7.7}$$

当系统的质量具有单位质量(1 kg)时,其热容称为**比热容**;而当系统中物质的量为 1 mol 时,相应的热容称为**摩尔热容**.在相同的温度变化下,系统吸收的热量与过程有关,所以不同的过程就有不同的热容.气体的定体摩尔热容是指 1 摩尔气体,当容积保持不变时,在没有化学反应和相变的条件下,温度改变 1 K 时,所吸收或放出的热量,常用 $C_{V,m}$ 表示.若 1 摩尔气体温度升高 dT,所吸收的热量 $(dQ)_V$,按定义

$$C_{V,m} = \frac{(dQ)_V}{dT} \tag{7.8a}$$

$C_{V,m}$ 的单位为 J · mol^{-1} · K^{-1},(7.8a)式可改写成

$$(dQ)_V = C_{V,m}dT \tag{7.8b}$$

对质量为 M,定体摩尔热容为常量的理想气体,在等体过程中,其温度由 T_1 变为 T_2 时,吸收的热量为

$$Q_V = \frac{M}{\mu}C_{V,m}(T_2 - T_1) \tag{7.8c}$$

式中的 μ 为气体的摩尔质量,则 M/μ 为气体的摩尔数.由式(7.6a)可得,在微小等体过程中内能的增量为

$$dU = \frac{M}{\mu}C_{V,m}dT \tag{7.9a}$$

对 1 mol 理想气体

$$dU = C_{V,m}dT \tag{7.9b}$$

可见,对于理想气体,其内能增量仅与温度的增量有关,与状态变化的过程无关.所以,我们通常用式(7.9)来计算理想气体内能的变化.

$C_{V,m}$ 可以由理论计算得出,也可通过实验测定,一般是温度的函数.若 $C_{V,m}$ 为常量,且气体的温度由 T_1 变为 T_2 时,气体内能的增量为

$$U_2 - U_1 = \frac{M}{\mu}C_{V,m}\int_{T_1}^{T_1} dT = \frac{M}{\mu}C_{V,m}(T_2 - T_1) \tag{7.9c}$$

二、等压过程　定压摩尔热容

气体经等压过程,压强保持不变,即 $dP=0$. 在 $P-V$ 图上,准静态等压曲线是一条平行于 V 轴的直线,如图 7.8 所示.

在等压过程中,设向气体传热为 $(dQ)_P$ 气体对外做功为 PdV,由热力学第一定律可得

$$(dQ)_P = PdV + dU \qquad (7.10)$$

上式说明,在等压过程中,气体吸收的热量一部分用来增加气体的内能,另一部分使气体对外做功. 对于有限变化的等压过程,有

$$A = \int_{V_1}^{V_2} PdV = P(V_2 - V_1) \qquad (7.11)$$

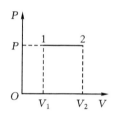

图 7.8　等压过程

对 $PV = \dfrac{M}{\mu}RT$ 微分,再考虑到 $dP=0$,功又可以写成

$$A = \frac{M}{\mu}\int_{T_1}^{T_2} RdT = \frac{M}{\mu}R(T_2 - T_1)$$

所以,向气体传递的热量为

$$Q_P = U_2 - U_1 + P(V_2 - V_1) = U_2 - U_1 + \frac{M}{\mu}R(T_2 - T_1)$$

Q_P 可由上式计算,也可通过热容量进行计算. **定压摩尔热容**的定义是:1 摩尔气体,当压强保持不变,在没有化学反应和相变的条件下,温度改变 1 K 时,所吸收或放出的热量. 定压摩尔热容用 $C_{P,m}$ 表示,单位与 $C_{V,m}$ 相同. 设有 1 mol 气体,在等压过程中吸收热量为 $(dQ)_P$,温度升高 dT,则

$$C_{P,m} = \frac{(dQ)_P}{dT} \qquad (7.12a)$$

或

$$(dQ)_P = C_{P,m}dT \qquad (7.12b)$$

$(dQ)_P$ 为 1 mol 气体在定压过程中其温度有微小增量时所吸收的热量,若气体质量为 M,在 $C_{P,m}$ 为常量的情况下,气体的温度由 T_1 变化到 T_2,所吸收的热量为

$$Q_P = \frac{M}{\mu}C_{P,m}(T_2 - T_1) \qquad (7.12c)$$

将式(7.12b)代入式(7.10)中,可得

$$C_{P,m} = \frac{dU + PdV}{dT} = \frac{dU}{dT} + P\frac{dV}{dT}$$

由于 $C_{V,m} = \dfrac{dU}{dT}$,再对 1 mol 理想气体状态方程 $PV = RT$ 两边微分,并考虑到 $dP = 0$ 后可得,$PdV = RdT$,所以有

$$C_{P,m}=C_{V,m}+R$$

或　　　　　　　　　　　$$C_{P,m}-C_{V,m}=R \tag{7.13}$$

　　上式说明理想气体的定压摩尔热容与定体摩尔热容之差为摩尔气体常数 $R(8.31\ \mathrm{J\cdot mol^{-1}\cdot K^{-1}})$，也就是说，在等压过程中，1 mol 理想气体，温度升高 1 K 时，要比在等体过程多吸收 8.31 J 的热量，以用于对外做功. 在实际应用中，常常用到 $C_{P,m}$ 与 $C_{V,m}$ 的比值，即

$$\gamma=C_{P,m}/C_{V,m}$$

γ 称为**摩尔热容比**（在绝热过程中又叫做绝热指数）. 表 7.1 给出了几种气体的 $C_{V,m}$、$C_{P,m}$ 的实验值和 $C_{P,m}-C_{V,m}$ 与 γ 的计算值.

表 7.1　几种气体摩尔热容的实验值（压强在 1.013×10^5 Pa，温度为 25℃ ）

气体		$C_{P,m}$	$C_{V,m}$	$C_{P,m}-C_{V,m}$	$\gamma=C_{P,m}/C_{V,m}$
单原子 气体	氦（He）	20.79	12.52	8.27	1.66
	氩（Ar）	20.79	12.45	8.34	1.67
双原子气体	氢	28.82	20.44	8.38	1.41
	氮	29.12	20.80	8.32	1.40
	氧	29.37	20.98	8.39	1.40
	一氧化碳	29.04	20.74	8.30	1.40
	空气	29.01	20.68	8.33	1.40
三个及以上 原子气体	水蒸气	36.21	27.82	8.39	1.30
	二氧化碳	36.62	28.17	8.45	1.30
	二氧化氮	36.90	28.39	8.51	1.30

三、等温过程

　　等温过程的特征是系统的温度保持不变，即 $\mathrm{d}T=0$. 设想汽缸壁是由绝热材料制成，汽缸底部是绝对导热的，将汽缸底部与一恒温热源接触并达到热平衡. 当作用在活塞上的压力有微小降低时，缸内气体将缓慢膨胀对外做功，这时气体的内能随之缓慢减小，气体的温度将微有下降，从而低于热源温度. 于是就有微量的热量传给气体，使气体又恢复到原温度，这一过程连续进行，就形成了准静态等温膨胀过程. 如图 7.9 所示的曲线是一条双曲线，称为**等温线**.

　　对于理想气体的微小过程，$\mathrm{d}T=0$，$\mathrm{d}U=0$. 由热力学第一定律，有

$$(dQ)_T = dA = PdV$$

按理想气体状态方程

$$P = \frac{M}{\mu} \cdot \frac{RT}{V}$$

并考虑到 $P_1 V_1 = P_2 V_2$，可得在有限变化的准静态等温膨胀过程中，理想气体吸收的热量为

$$Q_T = A = \int_{V_1}^{V_2} \frac{M}{\mu} RT \frac{dV}{V}$$

$$= \frac{M}{\mu} RT \ln \frac{V_2}{V_1}$$

$$= \frac{M}{\mu} RT \ln \frac{P_1}{P_2} \qquad (7.14)$$

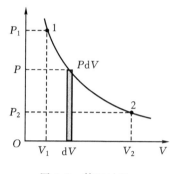

图 7.9 等温过程

即在等温过程中，理想气体的内能不变，气体吸收的热量全部转换为对外做的功，功的数值就等于 P-V 图上等温线下的面积. 若 A 和 Q_T 取正值，说明气体吸热对外做正功；当 Q_T 与 A 均取负值，此时外界对气体做正功，并全部以热的形式由气体传递给恒温热源.

例 7.2 如图 7.10 所示. 圆筒中活塞下的密闭空间盛有空气，如果空气柱起初的高度 $H = 15$ cm，初始压强为 $P_1 = 1.013 \times 10^5$ Pa. 问将活塞提高 $h = 10$ cm 的过程中，拉力做功多少？设活塞面积为 $S = 10$ cm^2，活塞重量不计，过程中温度保持不变，大气压强为 $P_0 = 1.013 \times 10^5$ Pa.

解 根据题意，在整个过程中，气体等温膨胀的功与拉力所做的功之和就等于克服大气压强所做的功，所以拉力所做的功则为

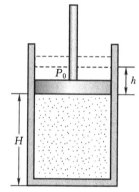

图 7.10 例 7.2 图

$$A = P_0 \cdot hS - P_1 V_1 \ln \frac{V_2}{V_1}$$

上式中的 $V_1 = H \cdot S$，$V_2 = (H + h) \cdot S$，将 V_1 和 V_2 代入上式可得：

$$A = P_0 hS - P_1 HS \ln \frac{(H + h)}{H}$$

$$= 1.013 \times 10^5 \times 10 \times 10^{-2} \times 10 \times 10^{-4} - 1.013 \times 10^5 \times 15 \times 10^{-2} \times 10 \times 10^{-4} \ln \frac{25}{15}$$

$$= 2.37 \ (\text{J})$$

§7.4　绝热过程　多方过程

一、绝热过程

绝热过程是在系统与外界之间没有热量传递的条件下所发生的状态变化过程.它的特征是 $dQ=0$.由热力学第一定律,有

$$dU + dA = 0$$

或　　　　　　　　　　$dA = -dU, \qquad (PdV = -dU)$

上式说明在绝热过程中,系统对外所做的功等于系统内能增量的负值.系统对外做正功,$dU<0$,内能减少,对外做负功,内能增加,$dU>0$.

在绝热过程中,理想气体的三个状态参量 P、V、T 都在变,故对理想气体状态方程微分可得到

$$P dV + V dP = \frac{M}{\mu} R dT \qquad (7.15)$$

又有

$$dU + dA = \frac{M}{\mu} C_{V,m} dT + P dV = 0 \qquad (7.16)$$

联立以上两式,消去 dT,整理后得到

$$(C_{V,m} + R) P dV + C_{V,m} V dP = 0$$

将 $C_{P,m} = C_{V,m} + R$ 及 $\gamma = \dfrac{C_{P,m}}{C_{V,m}}$ 代入上式得

$$\frac{dP}{P} + \gamma \frac{dV}{V} = 0$$

若设 γ 为常量,积分上式,得

$$PV^{\gamma} = 常量 \qquad (7.17)$$

再将上式与理想气体状态方程联立,分别消去 P 或 V,可得另外两个方程

$$TV^{\gamma-1} = 常量 \qquad (7.18)$$

$$P^{\gamma-1} T^{-\gamma} = 常量 \qquad (7.19)$$

式(7.17)、(7.18)和(7.19)都称为**绝热过程方程**.γ 称为**绝热指数**.应该注意,过程方程不同于状态方程,状态方程适应于任一平衡态,对应 $P\text{-}V$ 图上所有的点;而过程方程仅适用某些特定过程中的那些平衡态,仅代表 $P\text{-}V$ 图上某一特定曲线.如 $PV=$ 恒量就是等温过程方程,$P/T=$ 恒量是等体过程方程.

绝热过程方程(7.17)在 $P\text{-}V$ 图上对应的曲线称为**绝热线**.与等温线(虚线)比较,绝热线要陡一些,如图 7.11 所示,这可从两方面解释.从数学上看,等温线与

绝热线的斜率分别为

$$\left(\frac{\mathrm{d}P}{\mathrm{d}V}\right)_T = -\frac{P}{V}$$

$$\left(\frac{\mathrm{d}P}{\mathrm{d}V}\right)_Q = -\gamma\frac{P}{V}$$

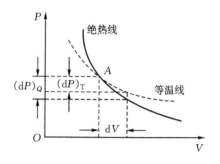

图 7.11　绝热过程与等温过程比较

　　由于 $\gamma>1$，所以绝热线斜率比等温线的斜率大，还可以从状态变化上分析. 假定从交点 A 起，经等温过程和绝热过程气体体积都增加，但在绝热过程中压强的降低 $(\mathrm{d}P)_Q$ 比在等温过程压强的降低 $(\mathrm{d}P)_T$ 要大，这是因为在等温过程中压强的减小只是由于体积的膨胀(气体分子数密度减小)引起，而在绝热过程中，压强的减少不仅是由于体积膨胀，也来自温度的降低. 所以，压强有较多的下降.

　　当系统在绝热条件下从体积 V_1 膨胀到 V_2 时，系统对外做的功可用 $P-V$ 图中绝热曲线下的面积表示. 其数值由绝热过程方程计算如下

$$A = \int_{V_1}^{V_2} P\mathrm{d}V = \int_{V_1}^{V_2} P_1 V_1^{\gamma}\frac{\mathrm{d}V}{V^{\gamma}} = P_1 V_1^{\gamma}\left(\frac{V_2^{1-\gamma}-V_1^{1-\gamma}}{1-\gamma}\right)$$

$$= \frac{P_2 V_2 - P_1 V_1}{1-\gamma} = \frac{P_1 V_1 - P_2 V_2}{\gamma-1} \tag{7.20}$$

二、多方过程

　　气体的很多实际过程既不是等值过程，也不是绝热过程，尤其在实际过程中很难做到严格地等温或严格地绝热. 对于理想气体来说，它的过程方程可能既非 PV =常量，也不满足 PV^{γ}=常量，但可能满足

$$PV^n = 常量 \tag{7.21}$$

这样的方程所表示的过程称为**多方过程**，n 称为**多方指数**. 由(7.21)式可以看出

　　(1)当 $n=\gamma$ 时，式(7.21)为理想气体绝热过程方程；

　　(2)当 $n=1$ 时，式(7.21)为理想气体等温过程方程；

　　(3)当 $n=0$ 时，式(7.21)为等压过程；

　　(4)式(7.21)可写成 $P^{1/n}V$=常量，则当 $n=\infty$ 时，有 V=常量，这就是理想气体等体过程.

　　与理想气体的绝热过程类似，理想气体多方过程方程除具有式(7.21)的形式外，还有以下两式

$$TV^{n-1} = 常量 \tag{7.22}$$

$$P^{n-1}T^{-n} = 常量 \tag{7.23}$$

与式(7.20)相似,多方过程中系统对外所做的功

$$A = \frac{P_1 V_1 - P_2 V_2}{n-1}$$

内能的增量为

$$\Delta U = \frac{M}{\mu} C_{V,m}(T_2 - T_1)$$

这是因为理想气体内能的改变仅与其初末状态有关,与过程无关的缘故,在多方过程中气体吸收的热量

$$Q = \frac{M}{\mu} C_{n,m}(T_2 - T_1)$$

式中 $C_{n,m}$ 为理想气体多方过程的摩尔热容,可以证明 $C_{n,m}$ 与 $C_{V,m}$ 的关系为

$$C_{n,m} = \frac{n-\gamma}{n-1} C_{V,m}$$

不难看出,对于理想气体的等温过程,$n=1$, $C_{n,m}=\infty$;对于等体和等压过程 $n=\infty$ 及 $n=0$, $C_{n,m}=C_{V,m}$ 及 $C_{n,m}=C_{P,m}$;对绝热过程,有 $n=\gamma$, $C_{n,m}=0$. 实际上,因为有无穷多种不同过程,气体的热容也有无穷多个. 当 $1<n<\gamma$ 时, $C_{n,m}$ 为负值,这是因为气体沿多方过程曲线变化时,对外所做的功大于它所吸收的热量,其自身内能必须减小,故系统虽然吸热但温度仍然降低. 各过程的热容和多方指数的分布情况如图 7.12 所示.

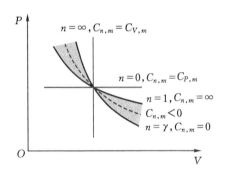

图 7.12　各多方过程热容及多方指数分布

例 7.3　有氧气 8.00×10^{-3} kg,原来的体积为 4.10×10^{-4} m³,温度为 300 K,做绝热膨胀后体积变为 4.10×10^{-3} m³,问气体做功多少? 已知氧气的定体摩尔热容 $C_{V,m}=20.9$ J·mol⁻¹·K⁻¹,$\gamma=1.4$.

解　根据理想气体在绝热过程中对外做功的公式

$$A = -\frac{M}{\mu} C_{V,m}(T_2 - T_1) = \frac{M}{\mu} C_{V,m}(T_1 - T_2)$$

如果求出终态温度 T_2,即可得到所求的功.按照绝热过程中 T 与 V 的关系式

$$T_1 V_1^{\gamma-1} = T_2 V_2^{\gamma-1}$$

得

$$T_2 = T_1 \left(\frac{V_1}{V_2}\right)^{\gamma-1}$$

将数据代入得

$$T_2 = 300\left(\frac{1}{10}\right)^{1.4-1} = 300\left(\frac{1}{10}\right)^{0.4} = 119\ (\text{K})$$

所以

$$A = \frac{M}{\mu}C_{V,m}(T_1 - T_2) = \frac{8}{32} \times 20.9 \times (300 - 119) = 946\ (\text{J})$$

例 7.4　设氩气经多方过程准静态地膨胀，从初态(P_0, V_0)变为末态$\left(\frac{P_0}{8},\right.$

$\left.4V_0\right)$，已知 $C_{V,m} = 12.47\ \text{J} \cdot \text{mol}^{-1} \cdot \text{K}^{-1}$，$\gamma = 1.67$．求：

（1）此过程的多方指数；（2）气体对外做的功；（3）气体的摩尔热容．

解　（1）由多方过程方程得

$$P_0 V_0^n = \frac{P_0}{8}(4V_0)^n = \frac{4^n}{8}P_0 V_0^n$$

即

$$4^n = 8,\ n = \frac{\ln 8}{\ln 4} = 1.50$$

（2）根据功的公式可得

$$A = \frac{P_0 V_0 - \left(\frac{P_0}{8} \times 4V_0\right)}{n-1} = \frac{\frac{1}{2}P_0 V_0}{0.50} = P_0 V_0$$

（3）因为

$$C_{n,m} = \frac{n-\gamma}{n-1}C_{V,m}$$

代入数据，可得

$$C_{n,m} = \frac{1.50 - 1.67}{1.50 - 1} \times 12.47 = -4.2\ (\text{J} \cdot \text{mol}^{-1} \cdot \text{K}^{-1})$$

本节最后将理想气体上述各过程中的一些重要公式列对照表 7.2，以供参考．

表 7.2　理想气体各等值过程、绝热过程和多方过程有关公式对照表

过程名称	等体	等压	等温	绝热	多方
过程方程	$V=$常量	$P=$常量	$PV=$常量	$PV^\gamma=$常量	$PV^n=$常量
初态、末态参量间的关系	$V_2 = V_1$ $\dfrac{T_2}{T_1} = \dfrac{P_2}{P_1}$	$P_2 = P_1$ $\dfrac{T_2}{T_1} = \dfrac{V_2}{V_1}$	$T_2 = T_1$ $\dfrac{P_2}{P_1} = \dfrac{V_1}{V_2}$	$P_1 V_1^\gamma = P_2 V_2^\gamma$ $\dfrac{T_2}{T_1} = \left(\dfrac{V_1}{V_2}\right)^{\gamma-1}$ $\dfrac{T_2}{T_1} = \left(\dfrac{P_2}{P_1}\right)^{(\gamma-1)/\gamma}$	$P_1 V_1^n = P_2 V^n$ $\dfrac{T_2}{T_1} = \left(\dfrac{V_1}{V_2}\right)^{n-1}$ $\dfrac{T_2}{T_1} = \left(\dfrac{P_2}{P_1}\right)^{(n-1)/n}$

过程名称	等体	等压	等温	绝热	多方
系统对外所做的功 A	0	$P(V_2-V_1)$ 或 $\nu R(T_2-T_1)$	$P_1 V_1 \ln \dfrac{V_2}{V_1}$ 或 $\nu R T \ln \dfrac{V_2}{V_1}$	$\dfrac{1}{\gamma-1}(P_1 V_1 - P_2 V_2)$ 或 $\nu C_{V,m}(T_1-T_2)$	$\dfrac{1}{n-1}(P_1 V_1 - P_2 V_2)$
系统内能的增量 ΔU	$\nu C_{V,m}$ (T_2-T_1)	$\nu C_{V,m}$ (T_2-T_1)	0	$\nu C_{V,m}(T_2-T_1)$	$\nu C_{V,m}(T_2-T_1)$
系统自外界吸收的热量 Q	$\nu C_{V,m}$ (T_2-T_1)	$\nu C_{P,m}$ (T_2-T_1)	$P_1 V_1 \ln \dfrac{V_2}{V_1}$ 或 $\nu R T \ln \dfrac{V_2}{V_1}$	0	$\nu C_{n,m}(T_2-T_1)$
摩尔热容 C_m	$C_{V,m}$	$C_{P,m}$	∞	0	$C_{n,m}=C_{V,m}-\dfrac{R}{n-1}$ $=\left(\dfrac{n-\gamma}{n-1}\right)C_{V,m}$

§7.5 循环过程 卡诺循环

一、循环过程

物质系统经历一系列状态变化后,又回到原来状态的过程叫做循环过程,利用系统即工作物质在一循环过程中,将从高温热源所吸收的热量一部分转变为对外所做的机械功的装置就是热机.前面讨论的几个过程,只有理想气体在做等温膨胀时,因工作物质(理想气体)的内能不变,工质将吸收的热量全部用于对外做功.但实际上靠单一的等温膨胀过程来做功的机器是不存在的.因为汽缸不能做得无限长,气体的膨胀过程不能无限制地进行下去,即使可做成很长的汽缸,最后当气体的压强减小到与外界压强相等时,也不能再膨胀了,也就不能继续做功了.显然,要想将热功之间的转换持续地进行下去,必须使工作物质进行循环过程.

对于准静态循环过程,可在 $P\text{-}V$ 图上用一闭合曲线表示. 如果循环过程按顺时针方向进行叫做**正循环**;沿逆时针进行的则叫做**逆循环**.

先考虑正循环,也就是热机的工作原理. 图 7.13(a)表示正循环,沿着从 $a \to b \to c \to d \to a$ 的顺序变化. 在 abc 的分过程中,系统膨胀对外做功 A_1,其值由 abc 曲线下的面积表示,如图 7.13(b)所示. 而在 cda 分过程中,外界压缩系统,系统对外做负功 $-A_2$,数值上等于 cda 曲线下的面积,如图 7.13(c)所示. 在一次循环中,系统对外界做的净功为 $A = A_1 - A_2$,数值上就等于曲线包围的面积,如图 7.13(d)所示. 与此同时,系统将在此循环过程中,从外界吸热 Q_1,放热 Q_2.

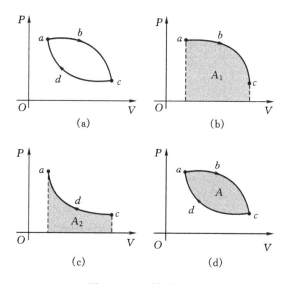

图 7.13　正循环过程

由于循环一次系统的内能不变,按热力学第一定律有 $Q_1 - Q_2 = A$. 且因 $A > 0$,所以一定有 $Q_1 > Q_2$. 由此可见,正循环的结果是工作物质从热源净吸热并对外做净功. 这就是热机的工作原理. 例如蒸汽机、内燃机(包括汽油机、柴油机)都是利用了不同的正循环过程把热运动不断地转换为机械运动的.

在一次循环中,热机从外界吸收的热量有多大部分转变为对外输出的功,这是热机的一个重要指标,称为**热机效率**,用 η 表示. 其定义为

$$\eta = \frac{A}{Q_1} = \frac{Q_1 - Q_2}{Q_1} = 1 - \frac{Q_2}{Q_1} \tag{7.24}$$

式中的 A 为一次循环中工作物质对外界所做的净功, Q_1 表示工作物质从高温热源吸收的热量的总和, Q_2 表示向低温热源放出的热量的总和(表示绝对值).

第一部热机是蒸汽机,最早是英国人萨维利(Savery)于 1698 年、纽可门

(Newcomen)于 1705 年各自独立发明的.用于煤矿中抽水,当时效率很低.1765 年英国人瓦特(J・Watt,1736—1819)对蒸汽机作了重大改进,使冷凝器与汽缸分离,发明曲轴和齿轮传动以及离心调速器等,大大提高了蒸汽机效率,瓦特的这些发明,仍使用在现代蒸汽机中,目前蒸汽机主要用于发电厂中.不同的热机虽然工作方式、效率各不相同,但工作原理却基本相同,都是不断地将热量转变为功的装置.几种装置的热效率如下:液体燃料火箭 $\eta=0.48$,燃气轮机 $\eta=0.46$,柴油机 $\eta=0.37$,汽油机 $\eta=0.25$,蒸汽机车 $\eta=0.08$,热电偶 $\eta=0.07$.

下面讨论逆循环过程.在图 7.13(a)中,如果使循环沿 $a\rightarrow d\rightarrow c\rightarrow b\rightarrow a$ 的方向进行,即为逆循环.逆循环进行的结果是外界对系统做了净功 A,工作物质从低温热源吸热 Q_2,放给高温热源的热量为 Q_1.从而能使低温热源的温度降得更低,以达到致冷效果.所以逆循环过程反映的是制冷机的工作过程.例如冰箱、空调就是实际应用的制冷机.它们是以消耗一定的机械功为代价而从低温热源吸收热量,放给高温热源.制冷机的性能标志是致冷系数,其定义为

$$\varepsilon = \frac{Q_2}{A} \tag{7.25}$$

二、卡诺循环

18 世纪末以后,蒸汽机效率很低,只有 $3\%\sim5\%$,主要是由于漏气、散热和摩擦等因素的影响.为了提高热机效率,人们也做了很多努力,但效率只有微小的提高.对此,不少科学家和工程师开始从理论上研究热机效率问题,1824 年法国工程师卡诺(N. L. S. Canot)提出了**卡诺循环**,并提出热机所能达到的最大效率.

卡诺循环是由四个准静态过程所组成.其中两个是等温过程,两个是绝热过程.以卡诺循环为工作过程的热机或制冷机就是卡诺机.卡诺机是这样的理想机器,即工质只与两个恒温热源交换热量,无散热、漏气和摩擦等影响存在.卡诺循环对工作物质也是没有规定的.为方便,我们研究以理想气体为工作物质的卡诺循环的效率.

图 7.14(a)表示 $P\text{-}V$ 图上的卡诺循环.图中从 $a\rightarrow b$、$c\rightarrow d$ 是温度分别为 T_1 和 T_2 的两条等温线,曲线 $b\rightarrow c$、$d\rightarrow a$ 是两条绝热线,作正循环的工质与外界交换能量的示意图如图 7.14(b)所示.

在等温膨胀过程 $a\rightarrow b$ 中,工质从高温热源 T_1 吸热 $Q_1=\nu RT_1\ln(V_2/V_1)$(ν 为气体的摩尔数),同时气体对外做等量的功;在绝热膨胀过程 $b\rightarrow c$ 中,工质与外界无热量交换,但对外做功,温度降到 T_2;在等温压缩过程 $c\rightarrow d$ 中,工质向低温热源 T_2 放热 $Q_2=\nu RT_2\ln(V_3/V_4)$,同时气体对外界做等量的功;在绝热压缩过程 $d\rightarrow a$ 中,工质与外界无热量交换,而外界对气体做功,气体的温度回升到 T_1.在整个循

环中,由于内能不变,所以系统对外界所做的净功为

$$A = Q_1 - Q_2 = \nu R T_1 \ln(V_2/V_1) - \nu R T_2 \ln(V_3/V_4)$$

于是效率为

$$\eta = \frac{A}{Q_1} = \frac{Q_1 - Q_2}{Q_1} = \frac{T_1 \ln(V_2/V_1) - T_2 \ln(V_3/V_4)}{T_1 \ln(V_2/V_1)}$$

再根据绝热过程方程有

$$\left(\frac{V_3}{V_2}\right)^{\gamma-1} = \frac{T_1}{T_2}, \quad \left(\frac{V_4}{V_1}\right)^{\gamma-1} = \frac{T_1}{T_2}$$

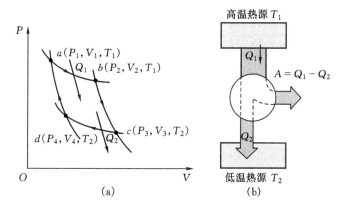

图 7.14　卡诺循环及工质与外界交换能量示意图

两式相比得

$$\frac{V_2}{V_1} = \frac{V_3}{V_4}$$

代入后可得

$$\eta_卡 = \frac{T_1 - T_2}{T_1} = 1 - \frac{T_2}{T_1} \tag{7.26}$$

上式表明,理想气体卡诺循环的效率只由高温热源和低温热源的温度决定.提高热机效率的办法是提高高温热源的温度,或降低低温热源的温度,通常是采取前一种办法.但热机效率总是小于 1 的,因为不可能无限制地提高 T_1,也不可能使 T_2 达到绝对零度.例如,就热电厂来说,设蒸汽机锅炉的温度为 503 K,冷却器温度为 303 K,如果把蒸汽看作是理想气体且作卡诺循环,其效率为

$$\eta_卡 = 1 - \frac{303}{503} = 40\%$$

但实际循环不是卡诺循环,漏气、漏热、摩擦等损耗很大,其实际效率只有 12%～15% 左右.

如果使卡诺循环逆向进行,不难证明卡诺制冷机的致冷系数为

$$\varepsilon_卡 = \frac{Q_2}{A} = \frac{Q_2}{Q_1 - Q_2} = \frac{T_2}{T_1 - T_2} \tag{7.27}$$

上式中的 A 是外界对气体所做的净功,Q_2 是系统从低温热源 T_2 吸收的热量,向高温热源 T_1 放出的热量为 $Q_1 = Q_2 + A$,能量转换情况如图 7.15 示.由上可以看出,T_2 越小,$\varepsilon_卡$ 也越小,这说明要从温度越低的物体中吸热,就必须消耗越多的功.因此,要获得温度接近绝对零度的低温是很困难的,而要真正达到绝对零度也是不可能的.

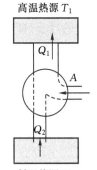

图 7.15 逆卡诺循环的能量转换情况

例 7.5 有一台电冰箱放在室温 20℃ 的房间里,冰箱贮物柜中的温度维持在 5℃,现每天有 2×10^7 J 的热量自房间通过热传导方式传入冰箱内,若要使冰箱内保持 5℃,外界每天需要做多少功?设制冷机(电冰箱)致冷系数是卡诺制冷机致冷系数的 55%.

解 该制冷机的致冷系数为

$$\varepsilon = 55\% \varepsilon_卡 = 55\% \times \frac{T_2}{T_1 - T_2}$$

将 $T_2 = 5 + 273 = 278$ K,$T_1 = 20 + 273 = 293$ K 代入上式可得

$$\varepsilon = 0.55 \times \frac{278}{293 - 278} = 10.2$$

由题意知,要保持冰箱内温度不变,制冷机必须要将房间传给低温热源(冰箱内)的热量吸出,所以应有

$$Q_2 = 2 \times 10^7 \,(\text{J})$$

因为 $\varepsilon = \dfrac{Q_2}{A}$,所以有

$$A = \frac{Q_2}{\varepsilon} = \frac{2 \times 10^7}{10.2} = 0.2 \times 10^7 \,(\text{J})$$

功率 $$P = \frac{A}{t} = \frac{0.2 \times 10^7}{24 \times 60 \times 60} = 23 \,(\text{J} \cdot \text{s}^{-1}) = 23 \,(\text{W})$$

结果是,每天必须做功 0.2×10^7 J,每秒做功 23 J.

§7.6 热力学第二定律

自然界中一切涉及热现象的过程都遵从热力学第一定律,那么,遵从热力学第一定律的任何过程是否一定都能实现,例如,能否制造出这样的一种热机,它可把从单一热源吸收的热量完全用来做功呢?即效率 $\eta = 100\%$.能否制造这样一种制

冷机,它可以不需要外界做功,就能使热量从低温物体传递给高温物体呢?热力学第一定律并不能回答这些问题.此外,人们还发现,自然界中符合热力学第一定律的过程并不一定都能发生(如混合后的气体不能自动地分离),这表明,自然界自动进行的过程(即自发过程)是有方向性的,热力学第二定律指出了自发过程可能进行的方向和限度,它和热力学第一定律一起,构成了热力学的主要理论基础.

一、热力学第二定律的两种表述

1. 开尔文(Kelvin)表述

关于热机效率能否等于 100% 的问题,我们根据效率公式 $\eta = 1 - Q_2/Q_1$ 可知,要使 $\eta = 100\%$,必有 $Q_2 = 0$,即要求工作物质在一循环过程中,把从高温热源吸收的热量,全部变为有用的机械功,工质又回到初态,不放热量到低温热源.这种理想热机并不违反热力学第一定律,但大量事实表明,这是不可能实现的,即热机不断把吸收的热量变为有用功的同时,不可避免地要把一部分热量传给低温热源,效率必然小于 100%.在总结这类实践经验的基础上,开尔文于 1851 年提出了热力学第二定律的第一种表述,即**开尔文表述**:不可能制成一种循环动作的热机,只从单一热源吸收热量,使其完全变为有用功而不产生其他影响.

应该指出的是:第一,所谓"单一热源"是指温度均匀的热源,如果热源温度不均匀,工质就可以从温度较高的部分吸热而向温度较低部分放热,这实际上就相当于两个热源了;第二,所谓"其他影响"是指除了从单一热源吸热并把它全部用来做功以外的其他变化.例如,在理想气体的等温膨胀过程中,由于内能不变,气体把从热源吸取的热量完全变为对外所做的功,但这时却产生了其他影响,如气体的体积增大了,压强减小了,对系统本身产生了影响.

从单一热源吸取热量并将热完全变为有用功而不产生其他影响的热机叫做第二类永动机,所以,热力学第二定律的开尔文表述还可以表述为:第二类永动机是不可能造成的.假如能够造成,那就可以从单一热源(如大气或海洋)中吸收热量,并把热量全部变为功,无需准备供其放热的低温热源,而且曾有人做过估算,要是用这样的热机来吸取海水中的热量而做功,供全世界所有工厂数百年之用,海水的温度才下降 0.01 K.然而,这种热机是不可能造成的.

2. 克劳修斯(R.L.E. Clausius)表述

不可能把热量从低温物体传到高温物体而不产生任何其他影响.其意思是说,要使热量从低温物体传到高温物体,就一定要产生其他影响.如制冷机的工作过程,只有压缩机做功,工作物质才能从低温物体吸热,而向高温物体放热,这里压缩机的功就是"其他影响".如果不需做功就可使制冷机运转,即致冷系数达到无穷大,这是一种最理想的制冷机,它借助工质的循环过程,所产生的唯一效果就是把热量源源不断地从低温物体传到高温物体,克劳修斯表述否定了这种可能性.

二、两种表述的等效性

热力学第二定律的开尔文表述和克劳修斯表述,从表面上看很不相同,但它们是等效的.即一种表述不成立,另一种表述也必然不成立,下面用反证法进行证明.

如果开氏表述不成立,可假设存在一个单一热源机,将它同另一部卡诺制冷机组成复合机.复合机循环的总效果是除了从低温热源吸收热量 Q_2,而向高温热源放出热量 Q_2 之外,再无其他任何变化,如图 7.16 所示,于是克氏表述也不成立.

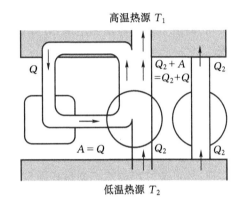

图 7.16　开氏表述不成立必有克氏表述不成立

又如果克氏表述不成立,可以造成一部无功制冷机,将它同另一热机组成复合机.复合机循环的结果是:低温热源没有发生变化,而只是从单一的高温热源吸收了 $Q_1 - Q_2$ 的热量,并全部用来对外做了功,如图 7.17 所示,即开氏表述也不成立.

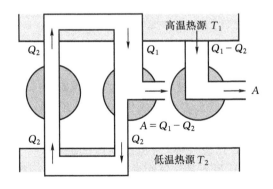

图 7.17　克氏表述不成立必有开氏表述不成立

热力学第二定律的开尔文表述和克劳修斯表述的等效性表明,它们有着共同的内在本质,即都是反映了自然界宏观过程是有方向性的,过程沿某些方向可以自动地实现,而沿另一方向的过程则不能自动地实现.

§7.7 可逆过程与不可逆过程 卡诺定理

一、可逆过程与不可逆过程

由热力学第二定律的克劳修斯表述已经知道,高温物体能自动地把热量传给低温物体,当其反向进行时,即把热量由低温物体传到高温物体,必须要有外界对它做功.而由于外界做功的结果,外界就会发生变化,故热量的传递过程是不可逆过程.

在自然界中,还有许多有趣的现象,例如两种气体自发地混合均匀,而不会自动地分开,单摆在摆动过程中,由于与周围介质有摩擦最终停止摆动,但从未见过单摆自动地摆起来.气体自由膨胀过程可自发进行,当其反向进行时就必须要靠外界的作用,如靠外界做功将其压缩至原来状态等等.类似的例子还可以列举很多.以上这些过程都具有方向性,而且这些过程当其反向进行时,必须伴随其他过程才能实现.故可逆过程与不可逆过程的定义如下:系统从状态 A 变化到状态 B,如果能使系统进行逆向变化,从状态 B 出发沿着正过程所经历的每一个状态又回到初状态 A,外界也同时回复原态,该过程就称为**可逆过程**;如果系统不能沿正过程的每一个状态回到原来状态 A,或者系统经逆过程回到了原状态,而外界不能同时复原,这样的过程为**不可逆过程**.

实际中,单纯的无机械能耗散的力学过程是可逆过程.如单摆,如果不受空气阻力及其他摩擦力作用,当它离开某一位置后,经过一个周期,又回到原来的位置,而周围一切都无变化,因此单摆的摆动是一个可逆过程.热力学中无耗散效应的准静态过程是可逆过程.例如无限小温差下的传热过程,以及在无限缓慢、无限小压强差下进行的压缩和膨胀过程是可逆过程.装在带有活塞的汽缸中的一定质量的理想气体,与恒温热源接触,气缸与活塞之间无摩擦.正过程是气体缓慢地膨胀(可采取一颗一颗去沙粒的方法),在如图 7.18 所示的 P-V 图上,在该过程中,气体从 1 状态到达 2 状态.在该过程中,气体从热源吸热 $Q_{正}$,对外界做功 $A_{正}$,功的数值就等于 P-V 图中曲线下的面积.气体的温度不变,内能也不变.逆过程是气体被等温压缩(可采取一颗一颗加沙粒的办法),在 P-V 图上,气体从 2 状态又回到 1 状态,而且经历的中间态也就是正过程中所经历的相应的中间态.在逆过程中,外界对气体做功 $A_{反}$,系统释放给热源热量 $Q_{反}$.且有 $A_{正}$ 和 $A_{反}$、$Q_{正}$ 与 $Q_{反}$ 数值相等,符号相反,代数和为零.也即

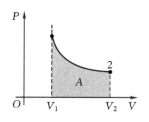

图 7.18 可逆过程

经正、逆过程系统恢复了原态,对外界也没有产生一点影响,该过程是可逆过程.

但是实际中不可能消除摩擦,过程也不可能无限缓慢地进行,所以,一切热力学宏观过程都是不可逆过程.而可逆过程只是实际过程在某种程度上的极限情形.热力学第二定律的两种表述正是反映了热力学宏观过程的不可逆性.开氏表述是讲功变热的过程是不可逆过程.克氏表述是说热传导过程不可逆.而且可以证明,其他不可逆过程不是与开氏表述等效,就是与克氏表述等效,而这两种表述又彼此等效,即一切不可逆过程都是相互关联、彼此等价的,即由一个过程的不可逆可以推断出另一个过程的不可逆.在这个意义上,热力学第二定律可有多种表述.原则上任何一种热力学宏观过程都可以作为热力学第二定律的表述.

综上所述,可逆过程是理想的,是不存在的.但热力学中讨论可逆过程还是具有意义的.如在有些实际过程中,耗散效应和不平衡效应很小时,用可逆过程的概念处理问题还是可以的.如可以计算出热机输出的最大功和制冷机所消耗的最小功的数值.还可以从对可逆过程的分析中导出熵这个态函数,进而可由熵的数值来定量地判断自发过程进行的方向和限度.所以,在理论上,可逆过程的概念是具有重要意义的.

二、卡诺定理

1824 年,卡诺在他的热机理论中首先提出了可逆热机的概念,并陈述了具有重要意义的卡诺定理.如卡诺循环中每个过程都是无摩擦的准静态过程,卡诺循环是理想的可逆循环,卡诺热机和卡诺制冷机则属于可逆机.卡诺定理如下:

(1)在相同的高温热源和相同的低温热源之间工作的一切可逆热机,其效率都相等,与工作物质无关,其效率

$$\eta = 1 - \frac{Q_2}{Q_1} = 1 - \frac{T_2}{T_1}$$

(2)在相同的高温热源和相同的低温热源之间工作的一切不可逆热机,其效率都不可能大于(实际是小于)可逆热机的效率,即

$$\eta = 1 - \frac{Q_2}{Q_1} < 1 - \frac{T_2}{T_1}$$

卡诺定理可用热力学第二定律给以证明.先证明定理(1):设有两个可逆热机甲机和乙机,工作在温度为 T_1 和 T_2 的两个热源之间(不论什么工作物质),甲机从高温热源吸收热量 Q_1,向低温热源放热 Q_2,对外做功 $A = Q_1 - Q_2$;乙热机从高温热源吸热 Q'_1,向低温热源放热 Q'_2,对外界的功 $A' = Q'_1 - Q'_2$,则有

$$\eta = \frac{Q_1 - Q_2}{Q_1} \text{与} \ \eta' = \frac{Q'_1 - Q'_2}{Q'_1}$$

我们用反证法证明.假设 $\eta > \eta'$,即

$$\frac{Q_1-Q_2}{Q_1}>\frac{Q'_1-Q'_2}{Q'_1}$$

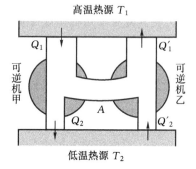

图 7.19 两部热机的联动

现令乙机作逆循环(因它是可逆机)与甲机构成复合机,如图 7.19 所示,并使甲机在一循环中所做的功 A 恰与乙机在一循环中外界对它做的功相等,即 $A=A'$,则有 $Q_1-Q_2=Q'_1-Q'_2>0$,由上面的不等式可得

$$\frac{1}{Q_1}>\frac{1}{Q'_1}$$

即 $Q_1<Q'_1$,也有 $Q_2<Q'_2$,即 $Q'_2-Q_2=Q'_1-Q_1>0$.

可见,甲、乙两机联合动作的结果是,外界没有对它们做功,而复合机却把热量 $Q'_2-Q_2=Q'_1-Q_1$ 从低温热源传至高温热源,这就违反了热力学第二定律的克劳修斯表述.所以,$\eta>\eta'$ 是不可能的.同样可证 $\eta<\eta'$ 也是不可能的.所以只有 $\eta=\eta'$ 成立.也即所有工作于相同的高温热源和相同的低温热源之间的一切可逆机,其效率均相等.

定理(2)的证明:设用一部不可逆机代替甲机,乙机是可逆机.按与上面相同的方法可得出 $\eta>\eta'$ 是不可能的,但却无法得到 $\eta<\eta'$ 是不可能的结论(由于甲机是不可逆机),所以,在相同的高温热源和相同的低温热源间工作的不可逆热机,其效率不可能大于可逆机的效率.这表明,在给定热源和冷源之间工作的热机,以可逆热机的效率最高,实际热机应尽量接近可逆机,这是提高热机效率的一种途径.

卡诺定理对制冷机也有类似于上述的结论.即在 T_1 和 T_2 两个恒温热源之间工作的一切可逆制冷机,其致冷系数都等于以理想气体为工质的卡诺制冷机的致冷系数.即

$$\varepsilon=\frac{T_2}{T_1-T_2}$$

不可逆制冷机的致冷系数不可能大于它.在计算实际致冷装置的致冷系数时,可由上式算出致冷系数的最大值.

§7.8 熵 熵增加原理

热力学第二定律指出,自然界一切与热现象有关的实际宏观过程都是不可逆的,都是有方向的.也即系统处于给定的初状态时,总是要自发地从初状态过渡到末状态;反过来,当系统处于给定的末状态时,不可能自发地过渡到初状态.如气体的自由膨胀过程,气体原被隔板隔在一边,另一边为真空,抽掉隔板后,气体向真空

自由膨胀,最终均匀分布于整个容器内,而不能自动地回到原状态.还有两种气体的混合过程.两种气体自发地混合均匀,而不能自发地分开.此外,热传导过程及热功之间的转换过程也是不可逆过程.这些事实都说明,热力学系统的初态和终态存在着某种属性上的重大差异.在数学上就归结为寻求与系统状态有关的新的态函数,用它在初、终两态的不同数值来判断过程进行的方向,下面就介绍这个被称为"熵"的新的态函数,并且用态函数熵的增加来定量地表述热力学第二定律.

一、熵的引入

熵是在下面要介绍的克劳修斯等式的基础上引入的.而克劳修斯等式又是由卡诺定理得到的.由卡诺第一定理知,工作在两个给定温度 T_1 和 T_2 之间的卡诺热机(可逆机),其效率

$$\eta = 1 - \frac{Q_2}{Q_1} = 1 - \frac{T_2}{T_1}$$

或者

$$\frac{Q_1}{T_1} = \frac{Q_2}{T_2}$$

也可写成

$$\frac{Q_1}{T_1} - \frac{Q_2}{T_2} = 0$$

上式中 Q_1 是工质从高温热源(温度为 T_1)吸收的热量,Q_2 是工质放给低温热源(温度为 T_2)的热量.Q_1 与 Q_2 都是正的,表示热量的绝对值.如果将 Q_1 与 Q_2 看作代数量,那么系统吸热 Q 为正,系统放出热量时 Q 为负,则上式可以写成

$$\frac{Q_1}{T_1} + \frac{Q_2}{T_2} = 0 \tag{7.28}$$

式中 Q/T 称为**热温比**.上式说明在整个卡诺循环中,热温比的代数和为零.因为在卡诺循环中,两个绝热过程中的热温比为零.故 $\dfrac{Q_1}{T_1}$ 与 $\dfrac{Q_2}{T_2}$ 只是在两个等温过程的热温比.上述结论可以推广到任意的可逆循环过程.

如图 7.20 所示的可逆循环 $a-b-c-d-e-f-g-h-i-j-a$,它由四个等温和四个绝热过程组成,加上辅助的绝热线 $b-h$ 和 $c-g$ 后,此可逆循环相当于三个卡诺循环 $a-b-h-i-j-a$、$b-c-g-h-b$ 和 $d-e-f-g-c-d$.对于整个循环过程,三个卡诺循环的热温比之和为零.所以有

$$\sum_{i=1}^{2\times 3} \frac{Q_i}{T_i} = 0 \tag{7.29}$$

实际上,对于任意的可逆循环,总可以近似看

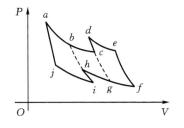

图 7.20　可逆循环

成由许多微小卡诺循环所组成,而且所取的卡诺循环过程的数目越多就越接近于所考虑的任意可逆循环过程,在极限情况下,循环的数目趋于无穷大,于是对热温比求和就变为积分,即

$$\oint \frac{\mathrm{d}Q}{T} = 0 \tag{7.30}$$

式中积分表示沿整个可逆循环过程求积分,$\mathrm{d}Q$ 表示系统在一无穷小等温过程中所吸收的微小热量,式(7.30)称为**克劳修斯等式**.下面就在克劳修斯等式的基础上引入熵的概念.

假设有图 7.21 所示的可逆循环,1 和 2 是任意两个平衡状态,循环过程是从 1 状态经过过程 a 到达 2 状态,再经过程 b 回到 1 状态,应用克劳修斯等式,应有

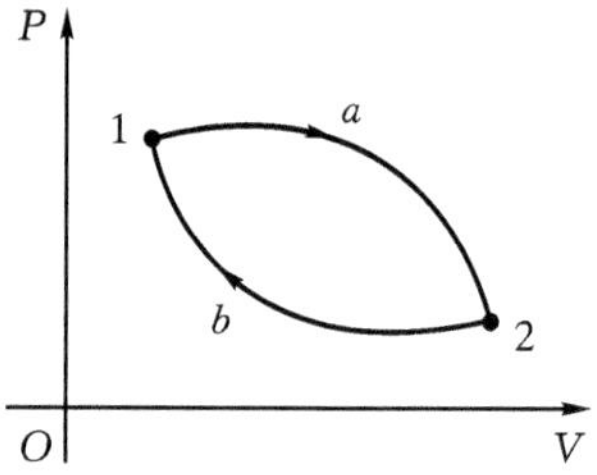

$$\oint \frac{\mathrm{d}Q}{T} = \int_{1a2} \frac{\mathrm{d}Q}{T} + \int_{2b1} \frac{\mathrm{d}Q}{T} = 0$$

因为过程可逆,应有

$$\int_{2b1} \frac{\mathrm{d}Q}{T} = -\int_{1b2} \frac{\mathrm{d}Q}{T}$$

于是有

$$\int_{1a2} \frac{\mathrm{d}Q}{T} = \int_{1b2} \frac{\mathrm{d}Q}{T} \tag{7.31}$$

图 7.21 任意可逆循环

上述结果表明,积分 $\int_1^2 \frac{\mathrm{d}Q}{T}$ 仅与始末两平衡状态有关,与过程(积分路径)无关.对此,参照定义内能的思路,上述结果也预示着存在一个新的态函数,把这个态函数叫做**熵**.用 S 表示.那么系统沿可逆过程从状态 1 变到状态 2 时的熵增量

$$S_2 - S_1 = \int_1^2 \frac{\mathrm{d}Q}{T} \tag{7.32}$$

其中 S_1 和 S_2 分别表示系统在初状态 1 和末态 2 的熵,积分应沿可逆过程积分.还有上式只定义了末态和初态的熵差,初态的熵可以任意选定,如令 $S_1 = 0$,则 $S_2 = \int_1^2 \frac{\mathrm{d}Q}{T}$,而实际上有用的就是两态之间的熵差.

对无限小的可逆过程有

$$\mathrm{d}S = \frac{\mathrm{d}Q}{T} \tag{7.33}$$

此即为熵增的微分形式.熵的单位是 $\mathrm{J \cdot K^{-1}}$.

二、熵变的计算

计算熵变时应注意几点：

（1）熵是态函数，当系统的平衡态确定之后，熵就完全确定了（假设参考态的熵已选定），当系统从平衡态 1 变化到平衡态 2，不论通过什么样的过程，也不论过程是否可逆，系统熵的增量是完全确定的.

（2）系统如分为几个部分，系统的熵等于各部分的熵的总和.

（3）只有在可逆过程中，熵的增量才等于积分 $\int_1^2 dQ/T$，对于不可逆过程，由于熵的增量只决定初、末两态，与过程无关. 因此，我们可以设想一个连接初、末两态的可逆过程，计算设想的可逆过程的热温比的积分，也就是实际不可逆过程的熵变.

例 7.6　求 1.00 kg 的水结成冰的过程中的熵变.

解　设想用一温度比 0℃ 低无限小量的热源与 0℃ 的水接触，使水缓慢放热而逐渐结冰，这个过程是可逆的，而且温度不变，根据式（7.32）可求得此过程中系统的熵增量为

$$S_2 - S_1 = \int_1^2 \frac{dQ}{T} = \frac{-ml_m}{T} = \frac{-1.00 \times 334}{273}$$
$$= -1.22 \ (kJ \cdot K^{-1})$$

上式中 l_m 取负值是因为水结冰的过程是放热过程，因 $S_2 < S_1$，结果说明水结冰的过程对应着熵的减小.

例 7.7　初温为 100℃，质量为 1 kg 的铝块，掉入温度为 0℃ 的 1 kg 水中，试求此系统的总熵变（铝的比热 $c = 0.91 \times 10^3 \ J \cdot kg^{-1} \cdot K^{-1}$）.

解　当高温的铝块掉入低温的水中时，由于各部分存在温度差，所以，系统内将发生水吸热、铝块放热的不可逆过程，最终铝块和水构成的复合系统处于平衡状态. 假设系统的终温为 T'，水的定压比热

$$c_P = 4.18 \times 10^3 \ J \cdot kg^{-1} \cdot K^{-1}$$

故有　　　　　　　　$1 \times c(373 - T') = 1 \times c_P \times (T' - 273)$

可求得末态温度 $T' = 290.9$ K.

计算熵变时，可设想放热、吸热均在无穷多个无限小温差下进行的可逆等压过程，这样便可利用（7.32）式计算熵变. 铝块的熵变

$$\Delta S_1 = m_1 c \int_{373}^{290.9} \frac{dT}{T} = m_1 c \ln \frac{290.9}{373}$$
$$= 1 \times 0.91 \times 10^3 \ln \frac{290.9}{373} = -226.2 \ (J \cdot K^{-1})$$

水的熵变

$$\Delta S_2 = m_2 c_P \int_{273}^{290.9} \frac{\mathrm{d}T}{T} = 1 \times 4.18 \times 10^3 \times \ln \frac{290.9}{273} = 265.5 \ (\mathrm{J \cdot K^{-1}})$$

系统的总熵变

$$\Delta S = \Delta S_1 + \Delta S_2 = 39.3 \ (\mathrm{J \cdot K^{-1}})$$

三、熵增加原理

前面我们已引入了熵的概念,对于可逆过程,熵的增量为 $S_2 - S_1 = \int_1^2 \mathrm{d}Q/T$, 根据卡诺定理同样可以证明(从略),当系统由初态 1 经过任一不可逆过程到达末态 2 时,其熵的增量为

$$S_2 - S_1 > \int_1^2 \frac{\mathrm{d}Q}{T} \tag{7.34}$$

对于微小过程,应有

$$\mathrm{d}S > \frac{\mathrm{d}Q}{T} \tag{7.35}$$

将式(7.32)和式(7.34)写在一起为

$$S_2 - S_1 \geqslant \int_1^2 \frac{\mathrm{d}Q}{T} \tag{7.36}$$

再将式(7.33)与式(7.35)写在一起为

$$\mathrm{d}S \geqslant \frac{\mathrm{d}Q}{T} \tag{7.37}$$

式(7.36)及式(7.37)就是热力学第二定律的数学表达式,其中大于号适用于不可逆过程,等号适用于可逆过程.式中的 T 是热源的温度.对于可逆过程,它也是系统的温度(因二者恒处于热平衡).而对于不可逆过程,因系统处于非平衡态(初、末态除外),故 T 只表示热源温度.

由式(7.36)容易看出,对于绝热过程,由于 $\mathrm{d}Q = 0$,则

$$S_2 - S_1 \geqslant 0 \begin{cases} 可逆过程 & S_2 = S_1 \\ 不可逆过程 & S_2 > S_2 \end{cases} \tag{7.38}$$

上式叫做**熵增加原理**.它表明,当热力学系统从一平衡态经绝热过程到达另一平衡态,它的熵永不减少.如果过程是可逆的,则熵的数值不变;如果过程是不可逆过程,则熵的数值增加.这也是利用熵概念所表述的热力学第二定律.

对于孤立系来说,内部发生的任何过程都是绝热过程,因而孤立系统的熵永不减少.在孤立系统内自发进行的实际宏观过程都是不可逆过程.熵总是增加的,到达平衡态时,熵增加到极大值,由此可作出以下结论:孤立系统内部自发进行的

过程,总是沿着熵增大的方向进行,一直进行到熵最大的状态为止,这也就是利用熵变化判断自发过程进行方向和限度的准则.

在一般情况下,系统并非孤立,经过一个过程系统的熵有可能减少,但如果将系统和与系统发生相互作用的周围物质一起看作一个大系统,这个大系统即为一个孤立系统.按熵增加原理,大系统的熵永不减少.

例 7.8 计算 ν 摩尔理想气体在可逆等温膨胀过程中的熵变(已知气体膨胀前后体积分别为 V_1 和 V_2).

解 据热力学第一定律 $\mathrm{d}Q = \mathrm{d}U + P\mathrm{d}V$,同时考虑理想气体的内能仅决定于温度,而在等温过程中温度不变,$\mathrm{d}U = 0$,因此

$$\mathrm{d}Q = P\mathrm{d}V, \ \mathrm{d}S = \frac{\mathrm{d}Q}{T} = \frac{P\mathrm{d}V}{T}$$

因为,$PV = \nu RT$,所以

$$\mathrm{d}S = \nu R\,\frac{\mathrm{d}V}{V},$$

$$S_2 - S_1 = \int_1^2 \mathrm{d}S = \int_{V_1}^{V_2} \nu R\,\frac{\mathrm{d}V}{V} = \nu R\ln\frac{V_2}{V_1}$$

因为 $V_2 > V_1$,所以 $S_2 > S_1$,气体的熵增加.

为了实现这个过程,气体必须和温度为 T 的恒温热源接触,并吸收热量.所以,热源的熵要减少同样的量,因此,对气体和热源组成的大系统,其熵变为零,这也正是可逆过程的特点.而前面的例 7.7,是由铝块和水组成的大系统,铝块因为放热其熵减少,水则因为吸热熵增加,总熵变大于零,即总熵是增加的.这是因为在大系统内(孤立系统)进行的是不可逆过程,熵应是增加的.

章后结束语

一、本章小结

1. 热力学系统和外界,气体的状态参量,平衡态.

2. 理想气体状态方程 $PV = \dfrac{M}{\mu}RT$

3. 准静态过程 热力学系统的状态随时间的变化称为热力学过程,若系统在变化过程中的每一个中间状态都无限接近平衡态,这样的过程称为准静态过程,实际过程都是非静态过程.

4. 准静态过程中系统对外界做的体积功 $A = \displaystyle\int_{V_1}^{V_2} P\mathrm{d}V$

5.热量是指系统和外界或两个物体之间由于温度不同而交换的热运动能量,热量和功都是过程量.

6.热力学第一定律 $Q = U_2 - U_1 + A = U_2 - U_1 + \int_{V_1}^{V_2} P dV$

7.热容的定义为 $C = \dfrac{\mathrm{d}Q}{\mathrm{d}T}$

对气体来讲,有定压摩尔热容 $C_{P,m}$ 和定体摩尔热容 $C_{V,m}$ 之分,理想气体的内能与 $C_{V,m}$ 之关系为 $U_2 - U_1 = \dfrac{M}{\mu} \int_{T_1}^{T_2} C_{V,m} dT$,内能只是温度的函数,与体积无关.

8.热力学第一定律在三个等值过程、绝热过程和多方过程中的应用,可参考表7.2.

9.循环过程的特点是内能增量为零,即 $\Delta U = 0$.

正循环过程的效率 $\eta = \dfrac{A}{Q_1} = \dfrac{Q_1 - Q_2}{Q_1}$

逆循环过程的致冷系数 $\varepsilon = \dfrac{Q_2}{A} = \dfrac{Q_2}{Q_1 - Q_2}$

10.卡诺循环是由两个等温和两个绝热过程组成的.

其效率为 $\eta_卡 = 1 - \dfrac{T_2}{T_1}$,致冷系数 $\varepsilon_卡 = \dfrac{T_2}{T_1 - T_2}$

11.热力学第二定律的开氏和克氏表述.两种表述是等价的,实质上都是反映了热力学宏观过程具有方向性.

12.可逆与不可逆过程.各种热力学宏观过程都是不可逆的,而且它们的不可逆性是相互关联的.

13.卡诺定理有两条,指出了提高热机效率的途径.

14.熵和熵增加原理

熵的定义式 $S_2 - S_1 = \int_1^2 \dfrac{\mathrm{d}Q}{T}$

对于孤立系统,$S_2 - S_1 \geqslant 0$(等号用于可逆过程)为熵增加原理的数学表示式.

二、应用及前沿发展

热力学是许多科学与技术的基础.如热工学、传热学、材料科学、低温技术等都与热力学密切相关.热力学中引入的对整个自然界过程进行方向起支配作用的熵函数已在其他领域如生命科学、信息科学、社会科学、耗散结构理论等获得十分重要的应用,从而产生了生物熵、信息熵、社会熵等.关于熵的研究也是近些年来的一个热门课题.

习题与思考

7.1　试指出下列说法是否正确,如有错误,指出错误所在.

(1) 高温物体所含热量多,低温物体所含热量少;

(2) 同一物体温度越高,所含热量就越多.

7.2　热力学系统的内能是状态的单值函数,对此作如下理解是否正确?

(1) 一定量的某种气体处于某一定状态,就具有一定的内能;

(2) 物体的温度越高,内能就越大;

(3) 当参考态的内能值选定后,对应于某一内能值,只可能有一个确定的状态.

7.3　公式 $(\mathrm{d}Q)_V = \dfrac{M}{\mu}C_{V,m}\mathrm{d}T$ 与 $\mathrm{d}U = \dfrac{M}{\mu}C_{V,m}\mathrm{d}T$ 的意义有何不同,二者的适用条件有何不同?

7.4　怎样从由 P、V 参量表示的绝热过程方程导出由 T、V 和 T、P 参量表示的绝热过程方程?

7.5　试说明为什么气体热容的数值可以有无穷多个,什么情况下气体的热容是零? 什么情况下是无穷大? 什么情况下是正值和负值?

7.6　理想气体从同一状态下开始分别经一个绝热过程 ab、多方过程 ad 和 ac 到达温度相同的末态,如图 7.22 所示,试讨论两个多方过程热容的正负.

7.7　试论述以下几种说法是否正确?

(1) 功可以完全变成热,但热不能完全变成功;

(2) 热量不能从低温物体传到高温物体;

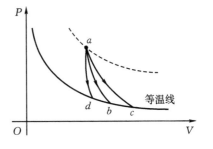

题 7.22　题 7.6 图

(3) 不可逆过程就是不能沿相反方向进行的过程.

7.8　热机效率公式 $\eta = \dfrac{Q_1 - Q_2}{Q_1}$ 和 $\eta_卡 = \dfrac{T_1 - T_2}{T_1}$ 之间有何区别和联系?

7.9　在 P-V 图上,绝热过程曲线与等温过程曲线不相同,绝热线的斜率较大,说明了什么?

7.10　一条等温线和一条绝热线有可能相交两次吗? 为什么?

7.11　试比较图 7.23 所示各个准静态卡诺循环过程中,系统对外界所做的净

功 A,所吸收的热量 Q_1 和效率 η(用">"、"<"或"＝"符号表示,并注意图中各等温线与绝热线所围的面积相等).

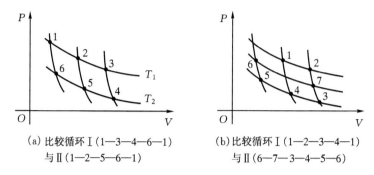

　　(a) 比较循环 I (1—3—4—6—1)　　　(b) 比较循环 I (1—2—3—4—1)
　　　　与 II (1—2—5—6—1)　　　　　　　与 II (6—7—3—4—5—6)

图 7.23　题 7.11 图

7.12　有人想设计一种热机,利用海洋中深度不同处的水温不同,而将海水的内能转化为机械能,这种热机是否违反热力学第二定律?

7.13　如图 7.24 表示理想气体的一条等温线和一绝热线族.试由熵的概念论证:越是在右边和等温线相交的绝热线所对应的熵值越大.

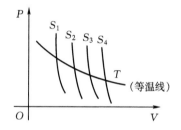

图 7.24　题 7.3 图

7.14　图 7.25 所示的闭合过程曲线中,各部分的过程图线如图所示.试填表说明各分过程中, ΔV、ΔP、ΔT、A、Q、ΔU 各量的正负号(A 为正值时表示系统对外界做功,Q 为正值时表示系统吸热,其余各量,正表示增加,负表示减少).

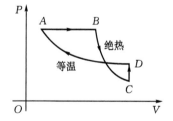

图 7.25　题 7.14 图

路径	ΔV	ΔP	ΔT	A	Q	ΔU
AB						
BC						
CD						
DA						

7.15　某一定量的理想气体完成一闭合过程,该过程在 $P-V$ 图上表示的过程曲线如图 7.26 所示,试画出这个过程在 $V-T$ 图中的过程曲线.

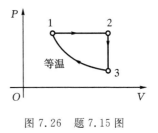

图 7.26　题 7.15 图

*　　*　　*　　*　　*　　*　　*　　*　　*

7.16　一摩尔单原子理想气体从 27℃ 开始加热至 77℃.

(1) 容积保持不变;

(2) 压强保持不变;

问这两过程中各吸收了多少热量?增加了多少内能?对外做了多少功?(摩尔热容 $C_{V,m}=12.46$ J·mol^{-1}K^{-1},$C_{P,m}=20.78$ J·mol^{-1}·K^{-1})

7.17　一系统由如图 7.27 所示的 a 状态沿 acb 到达状态 b,有 334 J 热量传入系统,而系统做功 126 J.

(1)若沿 adb 时系统做功 42 J,问有多少热量传入系统?

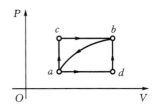

图 7.27　题 7.17 图

(2)当系统由状态 b 沿曲线 ba 返回状态 a 时,外界对系统做功 84 J,试问系统是吸热还是放热?热量传递是多少?

(3)若状态 d 与状态 a 内能之差为 167 J,试求沿 ad 及 db 各自吸收的热量是多少?

7.18　8 g 氧在温度为 27℃ 时体积为 4.1×10^{-4} m^3,试计算下列各情形中气体所做的功.

(1)气体绝热地膨胀到 4.1×10^{-3} m^3;

(2)气体等温地膨胀到 4.1×10^{-3} m^3,再等容地冷却到温度等于绝热膨胀最后所达到的温度.已知氧的 $C_{V,m}=\dfrac{5}{2}R$.

7.19　为了测定气体的 γ 值,有时用下面的方法.一定量的气体,初始温度、压强和体积分别为 T_0、P_0 和 V_0,用通有电流的铂丝加热.设两次加热相等,第一次使体积 V_0 不变,而 T_0、P_0 分别变为 T_1、P_1;第二次使压强 P_0 不变,而 T_0、V_0 分别变至 T_2、V_2,试证明:

$$\gamma=\frac{(P_1-P_0)V_0}{(V_2-V_0)P_0}$$

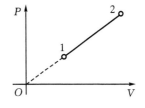

图 7.28　题 7.20 图

7.20　如图 7.28 表示理想气体的某一过程曲线,

当气体自态 1 过渡到态 2 时,气体的 P、T 如何随 V 变化?在此过程中气体的摩尔热容 C_m 怎样计算?

7.21　如图 7.29 所示,一用绝热壁作成的一圆柱形容器,在容器中间放置一无摩擦的绝热可动活塞,活塞两侧各有 ν 摩尔理想气体,开始状态均为 P_0、V_0、T_0,今将一通电线圈放到活塞左侧气体中,对气体缓慢加热,左侧气体膨胀,同时右侧气体被压缩,最后使右方气体的压强增加为 $\dfrac{27}{8}P_0$.设气体的定容摩尔热容 $C_{V,m}$ 为常数,$\gamma=$

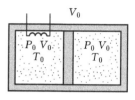

图 7.29　题 7.21 图

1.5.求:

(1) 对活塞右侧气体做了多少功?

(2) 右侧气体的终温是多少?

(3) 左侧气体的终温是多少?

(4) 左侧气体吸收了多少热量?

7.22　如图 7.30 所示是一理想气体循环过程图,其中 $a{\to}b$ 和 $c{\to}d$ 为绝热过程,$b{\to}c$ 为等压过程,$d{\to}a$ 为等容过程,已知 T_a、T_b、T_c 和 T_d 及气体的热容比 γ,求循环过程的效率.

7.23　设有以理想气体为工质的热机,其循环如图 7.31 所示,试证明其效率.

$$\eta=1-\gamma\left(\frac{V_1}{V_2}-1\right)\bigg/\left(\frac{P_1}{P_2}-1\right)$$

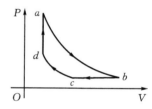

图 7.30　题 7.22 图

7.24　理想气体做卡诺循环,设热源温度为 100℃,冷却器温度为 0℃ 时,每一循环做净功 8 kJ,今维持冷凝器温度不变,提高热源温度,使净功增为 10 kJ,若两个循环都工作于相同的两条绝热线之间,求:(1)此时热源温度应为多少?(2)这时效率为多少?

7.25　从锅炉进入蒸汽机的蒸汽温度 $t_1=$ 210℃,冷却器温度 $t_2=40℃$,问消耗 4.18 kJ 的热以产生蒸汽,可得到的最大功为多少?

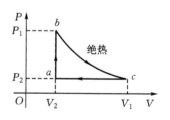

图 7.31　题 7.23 图

7.26　(1)在夏季为使室内保持凉爽,需将热量以 2000 J/s 的散热率排至室外,此冷却用制冷机完成,设室温为 27℃,室外为 37℃,求制冷机所需要的最小功率.

（2）冬天将上述制冷机用作热泵,使它从室外取热传至室内,而保持室内温暖.设冬天室外温度为$-3℃$,室温需保持$27℃$,仍用（1）中所给的功率,则每秒给室内的最大热量是多少?

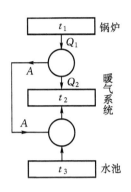

7.27 有一动力暖气装置如图7.32所示,热机从温度为t_1的锅炉内吸热,对外做功带动一制冷机,制冷机自温度为t_3的水池中吸热传给供暖系统t_2,此暖气系统也是热机的冷却器.若$t_1=210℃$,$t_2=60℃$,$t_3=15℃$,煤的燃烧值为$H=2.09×10^4$ kJ·kg^{-1},问锅炉每燃烧1 kg的煤,暖气中的水得到的热量Q是多少?（设两部机器都作可逆卡诺循环）

图7.32 题7.27图

7.28 如图7.33所示为某理想气体的两条等熵线S_1和S_2若气体从状态1沿等温线（温度为T）准静态地膨胀到状态2,则气体对外做了多少功?

7.29 有一块质量为1 kg、温度为$-10℃$的冰块,将其放入温度为$15℃$的湖水中,达到热平衡时,整个系统的熵变为多少?（冰的熔解热为334 kJ/kg,比热为2.09 kJ·kg^{-1}）

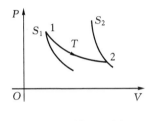

图7.33 题7.28图

7.30 有一体积为$2.0×10^{-2}$ m^{3}的绝热容器,用一隔板将其分为两部分,开始时左边一侧充有1 mol理想气体（体积为$V_1=5.0×10^{-3}$ m^3）,右边一侧为真空.现抽掉隔板让气体自由膨胀充满整个容器,求熵变.

科学家简介——焦耳

（James Prescott Joule,1818—1889）

1818年12月24日焦耳出生在英国曼彻斯特市郊的一个富有的酿酒厂老板的家中.从小跟父母参加酿酒劳动,没有上过正规学校.16岁时,曾与其兄一起到著名化学家道尔顿（J. Dolton）家里学习,受到了热情的帮助和鼓励,激发了他对科学的浓厚兴趣.

19世纪30年代末,英国有一股研究磁电机的热潮.焦耳当时刚20岁,也想研制磁电机来替代父母酿酒厂中的蒸汽机,以便提高效率.他虽然没有达到预期的目的,但却从实践中发现电流可做机械功,也能产生热,即电、磁、热和功之间存在一定的联系.于是他开始进行电流热效应的实验研究.

1840年至1841年,焦耳在《论伏打电流所生的热》和《电的金属导体产生的热和电解对电池组所放出的热》这两篇论文中发表了实验结果. 他得出"在一定时间内伏打电流通过金属导体所产生的热与电流强度的平方和导体电阻乘积成正比", 这就是著名的焦耳定律.

接着焦耳进一步想到磁电机产生的感应电流和伏打电流一样产生热效应. 于是他又开始做这方面的实验, 并于 1883 年在《磁电的热效应和热的机械值》一文中叙述了他的实验和结果. 他的实验是使一个小线圈在一个电磁体的两极间转动, 通过小线圈的电流由一个电流计测量. 小线圈放在一个量热器内的水中, 从水温的升高可以测出小线圈释放出的热量, 实验给出了相同的结果:"磁电机的线圈所产生的热量(在其他条件相同时)正比于电流的平方."他还用这一装置进行了机械功和热量的关系的实验, 为此他用重物下降来带动线圈转动, 机械功就用重物的重量和下降的距离求得. 他得出的平均结果是:"使 1 磅水温升高华氏 1 度的热量, 等于(并可转化为)把 838 磅重物举高 1 英尺的机械功."用现在的单位表示, 这一数值约等于 4.51 J/cal.

1844 年焦耳曾要求在皇家学会上宣读自己的论文, 但遭到拒绝. 1847 年又要求在牛津的科学技术促进会上宣读自己的论文, 会议只允许他作一简单的介绍. 他在会上介绍了他用铜制叶轮搅动水使其温度升高的实验, 并根据实验指出:"一般的规律是:通过碰撞、磨擦或任何类似的方式,"活力"看起来是消灭了, 但正好总有与之相当的热量产生."这里"活力"后来叫作动能或机械能. 这样焦耳就从数量上完全肯定了热是能量的一种形式. 他比伦福德在年前关于"热是运动"的定性结论在热的本质方面又前进了一大步. 由于当时英国学者都相信法国工程师们的热质说, 所以在会上这一结论受到汤姆孙(W. Thomson)的质问. 但正是这种质问的形式, 反而使焦耳的工作受到与会的其他人的重视.

此后焦耳还做了压缩空气或使空气膨胀时温度变化的实验, 并由此也计算了热功当量. 他还进行了空气的真空自由膨胀的实验, 并和汤姆孙合作做节流膨胀的实验, 发现了节流膨胀后气体的温度变化的现象. 这一现象现在就叫焦耳-汤姆孙效应, 其中节流后引起冷却的效应对制冷技术的发展起了重要的作用.

1849 年 6 月 21 日, 焦耳做了一个《热功当量》的总结报告. 全面整理了他几年来用叶轮搅拌和铸铁磨擦等方法测定热功当量的实验, 给出了用水、汞做实验的结果. 他用水得出的结果是 772 磅·英尺/英热单位, 这相当于 4.154 J/cal, 和现代公认的结果十分相近.

在这以后, 直到 1878 年, 焦耳又做了许多测定热功当量的实验. 在前后近 40 年的时间里, 他用各种方法做了近 400 次实验, 用实验结果确凿地证明了热和机械能以及电能的转化, 因而对能量的转化和守恒定律的建立做出了不可磨灭的贡献.

应该指出, 在建立能量守恒定律方面, 焦耳的同代人, 英国的格罗夫(W. R.

Grove)、德国的迈耶（R. Mayer）、亥姆霍兹（H. Helmholrz）、法国的卡诺（S. Carnot）、丹麦的柯尔丁（L. A. Colding）、法国的赫恩（G. A. Hirn），都曾独立地做过研究而得出了相同的结论. 例如迈耶在 1842 年就提出能量守恒的理论，认为热是能量的一种形式，可以和机械能相互转化. 他还利用空气的定压比热和定体比热之差算出了热功当量的值为 3.58J/cal（现在就把公式 $C_{P,m}-C_{V,m}=R$ 叫做迈耶公式）. 迈耶后来曾和焦耳在发现能量守恒优先权方面发生过的争论，在英国未曾获胜，在他自己的祖国也遭到粗暴的、侮辱性的中伤，亥姆霍兹在 1847 年发表的《力的守恒》一文，论述了他的能量守恒与转化的思想，并提出了把这一原理运用到生物过程的可能性. 他的这篇文章也曾受到过冷遇. 卡诺早在 1830 年也意识到热质说的错误，得出过"动力不变"的结论，并且算出过热功当量的数值为 3.6J/cal，可惜这是 1878 年在他的遗稿中发现的. 当然，用大量实验事实来证明能量守恒定律，完全是焦耳的功绩. 在 1850 年，他的实验结果就已使科学界公认能量守恒是自然界的一条基本规律.

焦耳是位没有受过专业训练的自学成才的科学家. 虽然多次受到冷遇，但还是不屈不挠地进行科学实验研究，几十年如一日. 这种精神是很令人钦佩的. 他在 1850 年（32 岁）被选为英国伦敦皇家学会会员. 1886 年被授予皇家学会柯普兰金质奖章，1872 年至 1887 年任英国科学促进会主席，1889 年 10 月 11 日在塞拉逝世，终年 71 岁.

阅读资料 A：熵和能量退化　能源

在此，我们首先介绍一下能量的品质. 在自然界中有一些能量如环境介质（像空气）的内能，虽有相当的数量，但却不能转换成有用功，所以就说能量的品质为零. 而机械能、电磁能这种能量是全部可以用的，即是可以完全变为功的，所以能量的品质是最高的. 在实际发生的不可逆过程中，总是使品质高的能量减少，使品质低的能量增加，也就是使一部分能量永远不能再做功了，不能再利用了，这称为能量退化，也称为能量的贬值变质. 例如，热机要完成一个循环后，把从高温热源吸收的热量只是一部分转变为有用功，其余部分被耗散到周围环境中，最终变成不可利用的能量. 一根金属棒的两端温度不同，随着棒内热量的传递，两端的温差减小，最终达到热平衡，热传导也将停止. 该过程也发生了能量的退化，即高温的可利用的能量变成了低温的不可利用的能量. 而且可以证明在不可逆过程中，能量退化的数量与不可逆过程所引起的熵的增加成正比例.

自然界所发生的不可逆过程将使能量退化，使有用的能量变成无用的能量，且所消耗的能量与熵增成正比. 也即随着不可逆过程的不断进行，将使能量不断地转变为不能做功的形式,但就能量数量来讲仍是守恒的,只是越来越多的能量不能被用来做功了.这是自然过程的不可逆性,也是熵增加的一个直接结果.换句话来讲,不可逆过程的熵增加,也伴随着能量退化.所以,克服能源危机的办法之一就是要减少能量的无谓的浪费,提高能源利用的总效率.然而,由卡诺定理可知,提高热机效率是受到许多限制的,像目前我国能源利用的总效率大约为 32%,而且以煤、石油、天然气为主.其中有三分之一的煤、石油都用于燃烧取暖.而这些化石燃料都是很宝贵的化工原料,烧掉它们本身就是资源的浪费.在储量有限的情况下,随着开采量的大幅度增加,用不了多久这些矿藏终将枯竭.其次,化石燃料的应用严重污染了我们的生存环境.所以开发新的洁净的能源是解决能量品质的又一途径,像核能、水能、太阳能、风能、地热能等.在这些能源的利用方面,目前也发展较快.例如,我国已建有浙江泰山和广东大亚湾两座核电站,在长江三峡建设的大型水电站,在南方一些省区已推广使用了沼气和太阳能供热系统.同时也注意到风能和地热的利用,例如在内蒙古草原上建立了小型风力发电站,在西藏建起了地热电站等.总之,为了适应我国经济的持续发展,在新世纪中必须去积极开发新的能源.

第8章 气体动理论

在本章中,我们将从物质的微观结构出发,用统计的方法研究物质最简单的聚集态——气体的热学性质.通过阐述气体的压强、温度、内能等一些宏观量的微观本质,使我们对于用微观观点研究宏观现象的基本方法有个概略的了解.

本章主要内容有:分子动理论的基本观点,理想气体的压强,温度的微观解释,麦克斯韦速率分布律,玻尔兹曼能量分布律,能量均分定理,理想气体的内能,分子的平均自由程和平均碰撞次数等,并简单介绍气体内的迁移现象和热力学第二定律的统计意义.

§8.1 分子动理论的基本观点和统计方法的概念

一、分子动理论的基本观点

分子动理论是从物质的微观结构出发来阐明热现象规律的一种理论,那么物质的微观结构是一种什么样的模型呢?根据大量实验事实的观察可以概括出以下三个基本观点.

1. 宏观物体是由大量微观粒子——分子(原子)组成

同种物质,其分子完全一样.人们已借助了近代实验仪器和实验方法,观察到某些晶体的原子结构图像,且认识到物质都是由彼此间有一定间隙的分子组成,气体很容易被压缩,所以其分子间距离比固体、液体分子间的间隙都大.不同物质的分子有大有小.整个看起来,分子线度是很小的,宏观系统包括的分子数目是相当多的,1 mol 任何物质包含有 $N_A = 6.02 \times 10^{23}$ 个分子.这个常数叫做阿伏伽德罗常数.

2. 分子之间有相互作用力

固体和液体的分子之所以会聚集到一起而不散开,是因为分子之间有相互吸引力.液体和固体很难被压缩,即使是气体,当压缩到一定程度后也很难再继续压缩,这些现象说明分子之间除吸引力外还存在排斥力.图 8.1 所示的是分子力 f 与分子间距离 r 的关系曲线.从图上可以看出,当分子之间的距离 $r < r_0$ (r_0 约为 10^{-10} m 左右)时,分子力主要表现为斥力,并且随 r 的减小,急剧增加;当 $r = r_0$

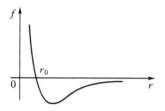

图 8.1 分子力与分子间距的关系曲线

时,分子力为零. $r > r_0$ 时,分子力主要表现为引力. 当 r 继续增大到大于 10^{-9} m 时,分子间的作用力就可以忽略不计了. 可见分子力的作用范围是极小的,分子力属短程力.

3. 分子都在做无规则运动,运动的剧烈程度与物体的温度有关

在室内打开一瓶香水,很快就会在整个房间内闻到香味,这是由于分子无规则运动而产生的扩散现象. 布朗运动是间接证明液体分子无规则运动的典型例子,且实验证实液体的温度越高,布朗运动越剧烈,从而间接说明了液体分子无规则运动越剧烈.

由上述讨论可以看出,物质内部包含的分子数目极多,分子又都时时刻刻地做无规则运动,而且实验还告诉我们,宏观物体的热现象是物质中大量分子无规则运动的集体表现.

由于分子数目巨大,分子在运动过程中相互碰撞是极其频繁的,对气体来讲,在通常温度和压强下,一个分子在 1 s 的时间里大约要经历 10^9 次碰撞. 这样,分子的速度在不断变化,要想跟踪每一个分子,对它们列出运动方程,是很困难的. 也即分子在某一时刻位于容器中哪一个位置,具有多大速度都具有一定的偶然性,这是不是说分子的运动状态就无规律可循了呢? 我们仔细考察一下可以发现,气体处于平衡态时,不管个别分子的运动状态具有何种偶然性,但大量分子的整体表现都是有规律的. 例如平衡态时,容器中各处的温度、密度、压强这些宏观量都是均匀的、一定的,就单个分子的速率(微观量)来说,有大有小,但大量分子速率的平均值是确定的. 这就表明在大量偶然、无序的分子运动中,包括着一种规律性. 这种规律性来自大量偶然事件的集合,故称为**统计规律**. 本篇开始已经提到,统计规律在某种意义上就是将微观量和宏观量联系起来的规律. 也就是要运用统计方法求出大量分子的微观量的统计平均值与宏观量之间的关系,用以解释宏观系统的热学性质. 下面,我们对统计方法的一般概念作以介绍.

二、统计方法的一般概念

设想某一系统处在一定的宏观状态,但它可以处于不同的微观状态. 我们要测

定系统的某一物理量 M 的数值. 由于系统的微观状态在改变, 所以 M 的测定值也是各不相同的. 把各次实验所测得的 M 的数值的总和, 除以实验总次数, 就可求得 M 的平均值, 实验次数越多, 平均值就越精确. 所以 M 的平均值 $\overline{M}$ 被定义为

$$\overline{M} = \lim_{N \to \infty} \frac{M_A N_A + M_B N_B + \cdots}{N}$$

式中 N_A 是 M 的值取 M_A 数值的次数, 亦即发现系统处于微观状态 A 的次数. 我们把状态 A 出现的次数 N_A 与测量的总次数 N 的比值, 在测量次数无限增加时的极限, 称为状态 A 的概率 P_A, 作为状态 A 发生的可能性的量度, 即

$$P_A = \lim_{N \to \infty} \frac{N_A}{N}$$

这样平均值就可写成

$$\overline{M} = \sum M_i \cdot P_i$$

如把系统所有可能状态的概率相加, 显然有

$$\sum_i P_i = P_1 + P_2 + \cdots = \frac{N_1}{N} + \frac{N_2}{N} + \cdots$$

$$= \sum \frac{N_i}{N} = \frac{\sum N_i}{N} = 1$$

这关系称为**归一化条件**.

　　系统的微观状态随时间而变化时, 这个系统在每一瞬时所取的 M 值, 不一定恰好等于平均值 $\overline{M}$, 而是有偏差的, 这种相对平均值出现偏离的现象, 称为**涨落现象**. 这种现象是统计规律所特有的, 但只要所包含的偶然事件的数目越多, 涨落现象就越不显著.

§8.2　理想气体的压强公式

一、理想气体的微观模型

　　前已谈到, 与液体、固体分子结构比起来, 气体分子间的平均距离要大得多, 如气体凝结成液体时, 体积要缩小到大约千分之一, 由此可知, 分子间距离要缩小到大约十分之一. 但液体分子几乎是紧密排列的, 因此, 气体分子间的平均距离约为分子本身线度的 10 倍. 而且气体越稀薄时越接近理想气体. 可见理想气体分子之间平均距离要比分子本身线度大得多. 此外, 气体分子无规则运动的另一特征是, 分子之间频繁地碰撞, 分子的速度要不断改变大小和方向, 在此我们说的分子的碰撞, 实质上是与分子力有关的. 当两个分子极为靠近时(约为 10^{-10} m), 分子力表现

为斥力,所以两分子在运动中相遇会由于彼此的斥力而飞开.这就是通常所说的分子间发生的"碰撞".当分子相互远离时,斥力迅速减小并出现引力,当两分子间距离进一步增大时(约 10^{-9} m),引力随之减小直到消失.

根据上述这些特点及气体处在平衡态下的压强和温度不随时间改变的事实,我们在物质分子结构的三个基本观点的基础上,进一步提出以下几个基本假设作为**理想气体的微观模型**.

(1) 分子本身的线度与分子间平均距离相比可以忽略不计,即将分子看做质点;

(2) 除碰撞瞬间外,分子之间、分子与器壁之间无相互作用力;

(3) 分子间的碰撞以及分子与器壁间的碰撞都是完全弹性的,即分子与器壁间的碰撞只改变分子运动的方向,不改变速度的大小,气体分子的动能不因与器壁碰撞而有任何改变.

按照以上三条假设建立起来的理想气体模型可以归结为:**理想气体是不停地、无规则地运动着的大量无引力(假定第二条)的弹性(第三条)质点(第一条)的集合.**

下面我们就依据理想气体微观模型,应用牛顿运动定律,采取求统计平均的方法来导出理想气体的压强公式.

二、理想气体的压强公式

容器中气体对器壁压强的微观意义应是大量气体分子对器壁不断碰撞的结果,就像密集的雨点打在伞上产生的均匀、持续的压力一样.具体地说,可以将器壁看作一个连续的平面,器壁所受的压强就等于大量分子碰撞器壁时,在每单位时间内施与器壁单位面积上的平均冲量.

设立方容器边长为 l,体积为 $V=l^3$.容器中贮有 N 个同种理想气体分子,且处于平衡态.分子数密度为 $n=N/V$,每个分子质量为 m,由于平衡态下,作用于器壁各处的压强都是相等的,所以我们可以选取任何一部分器壁来计算气体的压强,现在来计算与 x 轴相垂直的器壁 A_1 面所受的压强.如图 8.2 所示.

首先考虑速度为 v 的 α 分子,v 在直角坐标系的分量为 v_x、v_y、v_z,且 $v_x^2+v_y^2+v_z^2=v^2$,当 α 分子和器壁 A_1 面碰撞时,它受到 A_1 面对它沿

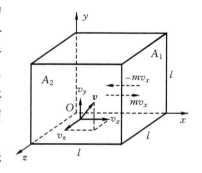

图 8.2　计算气体压强

与 x 轴方向相反的作用力. 在这个力的作用下,α 分子的动量在 x 轴上的投影由 mv_x 变成 $-mv_x$,它在 x 方向的动量增量为 $(-mv_x)-mv_x=-2mv_x$,也就等于器壁施与 α 分子的冲量(动量定理). 根据牛顿第三定律,α 分子同时也施与 A_1 面一个大小相等方向相反的,数值为 $+2mv_x$ 的冲量,分子施与器壁的力其方向沿 x 轴正向. α 分子对器壁的力是间歇的,是不连续的. 就 α 分子沿 x 轴的运动情况而论,它被 A_1 面以 $-v_x$ 弹回后飞向 A_2 面,与 A_2 碰撞后,又以 v_x 回到 A_1 面再作碰撞,α 分子与 A_1 面相继两次碰撞,在 x 轴方向上运动的距离为 $2l$,所需时间为 $2l/v_x$. 因此,在单位时间内,α 分子与 A_1 面碰撞的次数为 $v_x/2l$,作用于 A_1 面的总冲量为 $2mv_x\cdot\dfrac{v_x}{2l}$,这也就是 α 分子作用于 A_1 面的冲力的平均值.

以上讨论的是一个分子对 A_1 面的碰撞,但实际上容器内有大量分子对壁面 A_1 碰撞,使壁面受到一个几乎连续不断的力,这个力的大小应等于每个分子作用在 A_1 面上的力的平均值之和,即

$$F=2mv_{1x}\frac{v_{1x}}{2l}+2mv_{2x}\frac{v_{2x}}{2l}+\cdots+2mv_{Nx}\frac{v_{Nx}}{2l}$$

式中的 $v_{1x},v_{2x},\cdots,v_{Nx}$ 分别是第一,第二,$\cdots$,第 N 个分子速度在 x 轴上的分量,则 A_1 面所受压强则为

$$P=\frac{F}{l^2}=\frac{1}{l^2}\left[2mv_{1x}\frac{v_{1x}}{2l}+2mv_{2x}\frac{v_{2x}}{2l}+\cdots+2mv_{Nx}\frac{v_{Nx}}{2l}\right]$$
$$=\frac{m}{V}\left[v_{1x}^2+v_{2x}^2+\cdots v_{Nx}^2\right]$$

或

$$P=\frac{Nm}{V}\left[\frac{v_{1x}^2+v_{2x}^2+\cdots+v_{Nx}^2}{N}\right]\tag{8.1}$$

式中括弧内的物理量表示容器内 N 个分子沿 x 轴的速度分量的平方平均值,用 $\overline{v_x^2}$ 表示,即

$$\overline{v}_x^2=\frac{v_{1x}^2+v_{2x}^2+\cdots+v_{Nx}^2}{N}=\frac{\sum\limits_{i=1}^{N}v_{ix}^2}{N}$$

同理也有

$$\overline{v}_y^2=\frac{\sum\limits_{i=1}^{N}v_{iy}^2}{N}\ \text{及}\ \overline{v}_z^2=\frac{\sum\limits_{i=1}^{N}v_{iz}^2}{N}$$

这样(8.1)式则为

$$P=mn\overline{v}_x^2$$

考虑到 $v^2 = v_x^2 + v_y^2 + v_z^2$,所以有

$$\overline{v^2} = \overline{v_x^2} + \overline{v_y^2} + \overline{v_z^2}$$

由于气体处于平衡态,可以认为分子沿各个方向运动的机会是相等的,没有哪个方向更占优势,这也就是在平衡态下气体分子无规则运动的各向同性的表现.因此对大量分子来说,它们在 x、y、z 三个轴上的速度分量平方的平均值应是相等的,即

$$\overline{v_x^2} = \overline{v_y^2} = \overline{v_z^2} = \frac{1}{3}\overline{v^2} \tag{8.2}$$

把上式代入 $P = nm\overline{v_x^2}$ 中,可得

$$P = \frac{1}{3}nm\overline{v^2}$$

或

$$P = \frac{2}{3}n\left(\frac{1}{2}m\overline{v^2}\right) = \frac{2}{3}n\overline{\varepsilon_\Psi} \tag{8.3}$$

式中 $\overline{\varepsilon_\Psi} = 1/2\,m\overline{v^2}$ 叫做**气体分子的平均平动动能**.上式就是**理想气体的压强公式**.由式(8.3)可以看出,气体作用于器壁的压强正比于分子数密度 n 和分子的平均平动动能 $\overline{\varepsilon_\Psi}$.根据分子动理论的观点,$\overline{\varepsilon_\Psi}$ 一定时,n 越大,单位时间撞击到单位器壁面积上的分子数越多,器壁所受的压强越大;当 n 一定时,$\overline{\varepsilon_\Psi}$ 越大,即分子速度平方的平均值越大,从而使器壁所受的压强也越大.

应当指出,分子对器壁的压强是大量分子对器壁碰撞的平均效果,只有在气体的分子数足够多时,器壁所获得的冲量才有确定的统计平均值,若说个别分子产生多大压强,是没有意义的.

还应当指出,压强虽说是由大量分子对器壁碰撞而产生的,但它是一个宏观量,可以从实验直接测量,而式(8.3)的右方是不能直接测量的微观量,也就是式(8.3)是根据许多假设推导出来的,不能直接用实验来验证.但从此公式出发,可以满意地解释或推证出已经验证过的理想气体实验定律,这就间接地证明了该公式的正确性.

§8.3 温度的微观解释

由理想气体状态方程和压强公式可以得到气体的温度和分子的平均平动动能之间的关系,从而说明温度这一宏观量的微观本质.

设质量为 M 的气体的分子数为 N,分子的质量为 m,设 μ 为 1 摩尔气体的质量,N_A 为阿伏伽德罗常数,则有 $M = m \cdot N$,$\mu = N_A \cdot m$,把它们代入理想气体状

态方程中,可得

$$P = \frac{N}{V} \cdot \frac{RT}{N_A}$$ (8.4)

式中 $N/V = n$ 是分子数密度, R 是普适气体常量, N_A 是阿伏伽德罗常数,两者相比同样是常量,用 k 表示,叫做**玻耳兹曼常量**,其值为

$$k = \frac{R}{N_A} = 1.38 \times 10^{-23} \text{ J} \cdot \text{K}^{-1}$$

于是,式(8.4)又可写成

$$P = nkT$$ (8.5)

将上式与理想气体压强公式(8.3)比较可得

$$\bar{\varepsilon}_{\text{平}} = \frac{1}{2} m \bar{v^2} = \frac{3}{2} kT$$ (8.6)

这就是**理想气体分子的平均平动动能与温度的关系式**,也是气体动理论的一个基本公式.此式说明气体分子的平均平动动能只与气体的温度有关,气体温度越高,分子的平均平动动能越大,分子无规则运动就越剧烈,因此,式(8.6)可看成温度这个宏观量的分子动理论的定义式:即**气体的温度是气体内做无规则运动的大量分子平均平动动能的"量度"**.它是大量分子无规则运动所表现的宏观性质,具有统计意义,对于单个分子来说,说它有多高温度是没有意义的.

气体分子的平均平动动能由气体的温度唯一确定,不管分子的质量是否相同,内部结构如何,只要有相同的温度,就有相同的平均平动动能,温度高些,平均平动动能就大些,当温度为零时, $\bar{\varepsilon}_{\text{平}} = 0$,即理想气体的无规则运动停止.然而,实际上分子运动是永不停息的,绝对零度是不可能达到的,只能无限地趋近绝对零度.目前人们应用激光已将原子的温度冷却到 10^{-12} K 的量级.

还应该指出,平均平动动能公式与压强公式一样,是从理论上根据一系列假设运用统计方法导出的,无法由实验直接验证.但可以间接地证明,如人们观察到悬浮在温度均匀的液体中不同质量微粒的无规则运动(简称布朗运动),结果也证实这些不同质量微粒的平均平动动能是相等的,这就是对式(8.6)的间接证明.

例 8.1　一容器内储有氧气,其压强 $P = 1.00$ atm,温度 $t = 27℃$,求

(1) 单位体积内的分子数;

(2) 氧气的密度;

(3) 氧分子的质量;

(4) 分子间的平均距离;

(5) 分子的平均平动动能.

解　(1) 根据 $P = nkT$ 可得单位体积内的分子数

$$n = \frac{P}{kT} = \frac{1.00 \times 1.013 \times 10^5}{1.38 \times 10^{-23} \times 300} = 2.45 \times 10^{25} (\text{m}^{-3})$$

（2）由理想气体状态方程可得氧气的密度

$$\rho = \frac{M}{V} = \frac{P\mu}{RT} = \frac{1.013 \times 10^5 \times 32.0 \times 10^{-3}}{8.31 \times 300}$$

$$= 1.30 \ (\text{kg} \cdot \text{m}^{-3})$$

（3）每个氧分子的质量为

$$m = \frac{\rho}{n} = 5.31 \times 10^{-26} (\text{kg})$$

（4）分子间的平均距离为

$$\bar{l} = \sqrt[3]{\frac{1}{n}} = 3.44 \times 10^{-9} (\text{m})$$

（5）分子的平均平动动能

$$\bar{\varepsilon}_{\text{平}} = \frac{3}{2} kT = \frac{3}{2} \times 1.38 \times 10^{-23} \times 300 = 6.21 \times 10^{-21} (\text{J})$$

§8.4　麦克斯韦气体分子速率分布律

将式 $\frac{1}{2} m \bar{v}^2 = \frac{3}{2} kT$ 两边开方得分子的方均根速率 $\sqrt{\bar{v}^2} = \sqrt{\frac{3kT}{m}}$，它是分子速度的一种统计平均值. 当气体的温度一定时，方均根速率也是一定的，但气体处于平衡态时，并非所有分子都以方均根速率运动，而是以各种大小的速度沿着各个方向运动着，而且又由于非常频繁的碰撞，每一个分子的速度都在不断地改变，因此，若在某一特定时刻去观察某一特定分子，它的速度具有怎样的量值和方向，完全是偶然的. 然而就大量分子的整体来看，在平衡态下，分布在各种不同速率范围内的分子数在总分子数中所占的比率各是多少，则是确定的，这一必然规律称为**速率分布规律**.

关于速率分布规律，1859 年麦克斯韦（J. C. Maxwell）首先从理论上导出了气体分子速率分布定律，直到 1920 年斯特恩才第一次用实验进行了初步验证，后来许多人对此实验做了改进. 我国物理学家葛正权也在这方面有过贡献，但是直到 1955 年才由密勒与库士对麦克斯韦气体分子速率分布定律做出了高度精确的实验验证. 为了便于理解，先介绍气体分子速率分布的实验测定.

一、测定气体分子速率分布的实验

图 8.3 是一种用来产生分子射线并观测射线中分子速率分布的实验装置示意

图. 图中 A 是一个恒温箱, 箱内为待测的水银蒸汽, 即分子源. 水银分子从 A 上的小孔射出通过狭缝 S 后形成一束定向的分子射线. D 和 D' 是两个相距为 l 的共轴圆盘, 盘上各开一个很窄的狭缝, 两狭缝成一个很小的夹角 θ, 约 $2°$ 左右. P 是接收分子的屏.

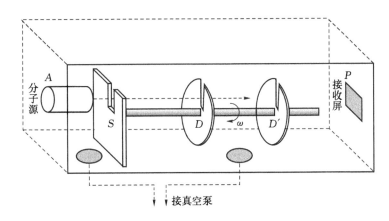

图 8.3　观测射线中分子速率分布的实验装置示意图

当 D、D' 以 ω 的角速度转动时, 圆盘每转一周, 分子射线通过 D 圆盘一次, 但由于分子速率的大小不同, 自 D 到 D' 所需时间也不同. 所以并非所有通过 D 的分子都能通过 D' 而到达 P, 只有分子速率 v 满足下列关系式的那些分子才能通过 D' 而射到 P 上, 即

$$\frac{l}{v} = \frac{\theta}{\omega} \quad \text{或} \quad v = \frac{\omega}{\theta} \cdot l$$

这种装置也叫做速率选择器. 由于两个狭缝都有一定的宽度, 到达 P 上的分子实际上分布在一定的速率区间 $v \sim v + \Delta v$ 内, 实验时, 如果保持 θ 和 l 不变, 而让圆盘先后以各种不同的角速度 ω_1、ω_2 … 转动, 就有处在不同速率区间内的分子到达屏上. 用光学方法测量屏上所堆积的水银层厚度, 就可以确定相应的速率区间内的分子数与总分子数之比, 也叫做**分子数比率**.

图 8.4 是直接从实验结果做出的分子速率分布图线, 其中一块块矩形面积表示分布在各速率区间内的分子数比率.

实验结果表明, 分布在不同速率区间内的分子数比率是不相同的, 但在实验条

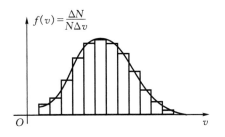

图 8.4　分子速率分布实验图

件不变的情况下,分布在给定速率区间内的分子数比率则是完全确定的,尽管个别分子速率大小是偶然的,但就大量分子整体来说,其速率的分布却遵守着一定规律,这个规律叫做**分子速率分布律**.

二、麦克斯韦气体分子速率分布律

早在气体分子速率实验测定获得成功之前,麦克斯韦和玻尔兹曼等人在 1859 年就已经从概率论导出了气体分子的数目按速率分布的规律.限于数学上的原因及本课程的要求,我们只介绍一些基本的内容.

设在平衡态下,一定量的气体分子总数为 N,其中速率在 $v \sim v + \Delta v$ 区间内的分子数为 ΔN,从上面的实验已知,$\Delta N/N$ 与速率及所取的速率区间有关,在不同的速率附近,它的数值不同,在同一速率附近,如取的速率区间 Δv 越大,则 $\Delta N/N$ 就越大,当 $\Delta v \to 0$ 时,则 $\Delta N/(N\Delta v)$ 的极限值就变成 v 的一个连续函数了,并用 $f(v)$ 表示,我们把这一函数 $f(v)$ 叫做**速率分布函数**,即

$$f(v) = \lim_{\Delta v \to 0} \frac{\Delta N}{N \Delta v} = \frac{1}{N} \lim_{\Delta v \to 0} \frac{\Delta N}{\Delta v} = \frac{\mathrm{d}N}{N \mathrm{d}v}$$

或

$$\frac{\mathrm{d}N}{N} = f(v)\mathrm{d}v \tag{8.7}$$

上式中 $\Delta N/N$ 的为 N 个气体分子中,在速率 v 附近处于速率区间 Δv 的分子数比率.速率分布函数表示在速率 v 附近单位速率间隔内的分子数在总分子数中所占比率,也是气体分子的速率处于 v 附近单位速率区间的概率,也叫概率密度. $f(v)$ 与 v 的关系曲线叫做**速率分布曲线**,如图 8.5 所示.由图可知,小矩形的面积的数值就表示在这一速率区间内

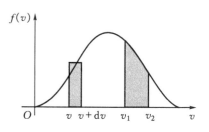

图 8.5　速率分布曲线

的分子数占总分子数的比率,因为纵坐标 $f(v) = (\mathrm{d}N)/(N\mathrm{d}v)$ 与 $\mathrm{d}v$ 乘积(即矩形的面积)就等于 $(\mathrm{d}N)/N$,而从 v_1 到 v_2 范围内曲线下的面积的数值就表示速率在 v_1 到 v_2 的较大速率区间内的分子数比率,也就是下面的积分式

$$\frac{\Delta N_{v_1 \sim v_2}}{N} = \int_{v_1}^{v_2} f(v)\mathrm{d}v \tag{8.8}$$

由上还可知,曲线下的总面积表示速率从零到无限大的整个范围内的全部分子占总分子数的比率,这个比率显然应当是百分之百,即

$$\int_0^\infty f(v)\mathrm{d}v = 1 \tag{8.9}$$

这称为**分布函数的归一化条件**.

由曲线可以看出,具有很大速率和很小速率的分子数为数较小,其百分率较低,而具有中等速率的分子数较多,故曲线有一最大值,与这个最大值对应的速率值叫做**最概然速率**,用 v_P 表示.它的物理意义是,在一定温度下,在这种速率附近单位速率间隔中的分子数比率最大.也就是以相同速率区间来说,气体分子中速率与 v_P 相近的几率最大.且在不同温度下(或对不同种气体分子),速率分布曲线的形状有所不同.

关于 $f(v)$ 的具体函数形式,就是麦克斯韦从理论上导出的.当气体处于平衡态时,速率分布在任一速率区间 $v \sim v + dv$ 内的分子数的比率为

$$\frac{dN}{N} = 4\pi \left(\frac{m}{2\pi kT}\right)^{3/2} e^{-mv^2/2kT} v^2 dv \tag{8.10}$$

这个结论称为**麦克斯韦速率分布律**.与式(8.7)比较可得

$$f(v) = 4\pi \left(\frac{m}{2\pi kT}\right)^{3/2} e^{-mv^2/2kT} v^2 \tag{8.11}$$

称为**麦克斯韦速率分布函数**.式中的 T 是气体的温度,m 是分子的质量,k 是玻尔兹曼恒量.从式(8.10)可以看出以下两点:

(1) $\dfrac{dN}{N}$ 与 dv 成正比,且与 v 有关,这种关系的具体形式为 $f(v)$.

(2) 当 $v = 0$ 时,$f(v) = 0$,即有 $\dfrac{dN}{N} = 0$;当 $v \to \infty$ 时,$f(v) = 0$,即 $\dfrac{dN}{N} = 0$.

这些与实验结果是符合的.

三、三种速率的推算

应用麦克斯韦速率分布函数,可以算出最概然速率和两种重要的平均速率.

1. 最概然速率 v_P

因为在 $v = v_P$ 时,分布函数 $f(v)$ 具有极大值,由极大值条件 $\dfrac{df}{dv}\Big|_{v=v_P} = 0$ 得

$$\frac{df}{dv} = 4\pi \left(\frac{m}{2\pi kT}\right)^{3/2} \left[2v e^{-mv^2/2kT} + v^2 \left(-\frac{m}{kT} \cdot v\right) e^{-mv^2/2kT}\right]_{v=v_P} = 0$$

由此得

$$v_P = \sqrt{\frac{2kT}{m}}$$

又 $k = \dfrac{R}{N_A}$,$\dfrac{k}{m} = \dfrac{R}{mN_A} = \dfrac{R}{\mu}$,于是

$$v_P = \sqrt{\frac{2kT}{m}} = \sqrt{\frac{2RT}{\mu}} \approx 1.41 \sqrt{\frac{RT}{\mu}} \tag{8.12}$$

2. 平均速率 $\bar{v}$

在这里平均速率就是大量做无规则运动的分子速率的算术平均值. 若用 dN 表示气体分子速率分布在 $v \sim v+\mathrm{d}v$ 区间的分子数, N 为气体的总分子数, 按照算术平均值的计算方法, 有

$$\bar{v} = \frac{v_1 \mathrm{d}N_1 + v_2 \mathrm{d}N_2 + \cdots + v_i \mathrm{d}N_i + \cdots}{N}$$

由于分子速率是在零到无穷大之间连续分布的, 故上式求和可变成积分运算, 即

$$\bar{v} = \frac{\int_0^\infty v \mathrm{d}N}{N} = \int_0^\infty v \, \frac{\mathrm{d}N}{N}$$

把 $\dfrac{\mathrm{d}N}{N}$ 用式(8.10)代入, 有

$$\bar{v} = 4\pi \left(\frac{m}{2\pi kT}\right)^{3/2} \int_0^\infty \mathrm{e}^{-mv^2/2kT} v^3 \, \mathrm{d}v$$

利用已有的积分公式

$$\int_0^\infty \mathrm{e}^{-av^2} v^3 \, \mathrm{d}v = \frac{1}{2a^2}$$

于是

$$\bar{v} = \sqrt{\frac{8kT}{\pi m}} = \sqrt{\frac{8RT}{\pi \mu}} \approx 1.60 \sqrt{\frac{RT}{\mu}} \tag{8.13}$$

3. 方均根速率 $\sqrt{\overline{v^2}}$

分子速率平方的平均值为 $\overline{v^2} = \dfrac{\int_0^\infty v^2 \mathrm{d}N}{N}$

同样将式(8.10)代入上式, 经过积分运算, 可得 $\overline{v^2} = \dfrac{3kT}{m}$, 两边开方后得

$$\sqrt{\overline{v^2}} = \sqrt{\frac{3kT}{m}} = \sqrt{\frac{3RT}{\mu}} \approx 1.73 \sqrt{\frac{RT}{\mu}} \tag{8.14}$$

这与由平均平动动能与温度的关系式得到的结果相同.

可以看出, 这三种速率都与 $\sqrt{T}$ 成正比, 与 $\sqrt{m}$ (或 $\sqrt{\mu}$)成反比, 大小的次序为 $\sqrt{\overline{v^2}} : \bar{v} : v_P = 1.73 : 1.60 : 1.41$, 如图 8.6 所示. 如室温(27℃)下的空气分子, 计算可知, $\bar{v} = 469.9 \ \mathrm{m \cdot s^{-1}}$, $\sqrt{\overline{v^2}} = 508.1 \ \mathrm{m \cdot s^{-1}}$, $v_P = 413 \ \mathrm{m \cdot s^{-1}}$

这三种速率的应用是: 在计算分子的平均平动动能时, 我们已经用了方均根速

率;在讨论速率分布时,要用到最概然速率;在讨论分子的碰撞,计算平均自由程时,要用到平均速率.由图 8.6 也可看出,速率分布曲线关于 v_P 不对称,理论上可以证明,$v > v_P$ 的分子数比率为 57%,而 $v < v_P$ 的分子速比率为 43%.

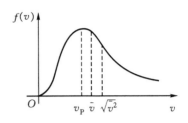

图 8.6 三种速率的关系

应当指出,这三种速率都具有统计平均的意义,都是大量分子无规则运动的统计表现,对给定的气体来说,它们只依赖于气体的温度.当温度升高时,气体分子的无规则运动加剧,其中速率较小的分子数减少,而速率较大的分子数则有所增加,分布曲线的最高点向速率大的方向移动,如图 8.7 给出了 N_2 气体分子在不同温度下的速率分布曲线,因曲线下的总面积恒为 1,所以当温度升高时(图中的 $T_2 > T_1$),

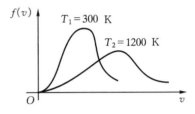

图 8.7 N_2 速率分布曲线随温度的变化

曲线显得较为平坦.

如果保持相同温度,考虑两种不同的气体,分子质量大的,v_P 较小,对应的是较尖的曲线,而分子质量小的气体对应的则是较平坦的曲线.

例 8.2 试求速率在区间 $v_P \sim 1.01 v_P$ 内的气体分子数占总分子数的比率.

解 因最概然速率

$$v_P = \sqrt{\frac{2kT}{m}}$$

而按题设条件,$v = v_P$,$\Delta v = 1.01 v_P - v_P = 0.01 v_P$,故按麦克斯韦速率分布律可得

$$\frac{\Delta N}{N} = 4\pi \left(\frac{m}{2\pi kT}\right)^{3/2} e^{-mv_P^2/2kT} v_P^2 \Delta v$$

$$= 4\pi \cdot \pi^{-\frac{3}{2}} \left(\frac{m}{2kT}\right)^{3/2} e^{-\frac{m}{2kT} \cdot \frac{2kT}{m}} \cdot \frac{2kT}{m} \cdot 0.01 \left(\frac{2kT}{m}\right)^{\frac{1}{2}}$$

$$= 4\pi^{-1/2} \cdot e^{-1} \cdot (0.01)$$

$$= \frac{0.04}{\sqrt{\pi}} \cdot e^{-1} = 0.83\%$$

例 8.3 假定 N 个粒子的速率分布函数为

$$f(v) = \begin{cases} C\sin\dfrac{v}{v_0}\pi & (0 < v < v_0, \ C \text{ 和 } v_0 \text{ 为常数}) \\ 0 & (v \geqslant v_0) \end{cases}$$

分布曲线如图 8.8 所示.

(1) 求 C;

(2) 求 $f(v) > \dfrac{C}{2}$ 的分子数.

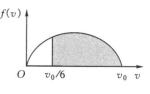

图 8.8 例 8.3 图

解 (1)将分布函数的归一化条件 $\displaystyle\int_0^\infty f(v)\mathrm{d}v = 1$ 应用在此，可得

$$\int_0^{v_0} C\sin\frac{v}{v_O}\pi \cdot \mathrm{d}v = 1$$

则有 $C \cdot \dfrac{2v_0}{\pi} = 1$，所以 $C = \dfrac{\pi}{2v_0}$

(2) 将 C 代入 $f(v)$ 中得

$$f(v) = \begin{cases} \dfrac{\pi}{2v_0}\sin\dfrac{v}{v_0}\pi & (0 < v < v_0) \\ 0 & (v \geqslant v_0) \end{cases}$$

要使 $f(v) > \dfrac{C}{2}$，也就是 $\sin\dfrac{v}{v_0}\pi > \dfrac{1}{2}$，$v > \dfrac{v_0}{6}$

由 $\dfrac{\mathrm{d}N}{N} = f(v)\mathrm{d}v$ 得

$$\Delta N = \int_{v_0/6}^{v_0} Nf(v)\mathrm{d}v = N\int_{v_0/6}^{v_0} \frac{\pi}{2v_0}\sin\frac{v}{v_0}\pi\mathrm{d}v$$

$$= N \cdot \frac{1}{2}\frac{\pi}{v_0} \cdot \frac{v_0}{\pi} \cdot \left(\frac{2+\sqrt{3}}{2}\right)$$

$$= \frac{2+\sqrt{3}}{4}N = 0.93\,N$$

结果 $\dfrac{\Delta N}{N} = 0.93$，也就是图 8.8 中阴影部分的面积.

§8.5 玻尔兹曼分布

一、玻尔兹曼分布

玻尔兹曼分布是把麦克斯韦速度分布规律推广后得到的. 前面讨论的速率分布规律只是分子按速度大小的分布，若既限制速度的大小，又限制速度的方向得到的分布规律即为**麦克斯韦速度分布规律**，它的整个表述是：当气体处于平衡态时，气体分子速度的 x 分子量在 $v_x \sim v_x + \mathrm{d}v_x$，$y$ 分量在 $v_y \sim v_y + \mathrm{d}v_y$，$z$ 分量在 $v_z \sim$

$v_z + dv_z$ 区间内的分子数占总分子数的比率为

$$\frac{dN}{N} = \left(\frac{m}{2\pi kT}\right)^{3/2} e^{-\frac{m}{2kT}(v_x^2 + v_y^2 + v_z^2)} dv_x dv_y dv_z$$

这个结论叫做**麦克斯韦速度分布律**. 不难看出, 因子 $e^{-m(v_x^2 + v_y^2 + v_z^2)/2kT} = e^{-\varepsilon_k/kT}$ 中, 只包括了气体分子的动能项, 故麦克斯韦速度分布律是讨论理想气体在没有外力场作用下, 气体处在平衡态时的分布. 这样一来, 分子在空间的分布是均匀的, 气体分子在空间各处的密度也是相同的. 如果考虑外力场(重力场、电场或磁场)的影响, 分布情形就会不同, 究竟遵从怎样的规律呢? 玻尔兹曼把麦克斯韦速度分布律推广到了气体分子在任意力场中运动的情形. 在这种情形下, 分子的总能量 $\varepsilon = \varepsilon_k + \varepsilon_p$, 式中的 ε_p 是分子在力场中的势能. 同时, 由于一般来说势能由位置而定, 这样一来, 分子在空间的分布是不均匀的, 所以这时考虑的分子不仅要把它们的速度限定在一定的速度区间内, 而且也要把它们的位置限定在一定的坐标区间内. 最后的结果应是, 气体在外力场中处于平衡态时, 其中坐标介于 $x \sim x + dx$, $y \sim y + dy$, $z \sim z + dz$ 内, 同时速度介于 $v_x \sim v_x + dv_x$, $v_y \sim v_y + dv_y$, $v_z \sim v_z + dv_z$ 的分子数为

$$dN = n_0 \left(\frac{m}{2\pi kT}\right)^{3/2} e^{-(\varepsilon_k + \varepsilon_p)/kT} dv_x dv_y dv_z dx dy dz \qquad (8.15)$$

式中的 n_0 表示在势能 ε_p 为零处单位体积内具有各种速度的分子数, 这个结论叫做**玻尔兹曼分布律**.

由(8.15)式可以看出, 在相同的区间内, 如果总能量 $\varepsilon_1 < \varepsilon_2$, 则有 $dN_1 > dN_2$, 这说明, 就统计分布看来, 分子总是优先占据低能量状态.

二、重力场中微粒按高度的分布律

在此我们先来推导分子按势能 ε_p 的分布规律. 为此, 需先求出在坐标区间 $x \sim x + dx$, $y \sim y + dy$, $z \sim z + dz$ 内具有各速度的分子数, 设为 dN', 则由(8.15)式对一切速度分量取积分, 可得

$$dN' = n_0 e^{-\varepsilon_p/kT} dx dy dz \left(\frac{m}{2\pi kT}\right)^{3/2} \iiint\limits_{-\infty}^{\infty} e^{-\varepsilon_k/kT} dv_x dv_y dv_z$$

注意到 $\varepsilon_k = \frac{1}{2} m(v_x^2 + v_y^2 + v_z^2)$, 则上式中的积分可以写成

$$\int_{-\infty}^{\infty} e^{-mv_x^2/2kT} dv_x \int_{-\infty}^{\infty} e^{-mv_y^2/2kT} dv_y \int_{-\infty}^{\infty} e^{-mv_z^2/2kT} dv_z = \left(\frac{2\pi kT}{m}\right)^{3/2}$$

所以

$$dN' = n_0 e^{-\varepsilon_p/kT} dx dy dz$$

以体积元 $dV = dx dy dz$ 除以上式两端, 即可得 ε_p 处, 或者说在空间坐标 x, y, z

附近单位体积中具有各种速度的分子数为

$$n = n_0 e^{-\varepsilon_p/kT} \tag{8.16}$$

此即**分子按势能的分布规律**.

在重力场中, ε_p 就是微粒的重力势能,若取 z 轴竖直向上,并取 $z=0$ 处(地面上) $\varepsilon_p=0$,则在高度 z 处, $\varepsilon_p = mgz$,设 n_0 为 $z=0$ 处单位体积中的粒子数. 于是分布在高度 z 处单位体积内的粒子数

$$n = n_0 e^{-mgz/kT} \tag{8.17}$$

上式即为**重力场中微粒按高度的分布规律**. 从式(8.17)可以看出,在重力场中分子数密度 n 随高度的增大按指数规律减少;分子的质量 m 越大, n 减小得越迅速,气体的温度 T 越高, n 减小得越缓慢,如图 8.9(a)所示. 这是因为重力的作用力图使气体分子靠近地面;而分子无规则运动(决定于 T)则力图使分子均匀分布于它所能到达的空间,这两种倾向达到平衡时,就出现了微粒沿竖直方向作上疏下密的分布,如图 8.9(b)所示.

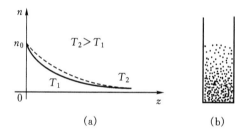

图 8.9　分子数密度随高度的变化

三、等温气压公式

我们知道地球表面履盖着一层大气,而且大气密度是随高度变化的. 现假定大气是理想气体,并忽略大气层上下温度不同以及重力加速度的差异.把式(8.17)代入理想气体物态方程 $P=nkT$ 中得

$$P = n_0 kT e^{-mgz/kT} = P_0 e^{-\mu gz/RT} \tag{8.18}$$

式中的 $P_0 = n_0 kT$ 表示 $z=0$ 处的压强,上式称为**等温气压公式**. 上式表明大气压强随高度按指数规律减小. 将上式取对数后并解得:

$$z = \frac{RT}{\mu g} \ln \frac{P_0}{P} \tag{8.19}$$

在爬山和航空中,可用此式根据所测定的某高度处的大气压强来计算上升的高度,但所得结果只是近似的,因为实际上大气的温度是随高度变化的.

§8.6　能量按自由度均分定理
理想气体的内能和摩尔热容

在前几节中研究大量气体分子的无规则运动时,我们只考虑了分子的平动,对单原子分子来说,因为可被看做质点,平动是其唯一的运动形式.平动能是它的全部能量.但实际上,气体分子可以是双原子和多原子分子,它们不仅有平动,还有转动和分子内部原子的振动,气体分子无规则运动的能量应包括所有这些运动形式的能量,为了研究气体分子无规则运动的能量所遵从的统计规律,并进而计算理想气体的内能,需要首先引入自由度的概念.

一、分子的自由度

关于自由度的概念已在上册§3.4节中介绍过,下面介绍分子的自由度.

气体分子的情况比较复杂.按气体分子的结构可分为单原子分子、双原子分子和多原子分子.单原子分子可看做自由质点,有 3 个自由度.在双原子分子中,如果原子间的位置保持不变,那么,这分子就可看做是由保持一定距离的 2 个质点构成,这时有 5 个自由度,其中 3 个平动自由度,2 个转动自由度.多原子分子中,整个分子看做自由刚体,即这些原子间的相互位置不变,其自由度数为 6,其中 3 个属平动自由度,3 个属转动自由度.事实上,双原子或多原子的气体分子一般不是完全刚性的,原子间的距离在原子间的相互作用下要发生变化,分子内部要出现振动.因此,除平动自由度和转动自由度外,还有振动自由度.但在常温下,振动自由度可以不予考虑.

一般地说,如果分子由 n 个原子组成,则这个分子最多有 $3n$ 个自由度,其中 3 个平动,3 个转动,其余 $3n-6$ 个为振动自由度.

二、能量按自由度均分定理

在§8.3节中已经证明了理想气体分子的平均平动动能是

$$\bar{\varepsilon}_{\Psi} = \frac{1}{2}m\,\bar{v}^2 = \frac{3}{2}kT$$

因平动有 3 个自由度,又有 $\bar{v}^2 = \bar{v}_x^2 + \bar{v}_y^2 + \bar{v}_z^2$,所以分子的平均平动动能可表示为 3 个自由度上的平均平动动能之和,即

$$\frac{1}{2}m\,\bar{v}^2 = \frac{1}{2}m\,\bar{v}_x^2 + \frac{1}{2}m\,\bar{v}_y^2 + \frac{1}{2}m\,\bar{v}_z^2$$

又按统计假说,在平衡态下,大量气体分子沿各个方向运动的机会均等,应有

$\overline{v}_x^2 = \overline{v}_y^2 = \overline{v}_z^2 = \dfrac{1}{3}\overline{v}^2$，由此可知

$$\frac{1}{2}m\,\overline{v}_x^2 = \frac{1}{2}m\,\overline{v}_y^2 = \frac{1}{2}m\,\overline{v}_z^2 = \frac{1}{3}\left(\frac{1}{2}m\,\overline{v}^2\right) = \frac{1}{2}kT$$

也就是说，气体分子每一个自由度平均平动动能相等，其数值为 $\dfrac{1}{2}kT$. 可以认为平均平动动能 $\dfrac{3}{2}kT$ 是均匀地分配到各个平动自由度上的. 双原子分子和多原子分子不仅有平动，而且还有转动和分子内原子的振动. 统计力学指出，以上结论可以推广到分子的转动和振动. 即不论哪一种运动，平均地来说，相应于分子每一种运动形式的每一个自由度都具有 $\dfrac{1}{2}kT$ 的平均动能，这个结论就称为**能量按自由度均分定理**. 其全面叙述应是，在温度为 T 的平衡态下，分子任何一种运动形式的每一个自由度都具有相同的平均动能 $\dfrac{1}{2}kT$.

根据这个定理，对自由度为 i 的分子，其平均能量为 $\dfrac{i}{2}kT$，如以 t、r 和 s 分别表示分子的平动、转动、振动自由度数，则分子的平均能量

$$\overline{\varepsilon} = \frac{1}{2}(t+r+2s)kT$$

式中 $i=t+r+2s$，s 前的因子 2 是由于振动除有动能外还有势能，且平均势能也占有 $\dfrac{1}{2}kT$ 的份额. 对单原子分子 $t=3$，$r=s=0$，所以 $\overline{\varepsilon}=\dfrac{3}{2}kT$；对于非刚性双原子分子 $t=3$、$r=2$、$s=1$，所以 $\overline{\varepsilon}=\dfrac{7}{2}kT$. 实际气体，分子的运动情况还视温度而定. 例如氢分子，在低温时只有平动，在室温时可能有平动和转动，只有在高温时才可能有平动、转动和振动. 而对氯分子，在室温时已可能有平动、转动和振动.

应当指出，能量按自由度均分定理是对大量分子的无规则运动动能进行统计平均的结果. 对个别分子来说，它在任一时刻的各种形式的动能以及总动能完全可能与根据能量均分定理所确定的能量平均值有很大差别，而且每一种形式的动能也不见得按自由度均分. 但对大量分子整体来说，动能之所以会按自由度均分是靠分子的碰撞实现的，通过碰撞可以进行能量的传递，从而实现能量的均匀分配.

三、理想气体的内能和摩尔热容

一般气体的内能除了每个分子的动能和分子内原子的振动势能外，还应包括分子间的相互作用能. 但对理想气体来说，由于不计分子间的相互作用. 所以，理想

气体的内能只是分子各种运动形式的动能和分子内原子的振动势能之和. 已知 1 摩尔理想气体的分子数为 N_A, 分子自由度为 i, 所以, 1 摩尔理想气体内能为

$$u = N_A(\frac{i}{2}kT) = \frac{i}{2}RT \tag{8.20}$$

而质量为 M 的理想气体的内能则为

$$U = \frac{M}{\mu}\,\frac{i}{2}RT \tag{8.21}$$

从上式可以看出, 理想气体的内能不仅与温度有关, 而且还与分子的自由度有关. 对给定的理想气体, 其内能仅是温度的单值函数, 即 $U=U(T)$. 这是理想气体的一个重要性质.

热力学中我们已讨论了通常情况下一些气体的定体摩尔热容为 $C_{V,m}$, 定压摩尔热容为 $C_{P,m}$, 以及它们之间的关系 $C_{P,m}-C_{V,m}=R$. 在这里我们将从式(8.20)出发, 计算理想气体的 $C_{V,m}$、$C_{P,m}$ 以及它们之间的关系. 根据第 7 章关于定容摩尔热容的定义式

$$C_{V,m}=\frac{(\mathrm{d}Q)_V}{\mathrm{d}T}=\frac{\mathrm{d}u}{\mathrm{d}T}$$

将式(8.20)代入得

$$C_{V,m} = \frac{i}{2}R \tag{8.22}$$

可见, 理想气体的定容摩尔热容与气体的种类和温度无关, 而仅决定于分子的自由度. 考虑到 $C_{P,m}=C_{V,m}+R$ 和 $\gamma=\dfrac{C_{P,m}}{C_{V,m}}$, 我们可计算出各种气体的 $C_{V,m}$、$C_{P,m}$ 和 γ 的理论值.

各种气体的 $C_{P,m}-C_{V,m}$ 的实验值接近于摩尔气体常量 R, 特别是单原子气体分子和双原子气体分子, $C_{P,m}-C_{V,m}$ 的实验值与理论值较为接近. 这表明, 能量均分定理关于每一自由度均分 $\frac{1}{2}kT$ 能量的说法, 对理想气体是合适的. 但对某些 3 原子分子气体, $C_{P,m}-C_{V,m}$ 的实验值与理论值则有较大的差异. 不仅如此, 我们从实验中还发现 $C_{V,m}$ 还与温度有关. 氢气的 $C_{V,m}$ 实验值随温度的变化如图 8.10 所示.

从这些结果可以看出, H_2 的 $C_{V,m}$ 随温度的升高而增加, 低温范围 H_2 的 $C_{V,m}$ 接近 $\frac{3}{2}R$, 中温范围接近 $\frac{5}{2}R$, 高温范围接近 $\frac{7}{2}R$. 这一现象可定性地解释为: 氢分子在低温时只有平动动能对热容有贡献, 温度升高到常温时除平动动能外, 转动动能也对热容起作用. 只有在很高的温度下, 分子的平动、转动和振动能量都对热容有贡献. 这种 $C_{V,m}$ 随 T 的增加而变化的特点, 不是氢气所独有的, 其他气体也有类

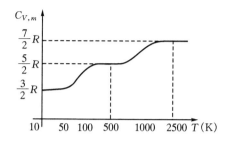

图 8.10　氢气的 $C_{V,m}$ 实验值随温度的变化

似的情况,对此,能量均分定理是无法给予解释,只有量子理论才能较好地处理这个问题.

§8.7　分子的平均碰撞频率和平均自由程

如前所述,在室温下,气体分子的平均速率约为每秒几百米.这样看来,气体中的一切过程好像应该在瞬间完成,但实际情况并非如此.例如打开一瓶香水后,香气并不是立即传到远处的;冬天点燃火炉后,屋子里不会马上变热.原来,分子在由一处移到另一处的过程中,它要不断地与其他分子碰撞,这就使得分子沿着迂回的折线前进.气体内部的扩散、热传导等过程进行的快慢,都取决于分子相互碰撞的频繁程度.

气体分子在运动中要经常与其他分子碰撞,一个分子在任意两次连续的碰撞之间,所经过的自由路程的长短显然是不同的,经过的时间也是不同的,我们不可能也没有必要一个个地求出这些距离和时间来.但是我们可以求出平均在单位时间内每个分子和其他分子碰撞的次数,以及分子在连续两次碰撞间所经过的自由路程的平均值,前者叫做**分子的平均碰撞频率**,以 $\overline{Z}$ 表示.后者叫做**分子的平均自由程**,以 $\overline{\lambda}$ 表示.

为了推导 $\overline{Z}$ 的计算公式,我们假定每个分子都是直径为 d(分子的有效直径)的圆球,跟踪任意一个分子 A,计算它在 1 秒内与多少分子相碰,并且假定只有 A 分子以平均速率 $\overline{v}$ 运动而其他分子都静止不动,且分子 A 与其他分子作弹性碰撞.

由于 A 分子与其他分子的碰撞结果,每碰一次,它的速度方向就改变一次,所以 A 分子中心的轨迹是一条折线,如图 8.11 所示的折线 abcd.由图可以看出,其他分子离开折线的距离小于 d 时,都将和运动的 A 分子碰撞,并使 A 改变方向.由此可以设想,如果以分子 A 的中心在一秒内运动的轨迹为轴线,以 d 为半径作一

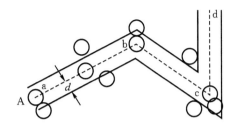

图 8.11　A 分子沿折线运动与其他静止分子的碰撞

圆柱体,那么,凡是中心在此圆柱体内的其他分子,在一秒内都会与 A 分子相碰.圆柱体的半径为 d,长为 $\overline{v}$.所以体积为 $\pi d^2 \overline{v}$.设分子数密度为 n,则圆柱体内的分子数为 $\pi d^2 \overline{v} n$,这就是 A 分子在一秒内与其他分子碰撞的平均次数,即平均碰撞频率 $\overline{Z}$,所以

$$\overline{Z} = \pi d^2 \overline{v} n$$

上面是假定一个分子运动而其余分子都静止时得出的结果.实际上,一切分子都在运动着,且速率有一分布.因此上式必须加以修正.理论上按照麦克斯韦速率分布可以求出,分子的平均碰撞频率为

$$\overline{Z} = \sqrt{2} \pi d^2 \overline{v} n \tag{8.23}$$

又由于 1 秒钟内每一个分子平均走过的路程为 $\overline{v}$,而 1 秒内每个分子和其他分子碰撞的平均次数为 $\overline{Z}$.因此 ,分子的平均自由程为

$$\overline{\lambda} = \frac{\overline{v}}{\overline{Z}} = \frac{1}{\sqrt{2} d^2 n} \tag{8.24}$$

上式给出平均自由程 $\overline{\lambda}$ 和分子的平均有效直径 d 及分子数密度 n 的关系.对于一定种类的气体而言,当气体越稀薄时,分子的平均自由程越大.又因 $P = nkT$,代入上式可得 $\overline{\lambda}$ 与温度 T 及压力 P 的关系为

$$\overline{\lambda} = \frac{kT}{\sqrt{2} \pi d^2 P} \tag{8.25}$$

这说明,当温度一定时,平均自由程与压强成反比.

例 8.4　试计算氮气在标准状态下,分子的平均碰撞频率 $\overline{Z}$ 和平均自由程 $\overline{\lambda}$.已知氮分子的有效直径为 3.70×10^{-10} m.

解　(1)根据分子平均速率的计算公式

$$\overline{v} = 1.60 \sqrt{\frac{RT}{\mu}} = 1.60 \sqrt{\frac{8.31 \times 273}{28 \times 10^{-3}}} = 455 \ (\text{m} \cdot \text{s}^{-1})$$

在标准状态下,任何气体分子数密度 $n = 2.69 \times 10^{25}$ m^{-3},分子的平均碰撞频率为

$$\overline{Z} = \sqrt{2}\pi d^2 \overline{v}n = \sqrt{2} \times 3.14 \times (3.70 \times 10^{-10})^2 \times 455 \times 2.69 \times 10^{25}$$
$$= 7.44 \times 10^9 (\text{s}^{-1})$$

即每秒内平均碰撞次数达 70 亿次之多.

(2)平均自由程为

$$\overline{\lambda} = \frac{\overline{v}}{\overline{Z}} = \frac{455}{7.44 \times 10^9} = 6.12 \times 10^{-8} (\text{m})$$

可见,平均自由程为万万分之几米,约为氮分子有效直径的 200 倍.维持温度不变而将压强降至 $P_2 = 1.33 \times 10^{-2}$ Pa 时,分子的平均自由程为

$$\overline{\lambda_2} = \frac{P}{P_2}\overline{\lambda} = \frac{1.013 \times 10^5}{1.33 \times 10^{-2}} \times 6.12 \times 10^{-8} = 46.5 \text{ (cm)}$$

在此,$\overline{\lambda} = 46.5$ cm,这个值是比较大的,所以在压强很低的情况下,分子间发生碰撞的几率是很小的.

<h1 style="text-align:center">§8.8　气体内的迁移现象</h1>

前面我们讨论的都是气体在平衡状态下的性质,但在许多实际问题中,气体常处于非平衡状态.当气体内各部分的物理性质原来是不均匀的(例如流速、密度和温度等不均匀),则由于气体分子不断地相互碰撞和相互换和,不断地进行能量和动量的交换,最后气体内各部分的物理性质将趋向均匀,气体将趋向平衡.这种现象称为**气体内的迁移现象**.迁移现象有粘滞现象、热传导现象和扩散现象,实际上,这三种现象往往同时存在.但为了方便讨论,下面我们分别将三种情况作一些简要介绍.

一、粘滞现象(内摩擦现象)

对于流动中的气体,如果各气层之间有相对运动(各气层流速不同),则在相邻的两个气层之间的接触面上,将产生相互作用力,以阻碍两气层的相对运动,这种现象叫做**粘滞现象**,这种互作用力叫做**粘滞力**.如用管道输运气体,气体沿管道流动时,紧靠管壁的气体分子附着于管壁,流速为零,离管壁较远的气层流速较大,在管道中心轴线上流速最大,这一事实是气层之间存在粘滞力造成的.

设想气体平行于 xOy 平面沿 y 轴正向流动,各气层流速不同,流速 u 沿 z 轴正向逐渐增大.在气体内沿流体流动方向任选一平面,面积为 ΔS,则以 ΔS 为接触面的上下两气层间作用了一对平行于 ΔS 面,大小相等、方向相反的互作用力——粘滞力,如图 8.12 所示.实验表明,在 ΔS 处的粘滞力 f 的大小与接触面 ΔS 及 ΔS 处的速度梯度 $\mathrm{d}u/\mathrm{d}z$(流速沿 z 轴的空间变化率)成正比,即

$$f = \pm \eta \frac{\mathrm{d}u}{\mathrm{d}z} \mathrm{d}S \qquad (8.26)$$

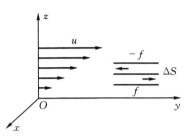

式中的 η 称为**粘滞系数**,它与气体的性质和状态有关,其单位为 N・s・m^{-2}. 流动快的气层作用于流动慢的气层的力取正号,而流动慢的气层作用于流动快的气层的力则为负.

图 8.12　不同气层间的相互作用

　　从分子动理论的观点来看,气体流动时,气体分子除具有无规则运动速度外,处在不同气层的分子还具有不同的定向运动速度,即为气层的流动速度. 由于我们假定气体的温度均匀,分子无规则运动的平均速率 $\bar{v}$ 为常量,由于分子无规则运动,通过 ΔS 面,上下两部分气体可能不断有分子数的交换. 另又假定气体分子数密度处处相同,那么在同一时间内,通过 ΔS 面自上而下和自下而上的分子数目是相等的. 但是由于 ΔS 面上侧的流速大于下侧气体的流速,所以上、下两部分气体交换分子的结果,是每秒内都有定向动量从上面气层向下面气层的迁移. 这种动量输运的结果是,上面气层的定向动量减小,下面气层的定向动量有等量的增加,宏观上就相当于上、下层气体互施粘滞力. 因此,气体的粘滞现象是由于气体内大量分子无规则运动输运定向动量的结果.

　　由气体动理论可得出,粘滞系数

$$\eta = \frac{1}{3} \rho \bar{v} \bar{\lambda} \qquad (8.27)$$

二、热传导现象

　　当气体内各处温度不均匀时,由于分子的无规则运动和分子间的碰撞,使热量从温度较高处向温度较低处传递的过程,称为**热传导现象**.

　　设气体温度沿 z 轴正向逐渐升高,用 $\mathrm{d}T/\mathrm{d}z$ 表示温度梯度(指温度沿 z 轴的空间变化率). 取垂直于 z 轴的一面积为 ΔS 的平面,ΔS 将气体分为 A、B 两部分,如图 8.13 所示,则热量将通过 ΔS 而由 B 部向 A 部迁移. 实验结果表明,在单位时间内,通过 ΔS 面积沿 z 轴正向传递的热量不仅与 ΔS 所在处的温度梯度成正比,且与 ΔS 成正比. 即

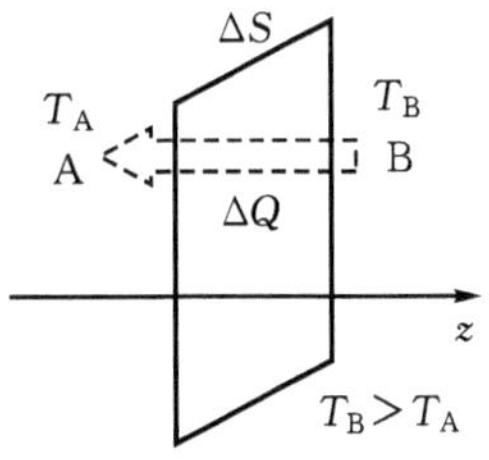

图 8.13　存在温度梯度时的热量的迁移

$$\frac{\Delta Q}{\Delta t} = -\kappa \frac{\mathrm{d}T}{\mathrm{d}z} \Delta S \qquad (8.28)$$

式中的比例系数 κ 叫做**热传导系数**,其单位为 W・m^{-1}・K^{-1},负号表示热量沿温

度减小的方向传递,此式叫做**傅里叶定律**.

从分子动理论的观点看,温度高处的 B 部分子无规则运动的平均能量大,温度低的 A 部分子的平均能量小,由于分子的无规则运动,A、B 两部分将不断交换分子.如 A 部的分子带着较小的能量进入 B 部,B 部的分子带着较大的能量进入 A 部,结果发生了能量的不等值交换,使得一定量的分子的无规则运动的能量从 B 部迁移到 A 部,宏观上就表现为热量从较高温度处向较低温度处传递.

由分子动理论可以导出,热传导系数

$$\kappa = \frac{1}{3}\rho\,\overline{v}\,\overline{\lambda}c_{\mathrm{V}} \tag{8.29}$$

上式中的 c_{V} 为定容比热.

由上式可以看出,气体的热传导系数与气体的密度 ρ,定容比热 c_{V},分子的平均速率和平均自由程成正比.后面进一步分析可知;κ 的大小决定于气体的性质和状态.

三、扩散现象

在混合气体内部,由于某种气体的密度不均匀而使得分子从密度大处向密度小处迁移,从而引起气体质量迁移的现象称为**扩散现象**.实际中的扩散过程往往比较复杂.如装在容器中的气体,若温度均匀,但各部分的密度不均匀,将导致各部分压强不均匀,虽气体也从密度大处向密度小处迁移,但由于有宏观气流,实际过程就不是单纯的扩散过程了.故为了使问题简化,需要研究一种单纯的扩散过程,即在扩散过程中既无热传导,也无宏观的气体流动现象,如图 8.14 所示.图中容器的两边各盛有同温度同压强的两种气体 N_2 和 CO(两种气体分子质量相同,大小也差不多,即平均速率相同,运动快慢相同).中间用隔板分开,若将隔板抽去后,扩散就开始进行,由于两边原来压强相同,所以不产生宏观气流,对每种气体来说,由于密度不均匀而产生从密度大处向密度小处进行单纯的扩散过程.最后的结果是两种气体搅拌均匀,气体的压强、密度也与原来相同.以下我们只研究其中任一种气

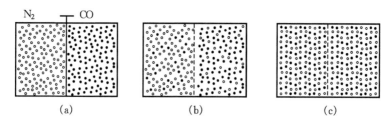

(a)　　　　　　　(b)　　　　　　　(c)

图 8.14　纯扩散过程

体扩散的规律（例如 N_2）.设气体密度为 ρ,且沿 z 轴正向逐渐增大.如图 8.15 所示,设气体密度沿 z 轴的空间变化率为 $\dfrac{\mathrm{d}\rho}{\mathrm{d}z}$,称为密度梯度.取垂直于 z 轴的任一平面,其面积为 ΔS,ΔS 面将气体分成 A、B 两部分.由实验可得,在单位时间内,通过 ΔS 面积沿 z 轴正方向迁移的气体质量为

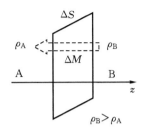

图 8.15　存在密度梯度时的质量迁移

$$\frac{\Delta M}{\Delta t} = -D\,\frac{\mathrm{d}\rho}{\mathrm{d}z}\Delta S \qquad (8.30)$$

上式中的 D 为**扩散系数**,其单位为 $\mathrm{m^2 \cdot s^{-1}}$,负号表示质量沿密度减小的方向迁移.

从气体动理论的观点来看,由于分子的无规则运动,A、B 两部分气体就要交换分子,但由于 B 部气体单位体积内的分子数多于 A 部.因此,在单位时间内 B 部转移到 A 部的分子数目多于 A 部转移到 B 部的分子数,结果净的分子数从 B 部迁移到 A 部,由于每个分子具有质量,宏观上就产生了气体质量的迁移.

从分子动理论可以推出,气体的扩散系数为

$$D = \frac{1}{3}\bar{v}\bar{\lambda} \qquad (8.31)$$

将以上三种系数进行比较可以看出,三式中都包括了 $\bar{v}$ 和 $\bar{\lambda}$.$\bar{v}$ 反映了分子无规则运动的剧烈程度,$\bar{v}$ 越大（气体温度越高）,迁移现象进行得越快;$\bar{\lambda}$ 则反映了分子之间碰撞的频繁程度.$\bar{v}$ 一定,$\bar{\lambda}$ 越大,微观上就意味着分子在单位时间内碰撞的次数少,迁移现象进行得快,可见决定迁移现象进行快慢的微观机制是分子的无规则运动和分子的碰撞.

下面我们利用 $\bar{v}=\sqrt{\dfrac{8kT}{\pi m}}$,$\bar{\lambda}=\dfrac{1}{\sqrt{2}\pi d^2 n}$,$\rho=mn$,$n=\dfrac{P}{kT}$ 等关系,可得到三个系数与分子质量及 T、P 之间的关系（d 认为一定）为

$$\eta = \frac{1}{3}\rho\bar{v}\bar{\lambda} \propto m^{1/2}T^{1/2} \qquad (8.32)$$

$$\kappa = \frac{1}{3}\rho\bar{\lambda}\,\bar{v}c_{\mathrm{V}} \propto c_V m^{1/2}T^{1/2} \qquad (8.33)$$

$$D = \frac{1}{3}\bar{v}\bar{\lambda} \propto m^{1/2}P^{-1}T^{3/2} \qquad (8.34)$$

由上面三式可看出,三个系数不仅与气体的种类有关,还与气体的状态有关,这与实验事实相符,前两式还说明,在温度一定时,η、κ 与压强无关.这是因为 T

一定,压强 P 增加,在 η、κ 表达式中的 ρ 增加,$\bar{\lambda}$ 反而减小,一个量增加,一个量减小,使得 η、κ 与 P 无关.但这是在压力不太低的情况下成立的,在很低的压强下,气体极度稀薄,以致使分子的自由程 $\bar{\lambda}$ 增大到 $\bar{\lambda} \geqslant l$ 时(l 为容器的线度),η 和 κ 都随 P 的降低而减小.这是因为 $\bar{\lambda}$ 不再随压强的降低而增大,而是受容器线度所限制而不变,另一方面,承担迁移任务的分子数却随压强的降低而减小,从而使得 η 和 κ 将随压强降低而减小,也就是说高度稀薄的气体是不导热的.日常生活中使用的保温瓶、瓶胆的内外两层玻璃(相距约 2 mm)间抽成真空,导热系数得到了充分降低,以达到保温的目的.

§8.9　实际气体的范德瓦尔斯方程

前面讲过,理想气体状态方程 $Pv = \dfrac{M}{\mu}RT$ 只是在气体的压强不太高,温度不太低的条件下成立的.但是,对压强很高,温度很低的气体,气体的行为与理想气体物态方程就有较大差异,必须找出符合实际气体行为的状态方程.

关于实际气体的状态方程有许多种,其中只有范德瓦尔斯[①]方程形式简单,物理意义明确,易于理解.它是在理想气体状态方程的基础上,考虑到分子间的相互作用力和分子本身的体积这两个因素,对理想气体状态方程加以修正后得到的.下面我们作以简单介绍.

一、分子体积引起的修正

理想气体模型是将分子看作质点,除碰撞外不考虑分子间的互作用力.而范德瓦尔斯气体模型则是把气体分子看作相互间有吸引力的、具有一定体积的刚球.如将分子看作是直径为 d 的刚性小球,那么气体的体积,也就是分子在容器中自由活动的空间要比容器的容积小,所以,对 1 摩尔气体,假设气体分子的体积引起的修正量为 b,则气体的状态方程可修正成

$$P(v - b) = RT \tag{8.35}$$

式中 v 为 1 摩尔气体体积.实验和理论计算都表明

$$b \approx 4N_A \cdot \frac{4}{3}\pi\left(\frac{d}{2}\right)^3 = 4N_A\,\frac{4}{3}\pi r^3 \approx 10^{-5}\,(\text{m}^3)$$

对处于标准状态下的 1 摩尔理想气体,体积 $v_0 = 22.4 \times 10^{-3}$ m^3 · mol^{-1},这时,b 只有气体体积的万分之四.因此,在低压条件下,b 值是可以忽略的.但当 $P =$

① 范德瓦尔斯(J. D. Van der Waals, 1837—1923),荷兰物理学家,1873 年他导出实际气体的范德瓦尔斯方程,1910 年因此获得诺贝尔物理学奖.

1000 atm 时,气体体积减小到 22.4×10^{-6} m³,这时 b 的值就不能忽略了.

二、分子引力引起的修正

我们知道,分子间的引力是随距离的增加而迅速地减小的.故分子力为短程力,分子只与其邻近的分子才有引力作用.设分子间引力的有效作用距离为 r,那么在气体内部,认定某个分子 α,以 α 为中心,以分子的引力有效作用距离为半径作一球,如图 8.16 所示.凡是在球内的其他分子,都对 α 分子有引力作用,此球也叫做分子作用球.由于在分子作用球内的分子关于 α 是对称分布的,对 α 分子的作用力正好抵消.而对靠近器壁的那些分子,情况与 α 有所不同,如 β 分子作用球的一半在气体外面,这一半没有气体分子对 β 产生作用,只有气体内的那一半球内的分子对 β 有引力的作用.从而使 β 分子受到一个垂直于器壁且指向气体内部的合力.而且在靠近容器器壁处,厚度为 r 的一分子层中的分子都与 β 一样,都受到指向气体内部的力.在这个力作用下,当分子接近器壁时,其速度就要减小,从而使得分子碰撞器壁施与器壁的冲量减小,从而使得观测到的压强 P 略小于不存在引力时气体的压强.这种由于气体分子引力作用而产生的压强叫做**内压强**,用 P_i 表示.这样一来,当考虑了分子本身的大小及分子间的相互作用力后,气体的实际压强应为

$$P = \frac{RT}{v-b} - P_i \tag{8.36}$$

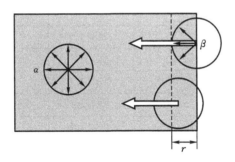

图 8.16　分子引力对气体压强的修正

若单位体积中的分子数为 n,P_i 与单位时间内碰撞到单位器壁面积上的分子数成正比,也与气体内半个分子作用球中的分子数成正比,这两者又都与分子数密度 n 成正比.因此

$$P_i = cn^2 = c\left(\frac{N_A}{v}\right)^2 = \frac{a}{v^2}$$

上式中的 c 和 $a = cN_A^2$ 是设定的比例常数. 将 P_i 代入(8.36)式得

$$\left(P + \frac{a}{v^2}\right)(v - b) = RT \tag{8.37}$$

上式即为 **1 摩尔实际气体的范德瓦尔斯方程**, 式中的 a 和 b 叫做范德瓦尔斯修正系数, 可由实验确定. 表 8.1 给出了几种气体的 a 和 b 实验值. 应该指出, 范德瓦尔斯方程也是依据气体模型对理想气体状态方程加以修正后得到的, 虽比理想气体状态方程更接近实际, 但也并非绝对准确. 如表 8.2 列举了在一定温度下, 由对某种气体所测的各组 P 和 v 值, 算出的 Pv 和 $(P + a/v^2)(v - b)$ 值.

表 8.1　一些气体的 a 和 b 实验值

气体	$a(\mathrm{Pa \cdot m^6 \cdot mol^{-2}})$	$b(\mathrm{m^3 \cdot mol^{-1}})$
氢	0.554	3.0×10^{-5}
氧	0.137	3.0×10^{-5}
氦	0.0034	2.4×10^{-5}
氮	0.137	4.0×10^{-5}
二氧化碳	0.365	4.3×10^{-5}

表 8.2　在 0℃ 时, 1 mol 氮气在不同压强下的 "Pv 和 $\left(P + \dfrac{a}{v^2}\right)(v - b)$" 值

$P(\mathrm{Pa})$	$v(\mathrm{m^3})$	$Pv(\mathrm{Pa \cdot m^3})$	$\left(P + \dfrac{a}{v^2}\right)(v - b)\ (\mathrm{Pa \cdot m^3})$
1.013×10^5	2.241×10^{-2}	2.27×10^3	2.27×10^3
1.013×10^7	2.241×10^{-4}	2.27×10^3	2.27×10^3
5.065×10^7	0.621×10^{-4}	3.16×10^3	2.30×10^3
7.090×10^7	0.533×10^{-4}	3.77×10^3	2.29×10^3
1.013×10^8	0.464×10^{-4}	4.70×10^3	2.23×10^3

　　根据理想气体状态方程, 温度一定, RT 就一定, Pv 应保持恒定, 根据范德瓦尔斯方程 $(P + a/v^2)(v - b) = RT$ 的左边也应保持恒定, 通过比较可看出, 当气体的压强小于 1.013×10^7 Pa 时, 氮气的 Pv 和 $(P + a/v^2)(v - b)$ 都能较好地保持恒定, 但当压强从超过 1.013×10^7 Pa, 增加到 1.013×10^8 Pa 时, 按理想气体状态方程计算的结果产生的误差就大了(误差为 100%). 此方程不再适用, 而范氏方程只不过有 2% 的误差. 显然, 后者比前者适用范围广, 精确度高, 能更好地反映气体的实际行为.

§8.10　焦耳-汤姆孙实验　实际气体的内能

一、焦耳实验

1807 年,盖-吕萨克曾经做过确定气体内能的实验,到 1845 年焦耳又更精确地重复做了类似的实验,两次实验得到了同样的结果. 焦耳的实验如图 8.17 所示. 容器 A 内充满被压缩的气体,B 内为真空,A、B 用活门 C 隔开,整个装置浸入一个用绝热材料包起来的盛水容器中. 将活门打开后,气体将充满整个容器,这里气体所进行的过程叫做自由膨胀过程,所谓"自由"是指气体向真空膨胀时不受阻碍作用. 焦耳测量了气体膨胀前后气体和水的平衡温度,发现温度没有变化. 这个结果一方面说明了膨胀前后气体的温度没有改变,另外也说明水和气体没有发生热量交换,即气体进行的是绝热自由膨胀过程.

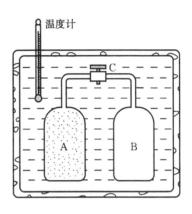

图 8.17　焦耳确定气体内能的实验

气体向真空自由膨胀过程中不受外界阻力,所以外界不对气体做功. 虽然,在膨胀过程中,后进入 B 中的气体将对先进入 B 的气体做功. 但这功是系统(即气体)内部各部分之间所做的,而不是外界对系统(气体)做的. 又由于和外界无热量交换,所以在此过程中 $A=0$,$Q=0$,由热力学第一定律知,气体的内能保持不变,即

$$U_2 = U_1$$

在这个实验中,气体膨胀前后体积虽发生了变化,温度却未变,而上式又表明,态函数内能未变,这说明气体的内能仅是温度的函数,与体积无关.

二、焦耳-汤姆孙实验

焦耳实验是比较粗糙的,因为水的热容量比气体的热容量大得多,体积膨胀产生的微小温度变化所引起的周围水温的变化是很难精确测定的. 1852 年焦耳和汤姆孙又用另外的方法研究气体的内能,这就是焦耳-汤姆孙实验,其主要装置如图 8.18 所示. 在一个绝热良好的管子 L 中,装置一个由多孔物质(如棉絮一类东西)做成的多孔塞 H,使气体不容易很快通过,从而使多孔塞两边的气体保持一定的压强差. 实验时气体不断地从高压一边经多孔塞流向低压一边,并使气体保持稳定流动状态,即保持高压边的压强为 P_1,低压边为 P_2,图中 T_1 和 T_2 为两个温度计,用以测定两边气体在稳定情况下的温度和温度差,这种在绝热条件下高压气体经多孔塞流向低压一边的过程称为**节流过程**.

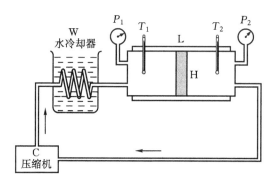

图 8.18　焦耳-汤姆孙实验装置

实验结果表明,在室温附近大多数气体(如空气、氧、氮等)在节流过程中,都要降温,但氢气和氦气温度却升高、气体在一定压强下经过节流膨胀而发生温度变化的现象称为**焦耳-汤姆孙效应**.凡气体温度降低者称**正焦耳-汤姆孙效应**(即致冷效应),温度升高者称为**负焦耳-汤姆孙效应**.例如,在室温下,当多孔塞一边的压强为 $P_1=2$ atm,而另一边压强 $P_2=1$ atm 时,空气的温度将降低 $0.25℃$,而二氧化碳的温度降低 $1.3℃$;在同样的压强改变下,氢气的温度却升高 $0.3℃$,但当温度低于 $-68℃$ 时,膨胀后氢气的温度也将降低.

对于同一种气体,焦耳-汤姆孙效应可以是正的,也可以是负的.具体应由气体的温度和压强而定,在一定温度和压强下,气体经节流过程温度不发生变化的现象称为**零焦耳-汤姆孙效应**,发生零焦耳-汤姆孙效应的温度称为**转换温度**,图 8.19 所示是氮气(N_2)在不同温度和压强下进行节流膨胀的实验结果.图中的曲线为转换曲线,曲线上每一点的坐标表示在不同压强下的转换温度,即气体在曲线上每一点所对应的状态下进行

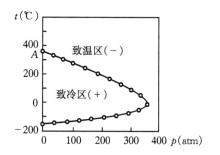

图 8.19　N_2 在不同温度和压强下进行节流膨胀的实验结果

微小的节流膨胀后温度将不改变.由图可以看出,在压强小于某一极大值时,在每一压强下,有两个转换温度,在这两个温度之间是致冷区,以外是致温区.转换温度在致冷和液化技术上具有重要的意义,如低温工程中用焦耳-汤姆孙效应使氢气和

氦气降温和液化时,必须先用其他方法把气体预先冷却到一定温度以下,就是这个道理.图中曲线与纵坐标轴的交点 A 所代表的温度的意义是,当气体处于这个温度以上时,无论初态压强为何值进行节流膨胀都不会发生正效应.

三、实际气体的内能

焦耳-汤姆孙效应是一相当繁杂的现象,详细分析已超出了本课程的范围.但如用理想气体进行焦耳-汤姆孙实验,就不会发生温度改变.因为按分子动理论的观点,理想气体的内能就是构成气体的所有分子各种运动形式的动能及分子内原子间的振动势能的总和,而它们只与温度有关.即无论原来的压强和温度以及膨胀前后的压强差如何,理想气体恒发生零焦耳-汤姆孙孙应.

然而,用一般气体进行实验时,都表明在气体体积发生变化的同时,温度有改变,这说明真实气体的内能还与体积有关.实际上这正反映了分子间存在相互作用力的影响.故对 1 摩尔气体在膨胀前后内能的增量不能用 $C_{V,m}(T_2 - T_1)$ 表示,其中还应包括分子与分子间的相互作用的势能增量,而分子间的相互作用的势能与分子间的距离有关,当实际气体体积改变时,分子间的平均距离随之改变,从而平均说来,内能中反映分子间势能贡献的部分也变化了,这就是实际气体内能随体积变化的原因.

§8.11　热力学第二定律的统计意义

热力学第二定律指出了与热现象有关的宏观过程都是不可逆过程(例如热传导过程,气体的自由膨胀过程等),以及孤立系统内所经历的不可逆过程,总是沿着熵增大的方向进行,一直到达熵最大的状态为止,该状态就是系统的平衡态.下面我们从微观观点,即分子动理论的观点出发,略述热力学第二定律的统计意义,从而说明宏观过程不可逆性的微观本质.

一、气体自由膨胀过程的不可逆性的微观解释

考虑图 8.20 的气体自由膨胀过程,图中用隔板将容器分成 A、B 两部分,二者容积相等.设初始气体分子全部集中在 A 内,B 部保持真空,抽掉隔板后,经过足够长的时间,气体在整个容器内均匀分布,而不可能自动地回到初态.为了便于说明问题,我们假定 A 内原来只有一个分子 a,

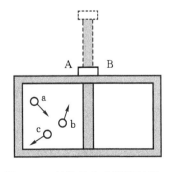

图 8.20　气体的自由膨胀过程

抽掉隔板前,它只能在 A 内运动,隔板抽掉后,它可能在 A 内,也可能在 B 内,而且在 A、B 两边的机会是均等的,所以退回到原态(A 内)的概率是 1/2. 如果 A 内原来有三个分子 a、b、c,抽掉隔板后,由于分子的运动和碰撞,每个分子都有可能在 A 内,也可能在 B 内,但究竟出现在 A 中还是 B 中,完全是偶然的,因此这三个分子在容器中可能出现的分布情况共八种,如表 8.3 所列.

表 8.3　三个分子在容器 A 和 B 中可能出现的分布

	分子的分布							总计
A	abc	0	a	b	c	bc	ac	ab	
B	0	abc	bc	ac	ab	a	b	c	
状态数	1	1	3			3			8

因每一种分布出现的几率相等. 所以,三个分子全部退回到 A 内的可能性是存在的,也就是说,由三个分子构成的系统,自由膨胀后自动回到初态的可能性是存在的,其概率是 $1/8 = 1/2^3$,但比一个分子退回到 A 内的概率小多了. 一个宏观系统包括的分子数是大量的,如原来 A 内共有 $N_A = 6.023 \times 10^{23}$ 个分子,抽掉隔板后,若仍以处在 A 内或 B 内来分类,则共有 $(2)^{N_A}$ 种可能的分布,所有分子都退回到 A 内的概率为 $1/(2^{6 \times 10^{23}})$,这个概率如此之小,小到实际上是不可能,也就是说,气体的自由膨胀过程是一个不可逆过程. 但从统计的观点来看,这不是绝对不可逆,只是概率太小,实际上观察不到.

二、热力学第二定律的统计意义

在以上例子中,我们把带有标记的分子 a、b、c 在 A、B 中的不同分布称为不同的微观态,而把不论哪一个分子,只要是分子数的分布情况相同的状态称为同一宏观态. 如上例中具有 3 个分子的情形,共有 4 种宏观态,8 种微观态,其中 A 内有两个分子,B 中只有一个分子的状态就是一种宏观态,这种宏观态包括了 3 种微观态. 而分子都集中在 A 中(A 中有 3 个分子,B 中没有分子)的宏观态只包含了 1 种微观态,出现的概率为 $1/2^3$. 对由 N 个分子构成的系统来讲,有 2^N 个可能的概率均等的微观状态,但是全部分子集中在 A 中的宏观状态仅包含了一个可能的微观态,其概率只有 $1/(2^N)$,而基本上是均匀分布的宏观状态却包含了 2^N 个可能的微观状态中的绝大多数. 在这个意义上,气体的自由膨胀过程,实质上是由概率小的宏观态(包含的微观状态数目少)向概率大的宏观状态(所包含的微观状态数目多)进行的过程. 由此可得热力学第二定律的统计意义:**一个孤立系统**(分子数一定,并与外界无能量交换的系统)**内部发生的过程,其方向总是由概率小的宏观态向概率**

大的宏观态进行,即由包含微观状态数目少的宏观状态向包含微观状态数目多的宏观状态进行.它指出了自发过程进行方向所遵从的普通规律.

三、熵的统计表达式

熵增加原理指出,孤立系统中的自发过程沿着熵增大的方向进行,现在我们又说明了自发过程总是向概率大的宏观状态进行,由此不难推想,熵必然和系统的宏观状态相对应的微观状态数(亦称为该宏观状态的热力学概率)之间有联系,实际上,运用统计物理学的方法已证明了这种联系,这就是

$$S = k \ln W$$

式中的 k 是玻尔兹曼常数,S 是系统的熵,W 是热力学概率,上式叫做**玻尔兹曼关系**.上式说明,热力学概率最大的状态,对应的就是 S 最大的状态,孤立系统熵增加的过程就是热力学概率增大的过程,也就是系统从非平衡态趋向平衡态的过程,是一个宏观的不可逆过程.

我们还可以用有序和无序概念来分析自发过程进行的方向,从而说明热力学第二定律和熵的意义,例如摩擦生热(功变热)的过程中,与系统整体的机械运动对应的分子规则运动是有序状态(概率小),而与系统整体的热运动对应的分子无规则运动是无序状态(概率大).再如气体的自由膨胀过程,分子原来都集中在容器中的一边是相对有序的,膨胀后气体分子杂乱分布于整个容器是无序状态,无序的状态对应较大概率.因此,热力学第二定律可用一句话来说明,**在孤立系统的自发过程中,分子运动总是从有序转变为无序,平衡态是在相应的外界条件下分子运动的最无序状态,又是熵最大的状态**.所以,可以把熵简单地归结为:熵是系统内分子运动无序度的量度.还应指出,熵概念虽然是在热力学中引入的,但由于在社会生活、生产和科学实验中存在着大量由概率所描述的不确定性问题.因此,熵的应用范围已远远超出了热力学范围,熵的概念也有了新的发展,涉及到诸如信息论、控制论、宇宙论以及生命科学、人文科学等许多方面,这是克劳修斯在提出熵函数和玻尔兹曼给予统计解释时所不曾料到的.

章后结束语

一、本章小结

1.分子力　分子之间的力有吸引力和排斥力,力的大小与分子间距离有关.

2.理想气体压强的微观表示式

$$P = \frac{1}{3}nm\overline{v^2} = \frac{2}{3}n\overline{\varepsilon}_{\text{平}}$$

3.温度的微观定义式 $\overline{\varepsilon}_{\text{平}} = \frac{3}{2}kT$

4.麦克斯韦速率分布规律为

$$\frac{\mathrm{d}N}{N} = f(v)\mathrm{d}v = 4\pi \left(\frac{m}{2\pi kT}\right)^{\frac{3}{2}} \mathrm{e}^{-\frac{mv^2}{2kT}} \cdot v^2\mathrm{d}v$$

其中 $f(v) = 4\pi \left(\frac{m}{2\pi kT}\right)^{\frac{3}{2}} \mathrm{e}^{-\frac{mv^2}{2kT}} \cdot v^2$ 称为麦克斯韦速率分布函数.

三种子速率：

最可几速率 $v_{\mathrm{P}} = \sqrt{\frac{2kT}{m}} = \sqrt{\frac{2RT}{\mu}} \approx 1.41\sqrt{\frac{RT}{\mu}}$

平均速率 $\overline{v} = \sqrt{\frac{8kT}{\pi m}} = \sqrt{\frac{8RT}{\pi\mu}} \approx 1.60\sqrt{\frac{RT}{\mu}}$

方均根速率 $\sqrt{\overline{v^2}} = \sqrt{\frac{3kT}{m}} = \sqrt{\frac{2RT}{\mu}} = 1.73\sqrt{\frac{RT}{\mu}}$

5.重力场中粒子数密度按高度的分布（温度均匀） $n = n_0\mathrm{e}^{-\frac{mgz}{kT}}$

等温气压公式 $P = P_0\mathrm{e}^{-\frac{mgz}{kT}} = P_0\mathrm{e}^{-\frac{\mu gz}{RT}}$ 或 $z = \frac{RT}{\mu g}\ln\frac{P_0}{P}$

6.能量均分定理

在平衡态下,分子无规则运动的每个自由度的平均动能都相等,都等于 $kT/2$. 若分子的自由度为 i,则一个分子的总平均动能为

$$\overline{\varepsilon} = \frac{i}{2}kT$$

1摩尔理想气体的内能 $u = \frac{i}{2}RT$

$\frac{M}{\mu}$摩尔理想气体的内能 $U = \frac{M}{\mu}\frac{i}{2}RT$

定容摩尔热容 $C_{V,m} = \frac{i}{2}R$；定压摩尔热容 $C_{P,m} = \frac{i+2}{2}R$

比热比 $\gamma = \frac{i+2}{i}$

7.气体分子的碰撞频率与平均自由程

$$\overline{Z} = \frac{\overline{v}}{\overline{\lambda}}, \ \overline{\lambda} = \frac{1}{\sqrt{2}\pi d^2 n}$$

8.三种迁移现象：粘滞现象迁移的是分子定向运动的动量,热传导现象迁移

的是分子无规则运动的能量,扩散现象迁移的是分子质量.三种迁移系数为

粘滞系数　　$\eta = \dfrac{1}{3} \rho \, \bar{v} \, \bar{\lambda}$

热传导系数　　$\kappa = \dfrac{1}{3} \rho \bar{\lambda} \, \bar{v} c_V$

扩散系数　　$D = \dfrac{1}{3} \bar{v} \bar{\lambda}$

9. 1 摩尔实际气体的范德瓦尔斯方程 $\left(P + \dfrac{a}{v^2}\right)(v - b) = RT$

10. 实际气体的内能不仅与温度有关,还与气体的体积有关.

11. 熵与热力学概率之间的关系——玻尔兹曼关系: $S = k \ln W$,说明熵是系统内分子运动的无序度的量度.

二、应用及前沿发展

统计物理学是热现象的微观理论.由于它的研究是从分子的微观结构出发,所以能揭示热现象及热力学定律的本质,使人们对热现象的认识更深入了一步,而且由于了解了物质的宏观性质和微观因素的关系,也使得人们在实践中,如在控制材料的性能以及制取新材料的研究方面大大提高了自觉性,可以这么说,统计物理学在近代物理各个领域都起着很重要的作用.

习题与思考

8.1　一定量的某种理想气体,当温度不变时,其压强随体积的增大而减小;当体积不变时,其压强随温度的升高而增大,从微观角度看,压强增加的原因是什么?

8.2　气体处于平衡态时分子的平均速度有多大?

8.3　气体处于平衡态时,按统计假设有 $\overline{v_x^2} = \overline{v_y^2} = \overline{v_z^2}$.

(1) 如果气体处于非平衡态,上式是否成立?

(2) 如果考虑重力的作用,上式是否成立?

(3) 当气体整体沿一定方向运动时,上式是否成立?

8.4 速率分布函数的物理意义是什么? 试说明下列各式的物理意义:

(1) $f(v)\mathrm{d}v$; (2) $Nf(v)\mathrm{d}v$; (3) $\displaystyle\int_{v_1}^{v_2} f(v)\mathrm{d}v$; (4) $\displaystyle\int_{v_1}^{v_2} Nf(v)\mathrm{d}v$

8.5　空气中 H_2 分子和 N_2 分子的平均速率之比是多少? 如果 H_2 分子的平均速率较大,这是否意味着空气中所有氢分子都比氮分子运动得快?

8.6　用哪些方法可使气体分子的平均碰撞频率减少? 用哪些方法可使分子

的平均自由程增大,这种增大有没有一个限度?

8.7 如果氦和氢的温度相同,两种气体分子的平均平动动能是否相同,平均总动能是否相同?

8.8 指出以下各式所表示的物理意义.

(1) $\frac{1}{2}kT$;(2) $\frac{3}{2}kT$;(3) $\frac{i}{2}RT$;(4) $\frac{M}{\mu}\frac{3}{2}RT$

8.9 气体内产生迁移现象的原因是什么?怎样理解三个迁移系数都与 $\bar{v}$ 和 $\bar{\lambda}$ 有关?

8.10 在什么条件下,范德瓦尔斯方程就趋于理想气体方程?

8.11 指出孤立系统的无序度、热力学概率与熵之间有的关系.

* * * * * *

8.12 计算下列一组粒子的平均速率和方均根速率

N_i	2	4	6	8	2
$v_i(\text{m} \cdot \text{s}^{-1})$	10.0	20.0	30.0	40.0	50.0

8.13 在 $P=5\times10^2 \text{ N} \cdot \text{m}^{-2}$ 的压强下,气体占据 $V=4\times10^{-3} \text{ m}^3$ 的容积,试求分子平动的总动能.

8.14 温度为 27℃时,1 mol 氦气、氢气和氧气各有多少内能?1 g 的这些气体各有多少内能?

8.15 有 N 个粒子,其速率分布函数为

$$f(v) = \frac{\text{d}N}{N\text{d}v} = C \quad (v_0 \geqslant v \geqslant 0)$$
$$f(v) = 0 \quad\quad\quad (v > v_0)$$

(1)作速率分布曲线;

(2)由 v_0 求常数 C;

(3)求粒子的平均速率.

8.16 求速率大小在 v_P 与 $1.01v_P$ 之间的气体分子数占总分子数的百分率.

8.17 求上升到什么高度处大气压强减至地面的 75%,设空气的温度为 0℃,空气的摩尔质量为 $28.9\times10^{-3} \text{ kg} \cdot \text{mol}^{-1}$.

8.18 假定海平面上的大气压是 1.00×10^5 Pa,略去空气温度随高度的变化,且温度为 27℃,试求:

(1)在民航飞机飞行高度 1.00×10^4 m 处的气压;

(2)海拔 8848 m 的珠穆朗玛峰的峰顶的气压.

8.19　氮在 54℃的粘滞系数为 1.9×10^{-5} N·s·m^{-2}，求氮分子在 54℃和压强 0.67×10^5 Pa 时的平均自由程和分子有效直径.

8.20　从地表往下钻深孔表明，地层每深 30 m，温度升高 1℃，设地壳的热传导系数为 0.84 J·s^{-1}·K^{-1}·m^{-1}，问每秒从地核向外传出的通过每平方米表面积的热量是多少?

8.21　对于 CO_2 气体有范德瓦斯常量 $a = 0.37$ Pa·m^6·mol^{-2}，$b = 4.3 \times 10^{-5}$ m^3·mol^{-1}，0℃时其摩尔体积为 6.0×10^{-4} m^3·mol^{-1}.试求其压强，如果将气体当作理想气体处理，结果又如何?

科学家简介——玻尔兹曼

（Ludwig Boltzmann，1844—1906）

1844 年 2 月 20 日玻耳兹曼生于奥地利首都维也纳.他从小勤奋好学，在维也那大学毕业后，曾获得牛津大学理学博士学位.

1867 年他到维也纳物理研究所当斯忒藩的助手和学生，1869 年起先后在格拉茨大学、维也纳大学、慕尼黑大学和莱比锡大学任教并被伦敦、巴黎、柏林、彼得堡等科学院吸收为会员.1906 年 9 月 5 日在意大利的一所海滨旅馆自杀身亡.

玻耳兹曼与克劳修斯（R. Clausius）和麦克斯韦（J. C. Maxwell）同是分子运动论的主要奠基者.1868—1871 年，玻耳兹曼由麦克斯韦分布律引进了玻耳兹曼因子 $e^{-E/kT}$，据此他又得到了能量均分定理.

为了说明非平衡输运过程的规律，需要确定非平衡态的分布函数 $f(\boldsymbol{r}, \boldsymbol{v}, t)$.这个问题首先由玻耳兹曼在 1872 年解决了.他从某一状态区间的分子数的变化是由分子的运动和碰撞两个原因出发，建立了一个关于 f 的既含有积分又含有微分的方程式.这个方程式现在就叫玻氏积分微分方程，利用它就可以建立输运过程的精确理论.

玻耳兹曼还利用分布函数 f 引进了一个 H，即

$$H = \iiint f \ln f \, \mathrm{d}v_x \mathrm{d}v_y \mathrm{d}v_z$$

他证明了当 f 变化时，H 随时间单调地减小，即总有

$$\frac{\mathrm{d}H}{\mathrm{d}t} \leqslant 0$$

而平衡态相当于取极小值的状态.这一结论在当时是非常令人吃惊的.它的意义是，H 随时间的改变率给人们一个系统趋向平衡的标志.这就是著名的 H 定理.它第一次用统计物理的微观理论证明了宏观过程的不可逆性或方向性.

在这之前的 1865 年,克劳修斯用宏观的热力学方法建立了不可逆过程的定律,即熵增加原理.它指出孤立系统的熵总是要增加的,H 定理和熵增加原理是相当的.但在微观上这样解释不可逆过程,在当时是很难令人接受的,因而受到一些知名学者的攻击.连支持分子运动理论的罗什米特(Loschmidt)也提出了驳难.他在 1876 年提出分子的运动遵守力学定律,因而是可逆的,即当全体分子的速度都反过来后,分子运动的进程应当沿着与原来方向相反的方向进行.而 H 定理的不可逆性是和这不相容的.当时的知名学者实证论者马赫(E. Mach)和唯能论者奥斯特瓦尔德(W. Ostwald)根本否定分子原子的存在,当然对建立在分子运动理论基础上的 H 定理更大肆攻击了.

对于罗什米特的驳难,玻耳兹曼的回答是:H 定理本身是统计性质的,它的结论是 H 减小的概率最大.所以宏观不可逆性是统计规律性的结果,这与微观可逆性并不矛盾,因为微观可逆性是建立在确定的微观运动状态上的,而统计结论仅适用于微观状态不完全确定的情形.因此,H 定理并不是 H 绝对不能增加,只是增加的机会极小而已.这些话深刻地阐明了统计规律性,今天仍保持着它的正确性,但在当时并不能为反对者所理解.

正是在解释这种"不可逆性佯谬"的过程中,1877 年玻耳兹曼提出了把熵 S 和热力学概率 W 联系起来,得出

$$S \propto \ln W$$

1900 年普朗克引进了比例常量 k,写出了著名公式

$$S = k \ln W$$

这一公式现在就叫玻耳兹曼关系,常量 k 就叫玻耳兹曼常量.他还导出了 H 和熵 S 的关系,即 H 和 S(或 $\ln W$)的负值成正比(或相差一个常数).这样 H 的减小和 S 的增大相当就被完全证明了.

在众多的非难和攻击面前,玻耳兹曼清醒地认识到自己是正确的,因此坚持他的统计理论.在 1895 年出版的《气体理论讲义》第一册中,他写道:"尽管气体理论中使用概率论这一点不能从运动方程推导出来,但是由于采取概率论后得出的结果和实验事实一致,我们就应当承认它的价值."在 1898 年出版的这本讲义的第二册的序言中,他又写道:"我坚持认为(对于动力论的)攻击是由于对它的错误理解以及它的意义目前还没有完全显示出来,如果对这一理论的攻击使它遭到像光的波动说在牛顿的权威影响下所遭受的命运一样而被人遗忘的话,那将是对科学的一次很大的打击.我清楚地认识到反对目前这种盛行的舆论是我个人力量的薄弱.为了保证以后当人们回过头来研究动力论时不至于作过多的重复性努力,我将对该理论最困难而被人们错误地理解了的部分尽可能清楚地加以解说."这些话一方面表明了玻耳兹曼的自信,另一方面也流露出了他凄凉的心情.有人就认为这种长

期受到攻击的境遇是他在 1906 年自杀的重要原因之一.

　　真理是不会被遗忘的. 1902 年美国的吉布斯(J. W. Gibbs)出版了《统计力学的基本原理》,其中大大发展了麦克斯韦、玻耳兹曼的理论,利用系综的概念建立了一套完整的统计力学理论. 1905 年爱因斯坦在理论上以及 1909 年皮兰在实验上对布朗运动的研究最终确立了分子的真实性. 就这样统计力学成了一门得到普遍承认的、应用非常广泛的而且不断发展的科学理论,在近代物理研究的各方面发挥着极其重要的基础作用.

阅读资料 B:自组织现象　低温的获得

B.1　自组织现象

　　自组织现象是指一个体系通过与外界交换能量和物质(开放体系),在微观上使体系中的大量分子自动组织起来,形成了有一定规律的运动,在宏观上使体系呈现出空间有序或时间顺序上的某种规律性. 例如法国物理学家贝纳特于 1900 年在做热对流实验时发现的对流有序现象. 它是在一个平底容器中倒入一薄层液体,当从下面加热液体时,刚开始上下温度相差不太大,液体中只有热传导,未见液体骚动. 但随着温度梯度的增大,液体发生对流运动,一旦当温度梯度超过某一临界值时,液体层中会突然出现呈蜂窝状规则排列的六角形对流格子,见图 B.1 所示,且在每个六角形格子内流体作闭合的对流运动. 贝纳特花样是一个十分奇异的现象,也就是当薄液层温差达到临界值时,液体表面的分子好像信息相通似的,在统一的命令下自动地由无序状态变成有序状态,这种现象是典型的空间有序的自组织现象.

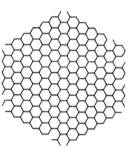

图 B.1　自组织现象

　　时间有序的自组织现象最突出的是 20 世纪 60 年代出现的激光. 给激光器输入功率,激光器开始工作,实验中发现,当输入功率小于某一临界值时,激光器中发光物质的各原子接受能量后各自独立地发光,发光是处于混乱无序的,而当输入功率大于临界值时,就产生了一种全新的现象,各原子不再独立地互不相关地发射光波了,它们集体一致地行动起来,协同动作,发出频率、振动方向都相同的"相干光波",这种光波的波列长度可达 30 万千米,这就是激光. 发射激光时,发光物质的原子处于一种非常有序的状态,所以激光是一种有序光,它有着极好的单色性和相干性. 而且对诸如上述的自组织现象的研究,人们知道从无序向有序转变的自组织现象只能产生于远离平衡态的与外界有能量或物质交换的开放系统之中. 在自组织过程中,开放系统的状态由无序趋于有序.同时,开放系统的熵也将趋于减小.现已知道,生命过程也是沿从无序向有序的过程演化,生命体也是一个开放系统.生物体在其生命的生长,发育过程中,把从外界得来的各种元素按一定的结构组成蛋白质和DNA,从而形成细胞、组织和器官,这是一个从无序趋向有序的过程.当这种有序过程终结时,生命也就丧失了.所以,对于一个远离平衡态的开放系统,系统可以实现从无序向有序的转变,熵也随之减少.而熵增加原理指出,孤立系统内进行的热力学过程,其熵是增加的,系统的状态是从有序向无序转变的.显然,熵增加原理只适用于与外界既无能量又无物质交换的孤立系统,而对于一个开放系统,则可以实现从无序向有序的转变,系统的熵也会减少,生命过程和无生命的自组织现象就是这方面的例子.

B.2 低温的获得

在物理学中,"低温"是指低于液态空气(81 K)的温度.低温在现代科学技术中有很重要的意义.在技术上,空气在低温液化后可以通过分馏而得到氧气、氮气、氩气等供工业各方面应用.在生物科学上低温环境用来保存活体,例如现在已应用于良种奶牛精液的保存以传播优良品种.用低温可以使某些材料具有超导性质,现在广泛地利用来产生强磁场.对低温条件下物理现象的研究在理论上也具有重要的意义.这方面最著名的例子是,吴健雄利用低温条件做的^{60}Co衰变实验证实了李政道、杨振宁提出的宇称不守恒理论,从而对粒子物理的发展产生了很大的影响.

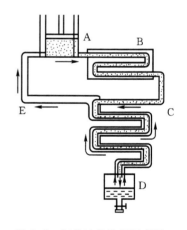

低温最初是通过空气的液化获得的.现在液态空气的生产已经很普遍了.一种商品空气液化装置就是用氢气作工质的制冷机,在其中氢气进行斯特林致冷循环,利用这种制冷机可以达到90 K到12 K的低温,将空气液化后,就可以用分馏的方法得到液氧(1 atm下的沸点为90.2 K)和液氮(1 atm下的沸点为77.3 K).在很多实验中都用液氮来维持所需的低温.当气体进行近似的可逆绝热膨胀时,因对活塞和涡轮叶片做功而使自身温度降低.这也是液化气体获得低温的一种方法.

图 B.2 气体液化装置示意图

还有一种液化气体的方法是利用焦耳-汤姆孙效应,即气体经过节流膨胀会降温的效应.实用的这种气体液化装置如图 B.2 所示.待液化气体先受压缩机 A 压缩而成为高温高压的气体,再沿管道进入冷却器 B,此处水或空气冷却后仍保持相当大的压强,然后又被导入逆流换热器 C 的内管再从小口放入容器 D 中. 由于小口有节流作用, 所以气体从小口喷出后温度降低, 这低温低压的气体经过逆流换热器外套管而回到压缩机中重新被压缩. 之所以用逆流换热器是想用经过节流的较冷的气体来冷却未经节流的气体, 这样在节流后温度会更低. 由于压缩机的工作, 气体经过几次循环, 温度就可以达到部分液化的程度. 液化的气体可以从下面的管道取走.

节流降温方法的优点是, 它在低温处没有运动部分, 因而不需要润滑. 但由于气体必须在低于某温度时通过节流才能降温, 所以节流前必须预冷. 液化氢气时需要用液氮来预冷, 液化氦气时需要用液氢来预冷……

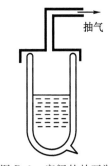

图 B.3 密闭的杜瓦瓶中装有液态气体

实际上常把节流膨胀和可逆绝热膨胀联合起来使用, 先用可逆绝热膨胀使气体温度降到所需的温度, 然后再通过节流使之变成液体. 液氦一般就是这样制取的, 可达到 4.2 K 的低温.

液体蒸发时要吸热, 如果这时外界不供给热量, 液体本身温度就要降低. 利用这种方法可以使液态气体温度进一步降低. 如图 B.3 所示, 密闭的杜瓦瓶中装有液态气体. 当用蒸汽机将液面上的蒸汽快速抽走时, 液体温度就降得更低. 通过这种方法用液态氢可以达到 1.25 K 的温度, 用液态 ^{4}He 可以达到 1 K, 用液态 ^{3}He 可以达到 0.3 K.

更低的温度是用顺磁质的绝热退磁而得到的. 顺磁质的每个分子都具有固有的磁矩, 它的行为像一个微小的磁体一样, 在磁场的作用下要沿磁场排列起来. 此时若将顺磁质和外界绝热隔离, 当撤去外磁场时, 由于它的内能减小, 温度就要降低. 一种这样的装置如图 B.4 所示. 装顺磁盐 (如硝酸铈镁 $2\mathrm{Ce(NO_2)_3} \cdot 3\mathrm{Mg(NO_3)_2} \cdot 24\mathrm{H_2O}$) 容器安置在液氦内的两个超导磁极中间, 先在容器中通入氦气. 当磁场加上时, 顺磁盐被磁化而温度升高, 这时它周围的氦气作为导热剂使它很快与周围液态氦达到平衡. 然后抽走容器中的氦气使顺磁盐与外界绝热. 这

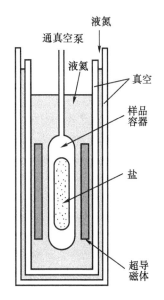

图 B.4 顺磁质绝热退磁

时再撤去磁场, 顺磁质的温度就可以降到 10^{-2} 甚至 10^{-3} K. 如果在这样的低温下, 再用类似的步骤使原子核绝热退磁, 就可以得到更低的温度. 吴健雄在实验中就是用绝热退磁法得到所需的低温而证实了宇称不守恒的预言.

1951 年伦敦(F. London)提出了一个稀释致冷的方法.1978 年根据这种想法制成的稀释制冷机已可以保持 2×10^{-3} K 的低温.这种制冷机是根据 ^{4}He 和 ^{3}He 的混合液体的相变规律而设计的,其构造示意图如图 B.5 所示.由液态 ^{4}He 的抽气蒸发而温度达到 1.3 K 的 ^{3}He 液体被压入穿过蒸发器的管道又被冷却一次,此后又穿过一个热交换器进一步冷却,然后进入最下面的混合室中.在混合室中 ^{3}He 和 ^{4}He 的混合液体分为两相(即有明显分界面的两部分),上面是富 ^{3}He 的浓相,下面是贫 ^{3}He 的稀相.在这个温度下 ^{3}He 表现得相当活跃,将由浓相向稀相大量扩散,而 ^{4}He 表现得惰性大,好像只是给 ^{3}He 提供了活动的空间.它们的行为差别需用量子力学来说明,但可以用液体在空气中蒸发作类比.液体急速蒸发时温度要降低,此处,^{3}He 穿过分界面向稀相"蒸发"时温度也要降低.由于上面的真空泵不断抽走 ^{3}He,这一"蒸发"就不断地继续进行,因此,这里的温度就可以达到 2×10^{-3} K.

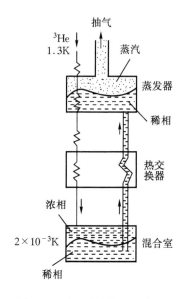

图 B.5　稀释致冷构造示意图

赫尔辛基工业大学的一个实验小组的低温系统用了一级稀释致冷和两级原子核绝热去磁,得到 2×10^{-8} K 的低温.

1975 年,亨斯(Hansch)和肖洛(Shawalow)提出可以利用对射激光束来冷却中性原子.这种激光冷却的方法在其后 20 年中得到很大的发展.1995 年曾利用此方法将铯原子冷却到 2.8nK 的低温.朱棣文曾利用此方法将一群钠原子降到 24 pK的低温.

第四篇　振动与波

　　人们习惯于按照物质运动的形态,把经典物理学分为力(包括声)、热、电、光等分支学科.然而,某些形式的运动是横跨这些学科的,其中最典型的就是振动和波.在力学中有机械振动和机械波,在电学中有电磁振荡和电磁波,声是一种机械波,光则是一种电磁波.在近代物理中更是离不开振动和波,仅从微观理论的基石——量子力学又称波动力学这一点就可以看出,振动和波的概念在近代物理中的重要性了.尽管在物理学的各分支学科里振动和波的具体内容不同,在形式上它们却有极大的相似性.所以,振动和波的学习将为学习整个物理学打好基础.

　　本书中振动和波部分包括:振动学基础、波动学基础和波动光学三章.

第 9 章　振动学基础

在自然界中,几乎到处都可以看到物体的一种特殊的运动形式,即物体在某一位置附近作往复运动,这种运动称为机械振动.钟摆的运动、琴弦的运动和气缸活塞的运动都是机械振动.

振动现象并不限于力学中,在物理学其他领域中也存在与机械振动相类似的振动现象.一般地说,任何一个物理量在某一定值附近作反复变化,都可以称为振动.如交流电中电流和电压的反复变化,电磁波中电场和磁场的反复变化等,都属于振动的范畴.

由于一切振动现象都具有相似的规律,所以我们可以从机械振动的分析中,了解振动现象的一般规律.而简谐振动是最简单、最基本的振动,任何复杂的振动都可由两个或多个简谐振动合成而得到,我们就从简谐振动开始讨论.

§9.1　简谐振动

一、简谐振动的基本特征及其表示

在一个光滑的水平面上,有一个一端被固定的轻弹簧,弹簧的另一端系一小球,如图 9.1 所示.当弹簧呈自由状态时,小球在水平方向不受力的作用,此时小球处于点 O,该点称为平衡位置.若将小球向右移至点 M,弹簧被拉长,这时小球受到弹簧所施加的、方向指向点 O 的弹性力 F 的作用.将小球释放后,小球就在弹性力 F 的作用下左右往复振动起来,并一直振动下去.

为了描述小球的这种运动,我们取小球的平衡位置 O 为坐标原点,取通过点 O 的水平线为 x 轴.如果小球的位移为 x,它所受弹力 F 可以表示为

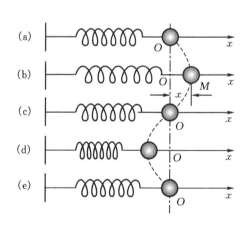

图 9.1　由轻弹簧和小球组成的振动系统

$$\boldsymbol{F} = -k\boldsymbol{x} \tag{9.1}$$

式中 k 为所取轻弹簧的劲度系数,负号表示弹性力 $\boldsymbol{F}$ 与位移 $\boldsymbol{x}$ 的方向相反. 如果小球的质量为 m,根据牛顿第二定律,小球的运动方程可以表示为

$$\boldsymbol{F} = m\boldsymbol{a} = m\frac{\mathrm{d}^2\boldsymbol{x}}{\mathrm{d}t^2} \tag{9.2}$$

将式(9.1)代入式(9.2),得

$$m\frac{\mathrm{d}^2 x}{\mathrm{d}t^2} = -kx$$

或者改写为

$$\frac{\mathrm{d}^2 x}{\mathrm{d}t^2} + \omega^2 x = 0 \tag{9.3}$$

式中

$$\omega^2 = \frac{k}{m} \tag{9.4}$$

　　式 (9.3) 是小球的运动方程. 这个方程显示了小球受力的基本特征,即在运动过程中,小球所受力的大小与它的位移的大小成正比,而力的方向与位移的方向相反. 具有这种性质的力称为**线性回复力**.

　　由运动方程可以解得小球在振动过程中的位移 x 与时间 t 的关系. 式(9.3)的解可以写为以下两种形式

$$x = A\cos(\omega t + \phi) \tag{9.5}$$

或 $\qquad\qquad\qquad x = A\sin(\omega t + \phi) \tag{9.6}$

式中 A 和 ϕ 都是积分常量,在振动中它们都具有明确的物理意义,对此我们以后再作讨论. 式(9.5)和 式(9.6)在物理上具有同样的意义,以后我们只取式(9.5)的形式.

　　上面我们分析了由轻弹簧和小球所组成的振动系统作无摩擦振动的例子,这样的振动系统称为**弹簧振子**. 弹簧振子的振动是典型的简谐振动,它表明了简谐振动的基本特征. 从分析中可以看出,物体只要在形如 $\boldsymbol{F} = -k\boldsymbol{x}$ 的线性回复力的作用下运动,其位移必定满足微分方程式 (9.3),而这个方程的解就一定是时间的余弦(或正弦)函数. 简谐振动的这些基本特征在机械运动范围内是等价的,其中的任何一项都可以作为判断物体是否作简谐振动的依据. 但是,由于振动的概念已经扩展到了物理学的各个领域,任何一个物理量在某定值附近作往复变化的过程,都属于振动,于是我们可对简谐振动作如下的普遍定义:任何物理量 x 的变化规律若满足方程 $\mathrm{d}^2 x/\mathrm{d}t^2 + \omega^2 x = 0$,并且 ω 是决定于系统自身的常量,则该物理量的变化过程就是**简谐振动**.

二、描述简谐振动的特征量

振幅、周期（或频率）和相位是描述简谐振动的三个重要物理量，若知道了某简谐振动的这三个量，该简谐振动就完全被确定了，所以这三个量称为描述简谐振动的特征量.

1. 振幅

振动物体离开平衡位置的最大距离称为**振幅**. 在简谐振动

$$x = A\cos(\omega t + \phi)$$

中，A 就是振幅. 在国际单位制中，振幅的单位是米（m）.

2. 周期

振动物体完成一次全振动所用的时间，称为**周期**，常用 T 表示；在 1 秒时间内完成全振动的次数，称为频率，常用 ν 表示；振动物体在 2π 秒内完成全振动的次数，称为角频率，就是式（9.5）中的 ω. 显然角频率 ω、频率 ν 和周期 T 三者的关系为

$$\nu = \frac{1}{T}, \quad \omega = 2\pi\nu = \frac{2\pi}{T} \tag{9.7}$$

在国际单位制中，周期 T、频率 ν 和角频率 ω 的单位分别是秒（s）、赫兹（Hz）和弧度／秒（rad／s）.

3. 相位和初相位

式（9.5）中的 $\omega t + \phi$ 称为简谐振动的**相位**，单位是弧度（rad）. 在振幅一定、角频率已知的情况下，振动物体在任意时刻的运动状态（位置和速度）完全取决于相位 $\omega t + \phi$. 这从下面的分析中会看得更清楚. 将式（9.5）两边对时间求一阶导数，可以得到物体振动的速度

$$v = \frac{\mathrm{d}x}{\mathrm{d}t} = -A\omega\sin(\omega t + \phi) \tag{9.8}$$

由式（9.5）和式（9.8）两式可以看出，在振幅 A 和角频率 ω 已知的情况下，振动物体的位置和速度完全由相位 $\omega t + \phi$ 所决定. 我们已经知道，位置和速度是表示一个质点在任意时刻运动状态的充分而必要的两个物理量. 相位中的 ϕ 称为**初相位**，在振幅 A 和角频率 ω 已知的情况下，振动物体在初始时刻的运动状态完全取决于初相位 ϕ. 在式（9.5）和式（9.8）中令 $t=0$，则分别成为下面的形式

$$\begin{aligned} x_0 &= A\cos\phi \\ v_0 &= -A\omega\sin\phi \end{aligned} \tag{9.9}$$

式中 x_0 和 v_0 分别是振动物体在初始时刻的位移和速度，这两个量表示了振动物

体在初始时刻的运动状态,也就是振动物体的初始条件.

振幅 A 和初相位 ϕ,在数学上它们是在求解微分方程(9.3)时引入的两个积分常量,而在物理上,它们是由振动系统的初时状态所决定的两个描述简谐振动的特征量,这是因为由初始条件式(9.9)可以求得

$$
\left.\begin{array}{l}
A = \sqrt{x_0^2 + \dfrac{v_0^2}{\omega^2}} \\[4mm]
\phi = \arctan\left(-\dfrac{v_0}{\omega x_0}\right)
\end{array}\right\}
\tag{9.10}
$$

三、简谐振动的矢量图解法和复数解法

简谐振动可以用一个旋转矢量来描绘.在坐标系 xOy 中,以 O 为始端画一矢量 $\boldsymbol{A}$,末端为 M 点,如图 9.2 所示.若矢量 $\boldsymbol{A}$ 以匀角速度 ω 绕坐标原点 O 作逆时针方向转动时,则矢量末端 M 在 x 轴上的投影点 P 就在 x 轴上于点 O 两侧往复运动.如果在 $t=0$ 时刻,矢量 $\boldsymbol{A}$ 与 x 轴的夹角为 ϕ,那么这时投影点 P 相对于坐标原点 O 的位移可以表示为

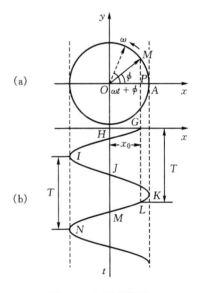

$$x_0 = A\cos\phi$$

式中 A 为矢量 $\boldsymbol{A}$ 的长度.在任意时刻 t,矢量 $\boldsymbol{A}$ 与 x 轴的夹角变为 $\omega t+\phi$,则投影点 P 相对于坐标原点 O 的位移为

$$x = A\cos(\omega t+\phi)$$

所以,当矢量 $\boldsymbol{A}$ 绕其始点(即坐标原点)以匀角速度 ω 旋转时,其末端在 x 轴上的投影点的运动,必定是简谐振动.图 9.2(b)所描绘的曲线,是点 P 的位移与时间的关系曲线,称为简谐振动曲线.

图 9.2 矢量图解法

以上是用一个旋转矢量末端在一条轴线上的投影点的运动来表示简谐振动,这种方法称为简谐振动的**矢量图解法**.这种方法在电学和光学中都要用到.

简谐量 x 还可以用复数来代表.若把一个复数 $\tilde{x}$ 表示为

$$\tilde{x} = A\mathrm{e}^{\mathrm{i}(\omega t+\phi)} = A\cos(\omega t+\phi) + \mathrm{i}A\sin(\omega t+\phi) \tag{9.11}$$

显然,简谐量 x 就是这个复数 $\tilde{x}$ 的实部,并且简谐量的振幅与复数的模相对应,简谐量的相位与复数的幅角相对应.若要对多个简谐量进行某种运算,可以对代表这些简谐量的复数进行相同的运算,在运算过程中,实部和虚部、模和幅角总

是分别运算而不会相混,所得的复数的实部就是这些简谐量进行该运算的最后结果.因此,简谐量的**复数表示法**也是常用的方法.

例如,求振动速度和加速度,可以用复数进行运算.取位移的复数形式为

$$\tilde{x} = A\mathrm{e}^{\mathrm{i}(\omega t + \phi)}$$

振动速度的复数则为

$$\tilde{v} = \frac{\mathrm{d}\tilde{x}}{\mathrm{d}t} = \mathrm{i}\omega A\mathrm{e}^{\mathrm{i}(\omega t + \phi)}$$

取速度复数的实部,就是振动速度的真正表示式

$$v = \mathrm{Re}[\mathrm{i}\omega A\cos(\omega t + \phi) + \mathrm{i}^2\omega A\sin(\omega t + \phi)]$$
$$= -\omega A\sin(\omega t + \phi)$$

用同样的方法可以计算振动加速度

$$\tilde{a} = \frac{\mathrm{d}^2\tilde{x}}{\mathrm{d}t^2} = (\mathrm{i}\omega)^2 A\mathrm{e}^{\mathrm{i}(\omega t + \phi)}$$

加速度的真正表示式为

$$a = \mathrm{Re}[(\mathrm{i}\omega)^2 A\mathrm{e}^{\mathrm{i}(\omega t + \phi)}] = -\omega^2 A\cos(\omega t + \phi)$$

由上面的计算可见,用复数来代表简谐量,运算过程也是十分简便的.

例 9.1　有一劲度系数为 $32.0\ \mathrm{N\cdot m^{-1}}$ 的轻弹簧,放置在光滑的水平面上,其一端被固定,另一端系一质量为 500 g 的物体.将物体沿弹簧长度方向拉伸至距平衡位置 10.0 cm 处,然后将物体由静止释放,物体将在水平面上沿一条直线作简谐振动.分别写出振动的位移、速度和加速度与时间的关系.

解　设物体沿 x 轴作简谐振动,并取平衡位置为坐标原点.在初始时刻 $t=0$,物体所在的位置在最大位移处,所以振幅为

$$A = 10.0\ (\mathrm{cm}) = 0.100\ (\mathrm{m})$$

振动角频率为

$$\omega = \sqrt{\frac{k}{m}} = \sqrt{\frac{32.0}{0.500}} = 8.00\ (\mathrm{rad\cdot s^{-1}})$$

如果把振动写为一般形式,即 $x = A\cos(\omega t + \phi)$,当 $t=0$ 时,物体处于最大位移处,$x = A$,那么必定有 $\cos\phi = 1$.所以初相位 $\phi = 0$.这样我们就可以写出位移与时间的关系为

$$x = 0.100\cos(8.00\ t)\ (\mathrm{m})$$

速度和加速度的最大值分别为

$$v_{\mathrm{m}} = \omega A = 8.00 \times 0.100 = 0.800\ (\mathrm{m\cdot s^{-1}})$$
$$a_{\mathrm{m}} = \omega^2 A = (8.00)^2 \times 0.100 = 6.40\ (\mathrm{m\cdot s^{-2}})$$

速度和加速度与时间的关系分别为

$$v = -0.800\sin 8.00t \ (\text{m} \cdot \text{s}^{-1})$$
$$a = -6.40\cos 8.00t \ (\text{m} \cdot \text{s}^{-2})$$

例 9.2　已知某简谐振动的振动曲线如图 9.3 所示,试写出该振动的位移与时间的关系.

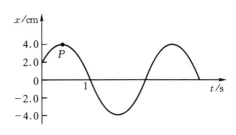

图 9.3　例 9.2 图

解　任何简谐振动都可以表示为
$$x = A\cos(\omega t + \phi)$$

关键是要从振动曲线求得振幅 A、角频率 ω 和初相位 ϕ.

振幅 A 可以从振动曲线上得到. 最大位移的点 P 所对应的位移的大小就是振幅

$$A = 4.0 \times 10^{-2} \ \text{m}$$

我们已经分析过,振动的初相位是由初始条件决定的,所以应该根据初始时刻的位移 x_0 和速度 v_0 来确定 ϕ. $t=0$ 时的位移 x_0 和速度 v_0 分别由以下两式表示

$$x_0 = A\cos\phi \tag{1}$$
$$v_0 = -A\omega\sin\phi \tag{2}$$

从振动曲线上可以得到 $x_0 = \dfrac{A}{2}$,将此值代入式(1),得

$$\cos\phi = \frac{1}{2}, \quad \phi = \pm\frac{\pi}{3}$$

由振动曲线在 $t = 0$ 附近的状况可知,$v_0 > 0$,同时因为 A 和 ω 都大于零,根据式(2),必定有 $\sin\phi < 0$,这样我们就可以确定,在 $t=0$ 时旋转矢量是处于第四象限内,故取初相位为

$$\phi = -\frac{\pi}{3}$$

最后求角频率 ω. 从振动曲线可以看到,在 $t=1$ s 时,位移 $x = 0$,代入下式

$$x = 4.0 \times 10^{-2}\cos\left(\omega t - \frac{\pi}{3}\right) \ (\text{m})$$

可得
$$0 = 4.0 \times 10^{-2}\cos\left(\omega - \frac{\pi}{3}\right) \ (\text{m})$$

所以
$$\cos\left(\omega - \frac{\pi}{3}\right) = 0, \quad \omega - \frac{\pi}{3} = \pm\frac{\pi}{2}$$

因为 $\omega > 0$，所以上式只能取 $+\frac{\pi}{2}$. 另外，从振动曲线可以看到，在 $t = 1$ s 时，位移 x 由正值变为负值. 在旋转矢量图上，位移由正值变为负值，对应于旋转矢量处于 $+\frac{\pi}{2}$ 的位置，而不是处于 $-\frac{\pi}{2}$ 的位置，故应取 $\omega - \frac{\pi}{3} = \frac{\pi}{2}$，所以

$$\omega = \left(\frac{\pi}{3} + \frac{\pi}{2} \right) = \frac{5\pi}{6} (\mathrm{rad \cdot s^{-1}})$$

这样，我们可以将该简谐振动具体地写为

$$x = 4.0 \times 10^{-2} \cos \left(\frac{5\pi}{6} t - \frac{\pi}{3} \right) (m)$$

四、简谐振动的能量

从机械运动的观点看，在振动过程中，若振动系统不受外力和非保守内力的作用，则其动能和势能的总和是恒定的. 现在我们以弹簧振子为例，研究简谐振动中能量的转化和守恒问题.

弹簧振子的位移和速度分别由下式给出

$$x = A\cos(\omega t + \phi), \qquad v = -A\omega \sin(\omega t + \phi)$$

在任意时刻，系统的动能为

$$E_k = \frac{1}{2} mv^2 = \frac{1}{2} m\omega^2 A^2 \sin^2(\omega t + \phi) \tag{9.12}$$

除了动能以外，振动系统还具有势能. 对于弹簧振子来说，系统的势能就是弹力势能，并可表示为

$$E_p = \frac{1}{2} kx^2 = \frac{1}{2} kA^2 \cos^2(\omega t + \phi) \tag{9.13}$$

由式(9.12)和式(9.13)可见，弹簧振子的动能和势能都随时间作周期性变化. 当位移最大时，速度为零，动能也为零，而势能达到最大值 $\frac{1}{2} kA^2$；当在平衡位置时，势能为零，而速度为最大值，所以动能也达到最大值 $\frac{1}{2} m\omega^2 A^2$.

弹簧振子的总能量为动能和势能之和，即

$$E = E_k + E_p = \frac{1}{2} m\omega^2 A^2 \sin^2(\omega + \phi) + \frac{1}{2} kA^2 \cos^2(\omega t + \phi)$$

因为 $\omega^2 = k/m$，所以上式可化为

$$E = \frac{1}{2} m\omega^2 A^2 = \frac{1}{2} kA^2 \tag{9.14}$$

由上式可见，尽管在振动中弹簧振子的动能和势能都在随时间作周期性变化，但总

能量是恒定不变的，并与振幅的平方成正比.

由公式

$$E = \frac{1}{2}mv^2 + \frac{1}{2}kx^2 = \frac{1}{2}kA^2$$

可以得到

$$v = \pm\sqrt{\frac{k}{m}(A^2 - x^2)} = \pm\omega\sqrt{A^2 - x^2} \qquad (9.15)$$

上式明确地表示了弹簧振子中物体的速度与位移的关系. 在平衡位置处，$x=0$，速度为最大；在最大位移处，$x = \pm A$，速度为零.

例 9.3　一长度为 l 的无弹性细线，一端被固定在 A 点，另一端悬挂一质量为 m、体积很小的物体. 静止时，细线沿竖直方向，物体处于点 O，这是振动系统的平衡位置，如图 9.4 所示. 若将物体移离平衡位置，使细线与竖直方向夹一小角度 θ，然后将物体由静止释放，物体就在平衡位置附近往返摆动起来. 这种装置称为**单摆**. 证明单摆的振动是简谐振动，并分析其能量.

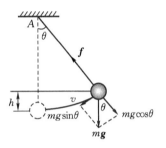

图 9.4　例 9.3 图

解　我们选择小物体相对平衡位置的角位移 θ 为描述单摆位置的变量，并规定物体处于平衡位置右方，θ 为正，处于平衡位置左方，θ 为负.

小物体受到两个力的作用，一个是重力 $m\boldsymbol{g}$，另一个是细线的张力 $\boldsymbol{f}$. 沿着物体运动的弧形路径，将重力 $m\boldsymbol{g}$ 分解成大小为 $mg\cos\theta$ 的径向分量和大小为 $mg\sin\theta$ 的切向分量. 其中径向分量 $mg\cos\theta$ 与细线的张力 $\boldsymbol{f}$ 一起为物体的运动提供向心力，而切向分量是作用于物体的回复力，使物体返回平衡位置，其作用与弹簧振子的弹性力一样. 因此，单摆的振动方程为

$$ml\frac{\mathrm{d}^2\theta}{\mathrm{d}t^2} = -mg\sin\theta \qquad (1)$$

当偏角 θ 很小时，$\sin\theta \approx \theta$，式(1)可以写为

$$ml\frac{\mathrm{d}^2\theta}{\mathrm{d}t^2} = -mg\theta \qquad (2)$$

即

$$\frac{\mathrm{d}^2\theta}{\mathrm{d}t^2} + \omega^2\theta = 0 \qquad (3)$$

其中

$$\omega^2 = \frac{g}{l} \tag{4}$$

显然,单摆的振动方程(3)与弹簧振子的振动方程完全相似,只是用变量 θ 代替了变量 x. 所以单摆的角位移 θ 与时间 t 的关系必定可以写成余弦函数的形式

$$\theta = \theta_0 \cos(\omega t + \phi)$$

式中积分常量 θ_0 为单摆的振幅,ϕ 为初相位. 这就证明了,在摆角很小时单摆的振动是简谐振动.

单摆系统的机械能包括两部分,一部分是小物体运动的动能

$$E_k = \frac{1}{2}mv^2 = \frac{1}{2}m(l\dot{\theta})^2 = \frac{1}{2}ml^2\theta_0^2\omega^2\sin^2(\omega t + \phi) \tag{5}$$

另一部分是系统的势能,即单摆与地球所组成的系统的重力势能

$$E_p = mgh = mgl(1 - \cos\theta) \tag{6}$$

式中 h 是当角位移为 θ 时物体相对平衡位置上升的高度. 可将 $\cos\theta$ 展开为

$$\cos\theta = 1 - \frac{\theta^2}{2!} + \frac{\theta^4}{4!} + \frac{\theta^6}{6!} + \cdots$$

因为 θ 很小,我们可以只取上式的前两项. 所以式(6)可以化为

$$E_p = \frac{1}{2}mgl\theta^2 = \frac{1}{2}mgl\theta_0^2\cos^2(\omega t + \phi) \tag{7}$$

可见,单摆系统的动能和势能都是时间的周期函数.

单摆系统的总能量等于其动能和势能之和,即

$$E = E_k + E_p = \frac{1}{2}ml^2\theta_0^2\omega^2\sin^2(\omega t + \phi) + \frac{1}{2}mgl\theta_0^2\cos^2(\omega t + \phi)$$

因为 $\omega^2 = \frac{g}{l}$,所以上式可以化为

$$E = \frac{1}{2}mgl\theta_0^2 = \frac{1}{2}ml^2\omega^2\theta_0^2 \tag{8}$$

上式表示,尽管在简谐振动过程中,单摆系统的动能和势能都随时间作周期性变化,但总能量是恒定不变的,并与振幅的平方成正比.

§9.2 阻尼振动

以上我们所讨论的简谐振动是严格的周期性振动,即振动的位移、速度和加速度等每经过一个周期就完全恢复原值,但这毕竟只是一种理想情况. 任何实际的振动都必然要受到摩擦和阻力的影响,振动系统必须克服摩擦和阻力而做功,外界若不持续地提供能量,振动系统自身的能量将不断地减少. 振动系统能量减少的另一个原因是由于振动物体引起邻近介质质点的振动,并不断向外传播,振动系统的能

量逐渐向四周辐射出去.由于振动能量正比于振幅的平方,所以随着能量的减少,振幅也逐渐减少.

振幅随时间减小的振动称为**阻尼振动**.在以下的讨论中,我们只考虑摩擦和阻力引起的阻尼振动.

当物体在流体中以不太大的速率作相对运动时,物体所受流体的阻力主要是**黏性阻力**.黏性阻力的大小与物体运动的速率成正比,方向与运动方向相反,可以表示为

$$f = -\gamma v = -\gamma \frac{\mathrm{d}x}{\mathrm{d}t} \tag{9.16}$$

式中 γ 称为阻力系数,负号表示黏性阻力的方向总是与物体在流体中的运动方向相反.考虑了黏性阻力,物体的振动方程可以写为

$$m \frac{\mathrm{d}^2 x}{\mathrm{d}t^2} + \gamma \frac{\mathrm{d}x}{\mathrm{d}t} + kx = 0 \tag{9.17}$$

令 $\omega_0^2 = \dfrac{k}{m}$,$2\beta = \dfrac{\gamma}{m}$,式(9.17)可以改写为

$$\frac{\mathrm{d}^2 x}{\mathrm{d}t^2} + 2\beta \frac{\mathrm{d}x}{\mathrm{d}t} + \omega_0^2 x = 0 \tag{9.18}$$

式中 ω_0 称为振动系统的**固有角频率**,β 称为**阻尼常量**,它取决于阻力系数 γ.在阻尼较小的情况下 $\beta^2 < \omega_0^2$,式(9.18)的解可以表示为

$$x = A_0 \mathrm{e}^{-\beta t} \cos(\omega t + \phi) \tag{9.19}$$

式中
$$\omega = \sqrt{\omega_0^2 - \beta^2} \tag{9.20}$$

A_0 和 ϕ 为积分常量,可由初始条件决定.
式(9.19)所表示的位移与时间的关系,
可描绘成图 9.5 中曲线 a 所示的情形.
由图可以看出,阻尼振动不是严格的周
期运动,因为位移不能在每一个周期后
恢复原值,也是一种准周期性运动.若与
无阻尼的情况相比较,阻尼振动的周期
可表示为

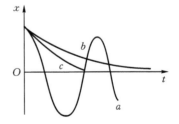

图 9.5 阻尼振动位移与时间的关系曲线

$$T = \frac{2\pi}{\omega} = \frac{2\pi}{\sqrt{\omega_0^2 - \beta^2}} \tag{9.21}$$

可见,由于阻尼的存在,周期变长了,频率变小了,即振动变慢了.

在阻尼过大,即**过阻尼**的情况下,$\beta^2 > \omega_0^2$,式(9.19)不再是方程(9.18)的解了.这时运动已完全不是周期性的了.由于阻尼足够大,运动进行得太慢,偏离平衡位置的距离随时间按指数规律衰减,以致需要相当长的时间系统才能到达平衡位置,

如图 9.5 中曲线 b 所示.

在工程技术上,常根据需要控制阻尼的大小,以实现控制系统运动状态的目的.例如,天平和高灵敏电流计,要求指针(或光标)迅速地、无振荡地达到平衡位置,以便尽快地读数,需把系统控制在**临界阻尼状态**,就是图 9.5 中曲线 c 的情形,这时 $\beta^2 = \omega_0^2$.

§9.3 受迫振动和共振

一、受迫振动

在周期性外力作用下发生的振动,称为**受迫振动**.如机器运转时所引起的机架、机壳和基础的振动,扬声器纸盒在音圈的带动下所发生的振动,都属于受迫振动.引起受迫振动的周期性外力称为**驱动力**,它可以是简谐力,也以是非简谐力.我们这里所要讨论的是在简谐力的作用下发生的受迫振动.

一个振动系统由于不可避免地要受到阻尼作用,振动能量不断减小,若没有能量补充,系统的振动将以阻尼振动的形式,逐渐衰减并停止下来.现通过驱动力对振动系统做功,不断对系统补充能量,如果补充的能量正好弥补了由于阻尼所引起的振动能量的损失,振动就得以维持并会达到稳定状态.设驱动力为 $F\cos\omega't$,则振动方程可写为

$$m \frac{\mathrm{d}^2 x}{\mathrm{d}t^2} + \gamma \frac{\mathrm{d}x}{\mathrm{d}t} + kx = F\cos\omega't$$

或者

$$\frac{\mathrm{d}^2 x}{\mathrm{d}t^2} + 2\beta \frac{\mathrm{d}x}{\mathrm{d}t} + \omega_0^2 x = h\cos\omega't \tag{9.22}$$

式中 $h = \dfrac{F}{m}$,而 β 和 ω_0 的定义同前所述.方程(9.22)的解可以写为

$$x = A_0 e^{-\beta t}\cos(\omega t + \alpha) + A\cos(\omega't - \Psi) \tag{9.23}$$

上式表示,受迫振动是由阻尼振动 $A_0 e^{-\beta t}\cos(\omega t + \alpha)$ 和简谐振动 $A\cos(\omega't - \Psi)$ 两项叠加而成.第一项随时间逐渐衰减,经过足够长时间后将不起作用,所以它对受迫振动的影响是短暂的.第二项体现了简谐驱动力对受迫振动的影响.当受迫振动达到稳定状态时,位移与时间的关系可以表示为

$$x = A\cos(\omega't - \Psi) \tag{9.24}$$

可见,稳定状态的受迫振动是一个与简谐驱动力同频率的简谐振动.

由式(9.24)和振动方程(9.22),可以求得受迫振动达到稳定状态时的振幅和初相位.将式(9.24)代入振动方程式(9.22),可以得到下面的恒等式

$$A(\omega_0^2 - \omega'^2)\cos(\omega't - \Psi) - 2\beta\omega'A\sin(\omega't - \Psi) \equiv h\cos\omega't$$

将 $\cos(\omega't - \Psi)$ 和 $\sin(\omega't - \Psi)$ 展开，上式成为

$$[A(\omega_0^2 - \omega'^2)\cos\Psi + 2\beta\omega'A\sin\Psi]\cos\omega't$$
$$+ [A(\omega_0^2 - \omega'^2)\sin\Psi - 2\beta\omega'A\cos\Psi]\sin\omega't \equiv h\cos\omega't$$

由此式可以得到两个方程式

$$A(\omega_0^2 - \omega'^2)\cos\Psi + 2\beta\omega'A\sin\Psi = h \tag{9.25}$$

$$A(\omega_0^2 - \omega'^2)\sin\Psi - 2\beta\omega'A\cos\Psi = 0 \tag{9.26}$$

由式(9.25)可求得受迫振动的初相位

$$\Psi = \arctan\frac{2\beta\omega'}{\omega_0^2 - \omega'^2} \tag{9.27}$$

由式(9.27)求得

$$\sin\Psi = \frac{2\beta\omega'}{\sqrt{(\omega_0^2 - \omega'^2)^2 + 4\beta^2\omega'^2}}$$

$$\cos\Psi = \frac{\omega_0^2 - \omega'^2}{\sqrt{(\omega_0^2 - \omega'^2)^2 + 4\beta^2\omega'^2}}$$

将上两式同时代入式(9.25)，可求得稳定状态受迫振动的振幅

$$A = \frac{h}{\sqrt{(\omega_0^2 - \omega'^2)^2 + 4\beta^2\omega'^2}} \tag{9.28}$$

由式(9.27)和(9.28)可以看出，受迫振动的初相位 Ψ 和振幅 A 不仅与振动系统自身的性质有关，而且与驱动力的频率和幅度有关.

二、共振

式(9.28)表明，稳定状态的受迫振动的振幅 A 与驱动力的角频率 ω' 有关，图 9.6 画出了与不同阻尼常量相对应的 A-ω' 曲线. 由此曲线可以看出，当驱动力的角频率 ω' 与振动系统的固有角频率 ω_0 相差较大时，受迫振动的振幅 A 是很小的；当 ω' 接近 ω_0 时，A 迅速增大；当 ω' 为某确定值时，A 达到最大值. 当驱动力角频率接近振动系统的固有角频率时，受迫振动振幅急剧增大的现象，称为**共振**. 振幅达到最大值时的角频率称为**共振角频率**. 利用式(9.28)求振幅的极大值，并令变量 ω' 等于共振角频率 ω_r，可求得

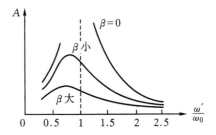

图 9.6　受迫振动的振幅 A 与驱动力的角频 ω' 的关系

$$\omega_r = \sqrt{\omega_0^2 - 2\beta^2} \tag{9.29}$$

可见,系统的共振角频率既与系统自身的性质有关,也与阻尼常量有关.

从图 9.6 还可以看出,阻尼常量 β 越大,共振时振幅的峰值越低,共振角频率越小;阻尼常量 β 越小,共振时振幅的峰值越高,共振角频率越接近系统的固有角频率;当阻尼常量 β 趋于零时,共振时振幅的峰值趋于无限大,共振角频率趋于系统的固有角频率.图 9.6 所表示的共振角频率随阻尼常量 β 的变化规律,都已包含在式(9.29)中;而共振时振幅的峰值随阻尼常量 β 的变化情形,可以由式(9.28)和(9.29)求得.在式(9.28)中令 $\omega' = \omega_r$,并将式(9.29)代入,可求得共振时振幅的峰值 A_r 与阻尼常量 β 的关系

$$A_r = \frac{h}{2\beta\sqrt{\omega_0^2 - \beta^2}} \tag{9.30}$$

共振现象的研究,无论在理论上还是在实践上都有重要意义.我们知道,构成物质的分子、原子和原子核,都具有一定的电结构,并存在振动.当外加交变电磁场作用于这些微观结构并恰好引起共振时,物质将表现出对交变电磁场能量的强烈吸收.从不同方面研究这种共振吸收,如顺磁共振、核磁共振和铁磁共振等,已经成为现今研究物质结构的重要手段.收音机、电视接收机的调谐,就是利用共振来接收空间某一频率的电磁波的.在设计桥梁和其他建筑物时,必须避免由于车辆行驶、风浪袭击等周期性力的冲击而引起的共振现象.当这种共振现象发生时,振幅可能达到使桥梁和建筑物破坏的程度.

§9.4 简谐振动的合成

简谐振动是最简单也是最基本的振动形式,任何一个复杂的振动都可以由多个不同频率的简谐振动叠加而成.那么几个简谐振动是怎样合成一个复杂的振动的呢?一般的振动合成问题是比较复杂的,我们的讨论只限于简谐振动合成的几种简单的情况.

一、同方向同频率的两个简谐振动的合成

设一个物体同时参与了在同一直线(如 x 轴)上的两个频率相同的简谐振动,并且这两个简谐振动分别表示为

$$x_1 = A_1\cos(\omega t + \phi_1)$$
$$x_2 = A_2\cos(\omega t + \phi_2)$$

既然这两个简谐振动处于同一条直线上,我们可以认为 x_1 和 x_2 是相对同一平衡位置的位移,于是,物体所参与的合振动就一定也处于这同一条直线上,合位

移 x 应等于两个分位移 x_1 和 x_2 的代数和,即
$$x = x_1 + x_2 = A_1\cos(\omega t + \phi_1) + A_2\cos(\omega t + \phi_2)$$

现在我们根据简谐振动的矢量图解法求物体所
参与的合振动.上述两个分振动分别与旋转矢量 $\boldsymbol{A}_1$
和 $\boldsymbol{A}_2$ 相对应,如图 9.7 所示.在初始时刻,这两个矢
量与 x 轴的夹角分别为 ϕ_1 和 ϕ_2.两个振动的合成
反映在矢量图上应该是两个矢量的合成.所以,合成
的振动应该是矢量 $\boldsymbol{A}_1$ 和 $\boldsymbol{A}_2$ 的合矢量 $\boldsymbol{A}$ 的末端在 x
轴上的投影点沿 x 轴的振动.因为矢量 $\boldsymbol{A}_1$ 和 $\boldsymbol{A}_2$ 都
以角速度 ω 绕点 O 作逆时针方向旋转,因而它们的
夹角是不变的,始终等于$(\phi_2 - \phi_1)$.合矢量 $\boldsymbol{A}$ 的长度
也必定是恒定的,并以同样的角速度 ω 绕点 O 作逆
时针方向旋转.矢量 $\boldsymbol{A}$ 的末端在 x 轴上的投影点的
位移一定可以表示为

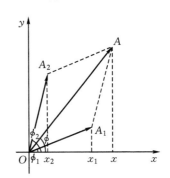

图 9.7　两个同方向同频率的
　　　　简谐振动的合成

$$x = A\cos(\omega t + \phi) \tag{9.31}$$

这显然就是物体所参与的合振动的位移.此式表示,在同一条直线上两个频率
相同的简谐振动的合振动,是一个同频率的简谐振动.由图 9.7 可以求得合振动的
振幅和初相位.合振动的振幅为

$$A = \sqrt{A_1^2 + A_2^2 + 2A_1A_2\cos(\phi_2 - \phi_1)} \tag{9.32}$$

合振动的初相位为

$$\phi = \arctan\frac{A_1\sin\phi_1 + A_2\sin\phi_2}{A_1\cos\phi_1 + A_2\cos\phi_2} \tag{9.33}$$

由式(9.32)可见,合振动的振幅不仅取决于两个分振动的振幅,而且与它们的
相位差$(\phi_2 - \phi_1)$有关.下面根据相位差 $(\phi_2 - \phi_1)$ 的数值,讨论两种特殊情况.

(1)如果分振动的相位差 $\phi_2 - \phi_1 = \pm 2k\pi, k = 0, 1, 2, \cdots$,那么从式(9.32)可得

$$A = \sqrt{A_1^2 + A_2^2 + 2A_1A_2} = A_1 + A_2 \tag{9.34}$$

这表示,当两个分振动相位相等或相位差为 π 的偶数倍时,合振动的振幅等于
两个分振动的振幅之和,这种情形称为**振动互相加强**,如图 9.8(a)中的虚线所示;

(2)如果分振动的相位差 $\phi_2 - \phi_1 = \pm(2k+1)\pi, k = 0, 1, 2, \cdots$,那么从式(9.32)
可得

$$A = \sqrt{A_1^2 + A_2^2 - 2A_1A_2} = |A_1 - A_2| \tag{9.35}$$

这表示,当两个分振动相位相反或相位差为 π 的奇数倍时,合振动的振幅等于
两个分振动的振幅之差的绝对值,这种情形称为**振动互相减弱**,如图 9.8(b)中的

虚线所示.

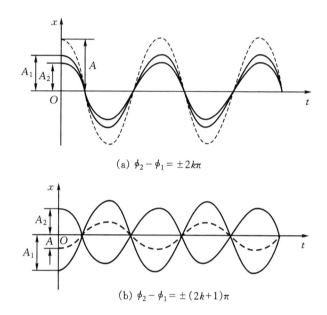

(a) $\phi_2 - \phi_1 = \pm 2k\pi$

(b) $\phi_2 - \phi_1 = \pm(2k+1)\pi$

图 9.8　合振动的振幅与分振动相位差的关系

在一般情况下,相位差($\phi_2 - \phi_1$)不一定是 π 的整数倍,合振动的振幅 A 处于 $A_1 + A_2$ 和 $|A_2 - A_2|$ 之间的某一确定值.

二、同方向不同频率的两个简谐振动的合成　拍

设某物体同时参与了在同一直线(x 轴)上的两个不同频率的简谐振动,并且这两个简谐振动分别为

$$x_1 = A_1 \cos(\omega_1 t + \phi_1)$$
$$x_2 = A_2 \cos(\omega_2 t + \phi_2)$$

与上一种情况相同,物体所参与的合振动必然在同一直线上,合位移 x 应等于两个分位移 x_1 和 x_2 的代数和,即

$$x = A_1 \cos(\omega_1 t + \phi_1) + A_2 \cos(\omega_2 t + \phi_2) \tag{9.36}$$

但是与上一种情况所不同的是,这时的合振动不再是简谐振动了,而是一种复杂的振动.

首先,我们用简谐振动的矢量图解法看一下这种振动的大致情况. 两个分振动分别对应于旋转矢量 $\boldsymbol{A}_1$ 和 $\boldsymbol{A}_2$. 由于这两个旋转矢量绕 O 点转动的角速度不同,所

以它们之间的夹角随时间而变化. 假如在某一
瞬间,旋转矢量 A_1、A_2 和它们的合矢量 A 处于
图 9.9 所示的位置,而在以后的某一瞬间,旋转
矢量 A_1 和 A_2 分别到达 A'_1 和 A'_2 的位置,它
们的合矢量变为 A',如图 9.9 所示. 在这两个
任意时刻,由于两个分振动所对应的旋转矢量
的夹角不同,合矢量 A 和 A' 的长度也不同,合
矢量所对应的合振动的振幅自然也不一样. 由
此我们可以断定,合振动是振幅随时间变化的
振动.

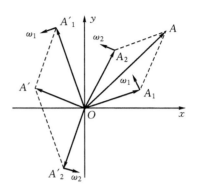

图 9.9　两个同方向不同频率的
简谐振动的合成

　　在 t 时刻,旋转矢量 A_1 和 A_2 之间的夹角
为 $[(\omega_2 - \omega_1)t + (\phi_2 - \phi_1)]$,合矢量 A 的长度即
为合振动的振幅,可以表示为

$$A = \sqrt{A_1^2 + A_2^2 + 2A_1 A_2 \cos[(\omega_2 - \omega_1)t + (\phi_2 - \phi_1)]} \tag{9.37}$$

由上式可见,合振动的振幅随时间在最大值($A_1 + A_2$)和最小值 $|A_1 - A_2|$ 之间变
化. 如果 $\omega_2 > \omega_1$,或者分振动的频率 $\nu_2 > \nu_1$,那么每秒钟旋转矢量 A_2 绕点 O 转 ν_2
圈,旋转矢量 A_1 绕点 O 转 ν_1 圈,A_2 比 A_1 多转 $\nu_2 - \nu_1$ 圈. A_2 比 A_1 每多转一圈,就会
出现一次两者方向相同的机会和一次两者方向相反的机会,所以在 1 s 内应出现
$\nu_2 - \nu_1$ 次同方向的机会和 $\nu_2 - \nu_1$ 次反方向的机会. A_1 与 A_2 同方向时,合振动的振
幅为($A_2 + A_1$);A_1 与 A_2 反方向时,合振动的振幅为 $|A_1 - A_2|$. 这样便形成了由于
两个分振动的频率的微小差异而产生的合振动振幅时而加强、时而减弱的所谓**拍
现象**. 合振动在 1 s 内加强或减弱的次数称为**拍频**. 显然拍频为

$$\nu = \nu_2 - \nu_1 \tag{9.38}$$

　　另外,我们还可以利用三角函数的和差化积,求出拍频. 为简便起见,假定两个
简谐振动的振幅和初相位分别相同,为 A 和 ϕ,则式(9.36)可化为

$$x = 2A\cos\left(\frac{\omega_2 - \omega_1}{2}t\right)\cos\left(\frac{\omega_2 + \omega_1}{2}t + \phi\right) \tag{9.39}$$

在上式中,当 ω_1 和 ω_2 相差很小时,($\omega_2 - \omega_1$)比 ω_1 和 ω_2 都小得多,因而 $2A\cos$
$\left(\frac{\omega_2 - \omega_1}{2}t\right)$ 是随时间缓慢变化的量,可以把它的绝对值看做合振动的振幅,这样,
式(9.39)就是此合振动,即拍的数学表达式. 由此式可见,合振动的振幅是时间的
周期函数. 由于余弦函数的绝对值是以 π 为周期的,所以振幅 $2A$
$\left|\cos\left(\frac{\omega_2 - \omega_1}{2}t\right)\right|$ 的周期是

$$T = \pi \left(\frac{2}{\omega_2 - \omega_1} \right) = \frac{2\pi}{\omega_2 - \omega_1}$$

故拍频为

$$\nu = \frac{1}{T} = \frac{\omega_2 - \omega_1}{2\pi} = \nu_2 - \nu_1 \qquad (9.40)$$

与式(9.38)相同.

根据上面的分析所画出的拍现象的振动曲线,表示在图 9.10 中.

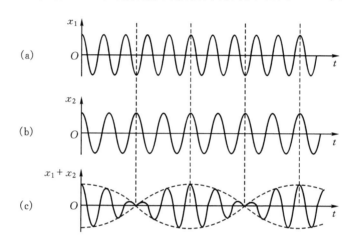

图 9.10　拍现象的振动曲线

利用演示实验很容易证实拍现象.取两个频率相同的音叉,在其中一个音叉上套上一个小铁圈或粘贴上一块橡皮泥,使这个音叉的频率发生很小的改变.当同时敲击这两个音叉时,除了音叉的振声以外,我们还会听到另一种嗡嗡的响声,这便是合振动振幅周期性变化所发出的拍音.拍现象在声学和无线电技术中有许多应用.如果让标准音叉与待调整的钢琴某一键同时发音,若出现拍音,就表示该键频率与标准音叉的频率有差异,调整该键频率直到拍音消失,该键频率就被校准了.超外差收音机是利用拍现象的另一个典型例子,它是将被接收信号与本机振荡所产生的拍频信号进行放大、检波,从而提高整机灵敏度的.

三、相互垂直的简谐振动的合成

我们先来讨论两个互相垂直并具有相同频率的简谐振动的合成.设两个振动的方向分别沿着 x 轴和 y 轴,并表示为

$$x = A\cos(\omega t + \alpha)$$
$$y = B\cos(\omega t + \beta) \qquad (11.41)$$

由以上两式消去 t，就得到合振动的轨迹方程. 为此，先将式(9.41)改写成下面的形式

$$\frac{x}{A} = \cos\omega t\cos\alpha - \sin\omega t\sin\alpha \tag{9.42}$$

$$\frac{y}{B} = \cos\omega t\cos\beta - \sin\omega t\sin\beta \tag{9.43}$$

以 $\cos\beta$ 乘以式(9.42)，以 $\cos\alpha$ 乘以式(9.43)，并将所得两式相减，得

$$\frac{x}{A}\cos\beta - \frac{y}{B}\cos\alpha = \sin\omega t\sin(\beta - \alpha) \tag{9.44}$$

以 $\sin\beta$ 乘以式(9.42)，以 $\sin\alpha$ 乘以式(9.43)，并将所得两式相减，得

$$\frac{x}{A}\sin\beta - \frac{y}{B}\sin\alpha = \cos\omega t\sin(\beta - \alpha) \tag{9.45}$$

将式(9.44)和式(9.45)分别平方，然后相加，就得到合振动的轨迹方程

$$\frac{x^2}{A^2} + \frac{y^2}{B^2} - \frac{2xy}{AB}\cos(\beta - \alpha) = \sin^2(\beta - \alpha) \tag{9.46}$$

上式是椭圆方程，所以在一般情况下，两个互相垂直的、频率相同的简谐振动合成，其合振动的轨迹为一椭圆，而椭圆的形状决定于分振动的相位差 $(\beta - \alpha)$. 下面分析几种特殊情形.

1. $\beta - \alpha = 0$ 或 π，即两分振动的相位相同或相反

这时，式(9.46)变为

$$\left(\frac{x}{A} \pm \frac{y}{B}\right)^2 = 0$$

即

$$y = \pm\frac{B}{A}x \tag{9.47}$$

在式(9.47)中，当 $\beta - \alpha = 0$，即两分振动的相位相同时，取正号；$\beta - \alpha = \pi$，即两分振动的相位相反时，取负号. 式(9.47)表示，合振动的轨迹是通过坐标原点的直线，如图 9.11 所示. 当 $\beta - \alpha = 0$ 时，此直线的斜率为 B/A（图中直线 a）；当 $\beta - \alpha = \pi$ 时，此直线的斜率为 $-B/A$（图中直线 b）. 显然，在这两种情况下，合振动都仍然是简谐振动，合振动的频率与分振动相同，而合振动的振幅为 $C = \sqrt{A^2 + B^2}$.

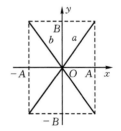

图 9.11　两相互垂直的简谐振动的合成$(\beta - \alpha = 0, \pi)$

2. $\beta-\alpha=\pm\dfrac{\pi}{2}$,即两个分振动的相位相差$\pm\pi/2$

这时式(11.46)变为

$$\frac{x^2}{A^2}+\frac{y^2}{B^2}=1 \tag{9.48}$$

此式表示,合振动的轨迹是以坐标轴为主轴的正椭圆,如图 9.12 所示.当 $\beta-\alpha=\dfrac{\pi}{2}$ 时,振动沿顺时针方向进行;当 $\beta-\alpha=-\dfrac{\pi}{2}$ 时,振动沿逆时针方向进行.如果两个分振动的振幅相等,即 $A=B$,椭圆变为圆,如图 9.13 所示.

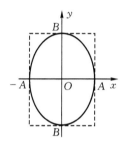

图 9.12　两相互垂直的简谐振动
的合成($\beta-\alpha=\pm\dfrac{\pi}{2}$)

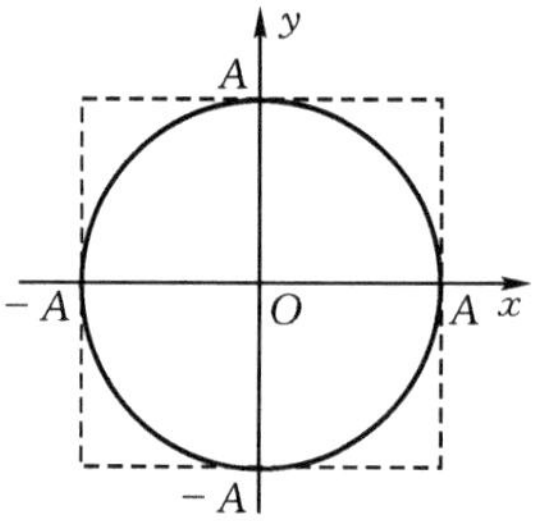

图 9.13　两相互垂直的简谐振动的
合成($\beta-\alpha=\pm\dfrac{\pi}{2}$, $A=B$)

如果两个分振动的相位差($\beta-\alpha$)不为上述数值,那么合振动的轨迹为处于边长分别为 $2A$(x 方向)和 $2B$(y 方向)的矩形范围内的任意确定的椭圆.图 9.14 画出了几种不同相位差所对应的合振动的轨迹图形.

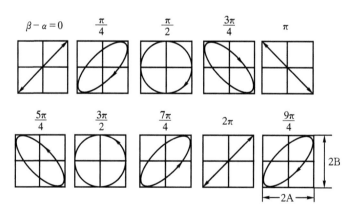

图 9.14　两相互垂直的简谐振动的合成(不同相位差)

现在简略讨论一下两个互相垂直的、具有不同频率的简谐振动的合成情况.如果两个分振动的频率接近,其相位差将随时间变化,合振动的轨迹将不断按图9.14所示的顺序变化,在上述矩形范围内由直线逐渐变为椭圆,又由椭圆逐渐变为直线,并不断重复进行下去.

　　如果两个分振动的频率相差较大,但有简单的整数比关系,这时合振动为有一定规则的稳定的闭合曲线,这种曲线称为**利萨如图形**.图 9.15 表示了两个分振动的频率之比为 1∶2,1∶3 和 2∶3 情况下的利萨如图形.利用利萨如图形的特点,可以由一个频率已知的振动,求得另一个振动的频率.这是无线电技术中常用来测定振荡频率的方法.

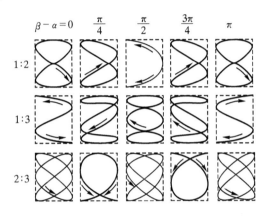

图 9.15　利萨如图形

　　如果两个互相垂直的简谐振动的频率之比是无理数,那么合振动的轨迹将不重复地扫过整个由振幅所限定的矩形($2A \times 2B$)范围.这种非周期性运动称为**准周期运动**.

§9.5　电磁振荡

　　一个含有线圈的电路与电源接通时,由于线圈的"电惯性",电流是从零逐渐增大的. 以图 9.16 的电路为例,开关接通前电流为零,开关接通后电流逐渐增大,最后才达到稳定值 $I = \mathscr{E}/R$. 电流达到稳定值的电路状态叫做**稳态**.实际上,开关接通前的状态也是一种稳态,即电流为零的稳态. 从一种稳态到另一种稳态所经历的过程叫做**暂态过程**(或**过渡过程**).暂态过程一般很短,但在这过程中出现的某些现象有时却非常重要. 例如,在发电、供电设备由于开关操作所引起的暂态过

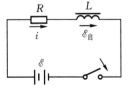

图 9.16　*RL* 电路与直流电源的接通

程中,某些部分可能出现比稳态时大数倍乃至数十倍的电压或电流(叫做**过电压**或**过电流**),从而严重威胁电器设备和人身的安全.在电子电路中,暂态过程往往又有各种巧妙的应用.

讨论暂态过程要涉及许多随时间变化的量.为明确起见,我们分别用小写字母和大写字母表示随时间变化的量和不随时间变化的量.例如,暂态电流用 i 表示,稳态电流则用 I 表示.

在暂态过程的讨论中需要借助欧姆定律和基尔霍夫定律等列出电路方程,这就发生一个问题:这些在稳恒电流电路中成立的定律对于变化电流是否还成立?我们指出,当变化电流满足"似稳条件"时,欧姆定律和基尔霍夫定律等可以近似成立.在通常遇到的暂态过程(以及通常遇到的交变电流)中,似稳条件都能很好地满足.因此,在本节讨论到变化电流的电路时,我们都认为欧姆定律和基尔霍夫两个定律可以适用.

一、LC 电路的振荡

如图 9.17 所示,设 RLC 电路的电容事先被充电至电压 U,我们来研究开关接通后的暂态过程.这一过程的数学关系比较复杂,我们先作一个定性讨论,后面给出定量推导.

先讨论 $R=0$ 的理想情况.开关接通前,电容内储有电场能量 $CU^2/2$,线圈内则没有磁场能量(因无电流),如图 9.18(a)所示.开关接通后,电容通过线圈放电,伴随着两个结果:①由于放电,电容所储能量逐渐减小;②放电电流通过线圈,使线圈磁能逐渐增加.当

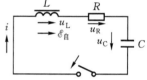

图 9.17 *RLC* 电路的短接

电容电压下降为零时,其电能也下降为零,由能量守恒定律可知这时线圈磁能(因而电流)最大,并等于电容放电前的电能,如图 9.18(b)所示.但是过程至此不会完结.由于线圈电流不能突变,它将继续从电容左板经线圈流入电容右板.这是对电容的反充电过程,直至线圈磁能为零(电流为零),电容电能最大(反方向电压最大),图 9.18(c)所示.之后,电容反方向放电,再次出现电能转化为磁能的过程,直至磁能最大,电能为零,如图9.18(d)所示.由于线圈电流不能突变,它必然要对电容重新充电,直至电能最大,磁能为零,电路重新回到图 9.18(a)的状态.至此,电路状态完成了一个周期的变化.此后,电路将周而复始地重复上述变化过程.这种现象叫做 **LC 电路的自由振荡**.电路的电磁振荡与力学中的机械振动非常相似.**电磁振荡**是电能与磁能的相互转化过程,**机械振动**则是势能与动能的相互转化过程.

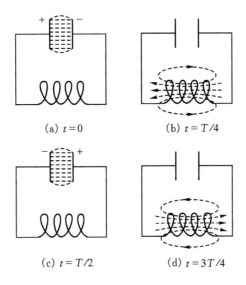

(a) $t = 0$　　　　(b) $t = T/4$

(c) $t = T/2$　　　　(d) $t = 3T/4$

图 9.18　LC 电路的自由振荡

二、阻尼振荡

以上只是理想情况. 实际的机械振动系统总存在阻力, 即存在能量的损耗, 故振幅必然逐渐减小, 最终为零, 这叫做**阻尼振动**. 与此对应, 实际电路总有电阻, 而电阻在有电流时总有能量损耗, 因此一个周期结束时的电能必小于开始时的电能,

如此逐渐减小, u_C 最终必降至零值, 如图 9.19 曲线(2)所示, 这叫做 RLC 电路的**阻尼振荡**. 电阻越大, 每周期内损耗能量的百分比越大. 设想把弹簧和小球置于阻力甚大的液体中, 用手把小球拉离平衡位置某一距离再松开, 小球的振幅越来越小, 慢慢回到平衡位置不会再向反方向运动, 叫做**过阻尼振动**. 与此相似, 如果 RLC 电路的电阻超过某一限度, 电容放电后也不会再反方向充电, u_C 将单调地下降为零, 如图 9.19 曲线(1)所示, 叫做 RLC 电路的**过阻尼振荡**(或电容通过线圈的过阻尼放电).

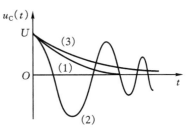

图 9.19　已充电 RLC 电路短接后的暂态过程
(1)临界阻尼振荡; (2)阻尼振荡;
(3)过阻尼振荡

由于电路中的电阻在电磁振荡中不断损耗能量而且电路又没有能量补充(没

有外电源),所以不论是阻尼振荡还是过阻尼振荡,电路最终的稳态都是 $u_C=0$ 及 $i_L=0$ 的状态.

RLC 电路的电磁振荡现象在电子电路中得到广泛的应用.在分析电视接收机的行扫描输出级的工作原理时,就要用到 LC 电路自由振荡的知识.电子电路中广泛使用的 LC 正弦振荡器的工作也与 RLC 电路的电磁振荡密切相关.为使振荡器维持稳幅振荡,必须设法在每一周期的适当时候给振荡器补充适当的能量,这一任务通常由电子管或晶体管完成(能量来自维持电子管或晶体管工作的直流电源),正如为使手表中的机械振动机构维持稳幅振动需要由发条补充能量那样(能量来自上紧发条时存于发条内的弹性势能).

下面给出已充电 RLC 电路短接后暂态过程的定量讨论.讨论时只需求出 u_C 的变化规律,因为其他物理量不难由 u_C 一一求得.

首先列出短路后 $u_C(t)$ 所满足的微分方程.选各量正方向如图 9.20 所示,有

$$u_L + u_R + u_C = 0 \qquad (9.49)$$

把 L 看做无内阻电源有

$$u_L = -\mathscr{E}_{\text{自}} = L\,\frac{\mathrm{d}i}{\mathrm{d}t}$$

又　　　　　　　　$u_R = Ri$

以及　　　　　　　$i = C\,\dfrac{\mathrm{d}u_C}{\mathrm{d}t}$

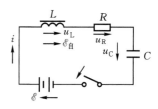

图 9.20　RLC 电路与直流电源的接通

代入式(9.49)得

$$LC\,\frac{\mathrm{d}^2 u_C}{\mathrm{d}t^2} + RC\,\frac{\mathrm{d}u_C}{\mathrm{d}t} + u_C = 0 \qquad (9.50)$$

这是一个二阶线性常系数齐次微分方程.只要求得这个方程的两个线性独立的特解 $u_{C1}(t)$ 及 $u_{C2}(t)$,便可写出它的通解

$$u_{C\text{通}}(t) = A_1 u_{C1}(t) + A_2 u_{C2}(t)$$

其中 A_1 及 A_2 是两个常数.

根据解一阶线性常系数齐次微分方程的经验,我们估计

$$u_C(t) = \mathrm{e}^{pt} \qquad (p \text{ 为常数})$$

可能是方程(9.50)的一个特解.为了验证,可对上式取微商并代入(9.50)左边得

$$LC\,\frac{\mathrm{d}^2 u_C}{\mathrm{d}t^2} + RC\,\frac{\mathrm{d}u_C}{\mathrm{d}t} + u_C = \mathrm{e}^{pt}(LCp^2 + RCp + 1)$$

可见,只要 p 满足下列方程

$$LCp^2 + RCp + 1 = 0 \qquad (9.51)$$

$u_C(t) = \mathrm{e}^{pt}$ 就是方程(9.50)的特解.这就把求解微分方程(9.50)的问题主要归结为

求解代数方程(9.51).这个代数方程叫做微分方程(9.50)的**特征方程**,其根显然为

$$p_1 = -\beta + \sqrt{\beta^2 - \omega_0^2} \tag{9.52}$$

$$p_2 = -\beta - \sqrt{\beta^2 - \omega_0^2} \tag{9.53}$$

其中

$$\beta = \frac{R}{2L}, \quad \omega_0 = \sqrt{\frac{1}{LC}} \tag{9.54}$$

为了从特解 $u_C(t) = e^{pt}$ 求得通解,必须区分下列三种情形.

(1) $\beta^2 - \omega_0^2 > 0$

这时 p_1 及 p_2 为实数,$e^{p_1 t}$ 及 $e^{p_2 t}$ 是两个线性独立的实函数解,故得通解

$$u_{C通}(t) = A_1 e^{p_1 t} + A_2 e^{p_2 t} \tag{9.55}$$

要从通解中选出符合物理条件的特解,就要考虑初始条件.电路有两个储能元件 L 和 C,故可确定两个初始条件:

① 由 u_C 不能突变及 u_C 原来为 U 可得

$$u_C(0) = U \tag{9.56}$$

② 由 i_L(即 i)不能突变及原来为零可得

$$i(0) = 0 \tag{9.57}$$

将初始条件代入式(9.55)求得

$$A_1 = \frac{p_2 U}{p_2 - p_1} = \frac{\beta + \sqrt{\beta^2 - \omega_0^2}}{2\sqrt{\beta^2 - \omega_0^2}} U$$

$$A_2 = \frac{p_1 U}{p_1 - p_2} = \frac{-\beta + \sqrt{\beta^2 - \omega_0^2}}{2\sqrt{\beta^2 - \omega_0^2}} U$$

故满足初始条件的特解为

$$u_C(t) = \frac{U}{2\sqrt{\beta^2 - \omega_0^2}}(p_1 e^{p_2 t} - p_2 e^{p_1 t}) \tag{9.58}$$

其曲线如图 9.19 中的(1),这就是**过阻尼振荡**.

(2) $\beta^2 - \omega_0^2 < 0$

这时式(9.52)及(9.53)中的根号为虚数,可改写为

$$p_1 = -\beta + i\sqrt{\omega_0^2 - \beta^2} = -\beta + i\omega$$

$$p_2 = -\beta - i\sqrt{\omega_0^2 - \beta^2} = -\beta - i\omega$$

其中 $i = \sqrt{-1}$ 为虚单位

$$\omega = \sqrt{\omega_0^2 - \beta^2} \tag{9.59}$$

为实数.既然 p_1 及 p_2 是特征方程的根,复函数

$$e^{p_1 t} = e^{(-\beta + i\omega)t}$$

及

$$e^{p_2 t} = e^{(-\beta - i\omega)t}$$

就是微分方程(9.50)的特解. 由它们按式(9.55)组合起来便可得到通解. 但是考虑到电容电压 $u_C(t)$ 是实函数,求出方程(9.50)在实数范围内的通解便已足够,而为此只需找到两个实部的特解. 不难证明,如果某函数是线性方程(9.50)的解,其虚实两部也是该方程的解. 把复函数 $e^{p_1 t}$ 按欧拉公式展开:

$$e^{p_1 t} = e^{-(\beta + i\omega)t} = e^{-\beta t}\cos\omega t + ie^{-\beta t}\sin\omega t$$

其中 $e^{-\beta t}\cos\omega t$ 及 $e^{-\beta t}\sin\omega t$ 分别是 $e^{p_1 t}$ 的实部及虚部(都是实函数),它们都是方程(9.50)的特解(而且显然互相线性独立),故式(9.50)在实数范围内的通解为:

$$u_{C通}(t) = A_1 e^{-\beta t}\cos\omega t + A_2 e^{-\beta t}\sin\omega t = e^{-\beta t}(A_1\cos\omega t + A_2\sin\omega t)$$

其中 A_1、A_2 为常数. 不难证明上式右边括号可改写为

$$A_1\cos\omega t + A_2\sin\omega t = A\cos(\omega t + \alpha)$$

其中 A 及 α 是与 A_1、A_2 有关的另外两个常数. 故

$$u_{C通}(t) = Ae^{-\beta t}\cos(\omega t + \alpha) \tag{9.60}$$

由初始条件式(9.56)及式(9.57)可确定 A 和 α 为

$$A = \frac{U}{\cos\alpha} \tag{9.61}$$

$$\alpha = \arctan\left(-\frac{\beta}{\omega}\right) \tag{9.62}$$

故满足初始条件的特解为

$$u_C(t) = \frac{U}{\cos\alpha}e^{-\beta t}\cos(\omega t + \alpha) \tag{9.63}$$

其曲线如图(9.19)中的(2),这就是**阻尼振荡**.

(3) $\beta^2 - \omega_0^2 = 0$

这时 $p_1 = p_2 = -\beta$,于是只能得出一个特解 $e^{-\beta t}$. 根据数学分析,可由这一特解找出与它线性独立的另一特解 $te^{-\beta t}$,于是通解为

$$u_{C通}(t) = A_1 e^{-\beta t} + A_2 te^{-\beta t} = e^{-\beta t}(A_1 + A_2 t)$$

由初始条件式(9.56)及式(9.57)可确定

$$A_1 = U$$

及

$$A_2 = \beta U$$

故满足初始条件的特解为

$$u_C(t) = U(1 + \beta t)e^{-\beta t} \tag{9.64}$$

其曲线如图 9.19 中的(3). 这是过阻尼振荡与阻尼振动的交界情形,叫做**临界阻尼**

振荡.

　　以上我们讨论了已充电 RLC 电路短接情形下的暂态过程,下面考虑 RLC 电路与直流电源接通时的暂态过程.

　　如图 9.20 所示,设 RLC 电路的电容在开关接通前电压为零,我们来考虑开关接通后的 $u_C(t)$.

　　开关接通后的微分方程为

$$LC \frac{\mathrm{d}^2 u_C}{\mathrm{d}t^2} + RC \frac{\mathrm{d}u_C}{\mathrm{d}t} + u_C = \mathscr{E} \tag{9.65}$$

与方程式(9.50)类似,这也是一个二阶线性常系数微分方程,不同点在于它是非齐次的.根据数学分析,这种非齐次方程的通解等于其任一特解加上其对应的齐次方程的通解,与方程式(9.65)对应的齐次方程为

$$LC \frac{\mathrm{d}^2 u_C}{\mathrm{d}t^2} + RC \frac{\mathrm{d}u_C}{\mathrm{d}t} + u_C = 0$$

其通解已在前面分三种情况求得.把每种情况的通解加上方程式(9.65)的任一特解,便得方程式式(9.65)在每种情况下的通解.既然只需找出式(9.65)的任一特解,就可通过对开关接通并达到稳态后的电路分析找到.因所接通的是直流电源,故稳态电流必为直流,但直流不能通过串有电容的电路,可见稳态电流只能为零,而这意味着电容电压 u_C 等于电源端电压 $\mathscr{E}$,即

$$u_C(t) = \mathscr{E}$$

上式应是方程(9.65)的一个特解(直接代入亦可验证).因此,方程(9.65)的通解 $u_{C通}$ 可分下列三种情况写出.

　　(1)**过阻尼情况**($\beta^2 - \omega_0^2 > 0$): $u_{C通}(t) = A_1 e^{p_1 t} + A_2 e^{p_2 t} + \mathscr{E}$

　　(2)**阻尼振荡情况** ($\beta^2 - \omega_0^2 < 0$): $u_{C通}(t) = e^{-\beta t} A \cos(\omega t + \alpha) + \mathscr{E}$

　　(3)**临界阻尼情况** ($\beta^2 - \omega_0^2 = 0$): $u_{C通}(t) = e^{-\beta t}(A_1 + A_2 t) + \mathscr{E}$

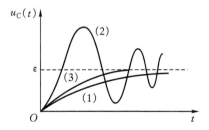

　　由初始条件 $u_C(0) = 0$ 及 $i(0) = 0$ 分别确定出三种情况下的待定常数,可得三种情况下满足初始条件的特解曲线如图 9.21 中的(1)、(2)、(3)所示.可以看出,不论哪种情况,$u_C(t)$ 都以 $\mathscr{E}$ 为稳态值.

图 9.21　RLC 电路与直流电源接通后的暂态过程
(1)过阻尼振荡;(2)阻尼振荡;(3)临界阻尼振荡

三、受迫振荡　电共振

前面我们曾讨论过机械振动的共振现象,在交流电路中也有类似的现象,在电路中的共振现象也常称为**谐振**.共振电路有一系列奇特的性质,因而也有许多重要的应用.

1. 串联共振现象

将一个电容为 C 的电容器与一个自感为 L 的线圈串联起来接在输出电压为 $u(t) = U_0 \cos\omega t$ 的电源两端,组成如图 9.22 所示的 RLC 串联共振电路.其中电阻 R 就是包括电容器的介电损耗、电感线圈导线的焦耳损耗,以及磁芯的涡流损耗和磁滞损耗等在内的有功电阻,而无须另外串接电阻.

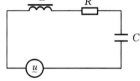

图 9.22　RLC 串联共振电路

这个电路的复阻抗为

$$\tilde{Z} = R + \mathrm{i}\left(\omega L - \frac{1}{\omega C}\right)$$

由此即可求得电路的阻抗为

$$Z = \sqrt{R^2 + \left(\omega L - \frac{1}{\omega C}\right)^2} \tag{9.66}$$

当连续改变电源的频率时,由于电路阻抗的改变,电路的电流也将随之连续变化.当电源的角频率满足

$$\omega L = \frac{1}{\omega C}$$

时,电路的阻抗出现极小值,而电流达到极大值,如图 9.23 所示,这种现象就称为**共振**.共振时的频率称为**共振频率**,用 f_0 表示,即

$$f_0 = \frac{\omega_0}{2\pi} = \frac{1}{2\pi\sqrt{LC}} \tag{9.67}$$

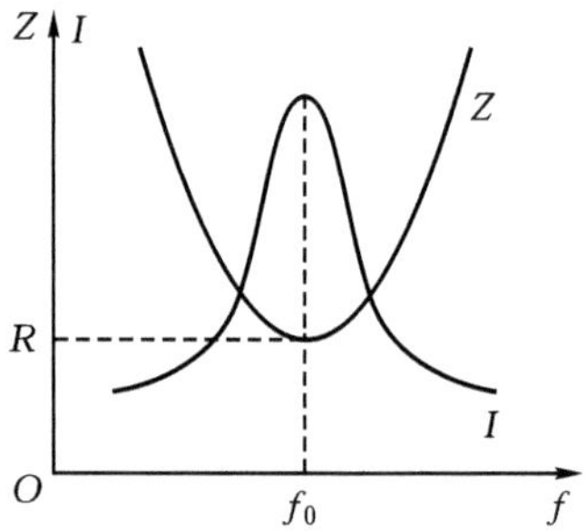

式中 ω_0 是共振频率.

图 9.23　电路阻抗、电流与电源频率的关系

由电路的复阻抗可以求得串联共振电路的相位差

$$\phi = \arctan\frac{\omega^2 LC - 1}{\omega RC} \tag{9.68}$$

如果电源的频率连续改变,相位差也相应变化,如图 9.24 所示.当电源的频率

等于共振频率时,相位差为零,这表示,共振时 RLC 串联电路的相位差表现为纯电阻的性质.在 $f < f_0$ 的区域,$1/\omega C > \omega L$,电路的容抗大于感抗,$\phi < 0$,电压落后于电流,电路表现为容抗性;在 $f > f_0$ 的区域,$1/\omega C < \omega L$,电路的感抗大于容抗,$\phi > 0$,电压超前于电流,电路表现为感抗性.

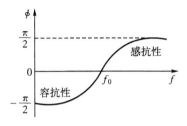

图 9.24　相位差与电源频率的关系

2. 串联共振电路的品质因数(Q 值)

从根本意义上说,电路的品质因数反映了电路的储能效率,所以我们先讨论 RLC 串联电路储能和耗能的情况.

RLC 串联电路中电阻是唯一的耗能元件,它单向性地将电能转变为热能.在电流变化一个周期内,电阻消耗的能量为

$$W_R = I^2 RT \tag{9.69}$$

电路中的电感和电容都是储能元件,它们储存的能量可以表示为

$$W_S = \frac{1}{2} Li^2(t) + \frac{1}{2} Cu_C^2(t)$$

在共振时,电路的电压与电流同相位,所以电流可以写为 $i(t) = I_0\cos\omega t$,电容两端的电压比电流落后 $\pi/2$ 的相位,所以应表示为

$$u_C(t) = \frac{I_0}{\omega C}\cos\left(\omega t - \frac{\pi}{2}\right) = \frac{I_0}{\omega C}\sin\omega t$$

于是电感和电容储存的能量可以进一步表示为

$$W_S = \frac{I_0^2}{2}\left(L\cos^2\omega t + \frac{1}{\omega^2 C}\sin^2\omega t\right) \tag{9.70}$$

在共振时,$\omega = \omega_0 = 1/\sqrt{LC}$,代入上式,得

$$W_S = \frac{I_0^2 L}{2}(\cos^2\omega t + \sin^2\omega t) = I^2 L = \frac{I^2}{\omega_0^2 C} \tag{9.71}$$

从以上两式可以看到,在一般情况下电路所储存的能量是时间的周期性函数,这表示,电路与电源之间在随时间交换着无功功率.而在共振时,电路中稳定地储存着一定量的电、磁能,这部分能量只在电感与电容之间交换,而电路与电源之间不再交换无功功率.

电路的品质因数,也称电路的 Q 值,定义为

$$Q = 2\pi\frac{W_S}{W_R} \tag{9.72}$$

这个定义既适用于共振电路,也适用于机械的和光学的共振系统.Q 值代表了电路

的储能效率,Q 值越高,电路的储能效率就越高,也就是说,储存一定的能量所付出的能量消耗就越小.将式(9.69)和式(9.71)代入式(9.72),可以得到串联共振电路 Q 值的具体表达式

$$Q = 2\pi \frac{W_S}{W_R} = \frac{2\pi L I^2}{R I^2 T} = \frac{\omega_0 L}{R} = \frac{1}{\omega_0 CR} \qquad (9.73)$$

3. 串联共振电路的频率选择性

共振电路的最重要应用是选择信号.例如收音机的输入就是一个共振电路,通过改变电容器的电容来改变共振频率,当共振频率与空间某一信号的频率相等时,该频率的信号在共振电路中发生共振而变为最强,以后经放大、检波,我们就能听到这个信号所发出的声音.如果共振曲线(即图 9.23 中的 I-f 曲线)很尖锐,偏离共振频率的信号就会很弱,如图 9.25 所示,"串音"现象就不会发生,我们就说共振电路的频率选择性好.一般情况下,我们总希望频率选择性好些,也就是共振曲线尖锐些.为了定量地表示选择性的好坏,我们引入**通频带宽度**,并用 Δf 表示.通频带宽度定义为,共振峰两侧电流为极大值电流 I_m 的

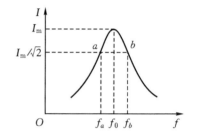

图 9.25　串联共振电路的频率选择性

$1/\sqrt{2}$ 所对应的频率间隔.图 9.25 中 a、b 两点所对应的电流就是 $I_m/\sqrt{2}$,所对应的频率分别为 f_a 和 f_b,通频带宽度是

$$\Delta f = f_b - f_a \qquad (9.74)$$

由图中可以看出,通频带宽度 Δf 越小,共振曲线越尖锐,共振电路的频率选择性就越好.

可以证明,共振电路的 Q 值与其通频带宽度 Δf 之间有如下关系

$$\Delta f = \frac{f_0}{Q} \qquad (9.75)$$

可见,电路的 Q 值越高,通频带宽度 Δf 就越小,频率选择性就越好.

章后结束语

一、本章小结

振动是自然界最常见的运动形式之一.如果把机械运动范围内的这一概念推广到分子热运动、电磁运动等物质运动形式,则广义而言,对于电量、电压、电流、电

场强度和磁感应强度等物理量,当它们围绕一定的平衡值作周期性的变化时,都可称该物理量在振动.尽管这些物理现象的具体机制各不相同,但只要所言及的物理量在振动,它们就具有共同的物理特征,其基本概念和基本规律对各种振动都是适用的.

1. 简谐振动

动力学特征　$\boldsymbol{F} = -k\boldsymbol{x}$

运动学表现　$x = A\cos(\omega t + \phi)$

运动方程　　$\dfrac{\mathrm{d}^2 x}{\mathrm{d}t^2} + \omega^2 x = 0$

复数表示　　$\tilde{x} = A\mathrm{e}^{\mathrm{i}(\omega t + \phi)}$

特征参量

(1)振幅 A:偏离平衡位置的最大距离.机械能 $E = \dfrac{1}{2}kA^2$

(2)周期 T、频率 ν、角频率 ω

周期 T:全振动一次的时间.

频率 ν:单位时间内全振动的次数.

角频率 ω:单位时间内相位的变化.

固有角频率：$\omega_0 = \begin{cases} \sqrt{g/l}\,(\text{单摆}) \\ \sqrt{k/m}\,(\text{弹簧振子}) \end{cases}$

相互关系：$\nu = \dfrac{\omega}{2\pi}$,　$T = \dfrac{1}{\nu} = \dfrac{2\pi}{\omega}$

(3)初相位 ϕ 反映振动的步调

2. 阻尼振动

运动方程　　$\dfrac{\mathrm{d}^2 x}{\mathrm{d}t^2} + 2\beta\dfrac{\mathrm{d}x}{\mathrm{d}t} + \omega_0^2 x = 0$

三种运动方式:

(1)$\beta^2 < \omega_0^2$,阻尼振动;

(2)$\beta^2 > \omega_0^2$,过阻尼;

(3)$\beta^2 = \omega_0^2$,临界阻尼.

3. 受迫振动　驱动力是周期性的.

运动方程　　$m\dfrac{\mathrm{d}^2 x}{\mathrm{d}t^2} + 2\beta\dfrac{\mathrm{d}x}{\mathrm{d}t} + \omega_0^2 x = h\cos\omega' t$

运动过程　　暂态 + 定态

定态　振幅 $A = \dfrac{h}{\sqrt{(\omega_0^2 - \omega'^2)^2 + 4\beta^2\omega'^2}}$

相位 $\Psi = \arctan \dfrac{2\beta\omega'}{\omega_0^2 - \omega'^2}$

共振 $\omega_r = \sqrt{\omega_0^2 - 2\beta^2}$ 时，$\quad A_r = \dfrac{h}{2\beta\sqrt{\omega_0^2 - \beta^2}}$

4. 振动的合成

(1) 同方向同频率的两个简谐振动的合成

$$A_1\cos(\omega t + \phi_1) + A_2\cos(\omega t + \phi_2) = A\cos(\omega t + \phi)$$

$$A = \sqrt{A_1^2 + A_2^2 + 2A_1 A_2 \cos(\phi_2 - \phi_1)}$$

$$\phi = \arctan \frac{A_1\sin\phi_1 + A\sin\phi_2}{A_1\cos\phi_1 + A_2\cos\phi_2}$$

(2) 同方向不同频率的两个简谐振动的合成

$$A_1\cos(\omega_1 t + \phi_1) + A_2\cos(\omega_2 t + \phi_2) = 2A\cos\left(\frac{\omega_2 - \omega_1}{2}t\right)\cos\left(\frac{\omega_2 + \omega_1}{2}t + \phi\right)$$

拍频 $\quad \nu = \nu_2 - \nu_1$

(3) 相互垂直的两个简谐振动的合成   利萨如图形

5. 电磁振荡

电磁振荡中的有关概念和规律可与机械振动中对应的有关概念和规律来类比理解.

二、应用及前沿发展

振动是自然界中较为普遍的现象之一, 振动的有关概念和规律与物理学近年来发现的许多新奇现象和理论有千丝万缕的联系. 例如, 相位的概念在 AB 效应、AC 效应、分子量子霍尔效应等现象中扮演着有声有色的角色. 简正模的概念是当今凝聚态物理学中的重要概念 "元激发" 的萌芽. 飞机和航天器液体燃料自由表面的振动会反过来影响飞行器的运动和控制系统, 也仍是科研前沿课题. 20 世纪后半叶在学术界掀起的混沌理论的热潮, 从力学中的振动波及到物理学、数学, 乃至天文学、化学、生物学等各个自然科学领域.

习题与思考

9.1   说明下列运动是否为简谐振动:

(1) 拍皮球时的上下运动;

(2) 一个球沿着半径很大的光滑凹球面往返滚动, 小球所经过的弧线很短, 如图 9.26 所示;

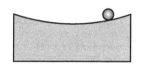

图 9.26   习题 9.1 图

（3）竖直悬挂的轻弹簧的下端系一重物,把重物从静止位置下拉一段距离(在弹簧的弹性限度内),然后放手任其运动(忽略阻力影响);

（4）曲柄连杆机构使活塞作往复运动;

（5）小磁针在地磁的南北方向附近摆动.

9.2　分析下列表述是否正确,为什么?

（1）若物体受到一个总是指向平衡位置的合力,则物体必然作振动,但不一定是简谐振动.

（2）简谐振动过程是能量守恒的过程,因此,凡是能量守恒的过程就是简谐振动.

9.3　三个完全相同的单摆,在下列各种情况下,它们的周期是否相同? 如不相同,哪个大? 哪个小?

（1）第一个在教室里,第二个在匀速前进的火车上,第三个在匀加速水平前进的火车上.

（2）第一个在匀速上升的升降机中,第二个在匀加速上升的升降机中,第三个在匀减速上升的升降机中.

$$* \quad * \quad * \quad * \quad * \quad *$$

9.4　一个运动质点的位置与时间的关系为 $x = 0.1\cos\left(\dfrac{5}{2}\pi t + \dfrac{\pi}{3}\right)$ m,其中 x 的单位是 m,t 的单位是 s.试求:

（1）周期、角频率、频率、振幅和初相位;

（2）$t = 2$ s 时质点的位移、速度和加速度.

9.5　一个质量为 2.5 kg 的物体系于水平放置的轻弹簧的一端,弹簧的另一端被固定.若弹簧受 10 N 的拉力,其伸长量为 5.0 cm,求物体的振动周期.

9.6　图 9.27 所示,求振动装置的振动频率,已知物体的质量为 m,两个轻弹簧的劲度系数为 k_1 和 k_2.

9.7　如图 9.28 所示,求振动装置的振动频率,已知物体的质量为 m,两个轻弹簧的劲度系数为 k_1 和 k_2.

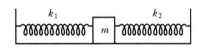

图 9.27　题 9.6 图

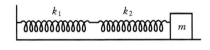

图 9.28　题 9.7 图

9.8 仿照式(9.15)的推导过程,导出在单摆系统中物体的速度与角位移的关系式.

9.9 与轻弹簧的一端相接的小球沿 x 轴作简谐振动,振幅为 A,位移与时间的关系可以用余弦函数表示.若在 $t=0$ 时,小球的运动状态分别为

(1)$x=-A$;

(2)过平衡位置,向 x 轴正向运动;

(3)过 $x=A/2$ 处,向 x 轴正向运动;

(4)过 $x=A/\sqrt{2}$ 处,向 x 轴正向运动;

试确定上述状态的初相位.

9.10 长度为 l 的弹簧,上端被固定,下端挂一重物后长度变为 $l+s$,并仍在弹簧限度之内.若将重物向上托起,使弹簧缩回到原来的长度,然后放手,重物将作上下运动.

(1)证明重物的运动是简谐振动;

(2)求简谐振动的振幅、角频率和频率;

(3)若从放手时开始计时,求此振动的位移与时间的关系(向下为正).

9.11 一个物体放在一块水平木板上,此板在水平方向上以频率 ν 作简谐振动.若物体与木板之间的静摩擦系数为 μ_0,试求使物体随木板一起振动的振幅.

9.12 一个物体放在一块水平木板上,此板在竖直方向上以频率 ν 作简谐振动.试求使物体和木板一起振动的振幅.

9.13 一个系统作简谐振动,周期为 T,初相位为零.问在哪些时刻物体的动能与势能相等?

9.14 质量为 10 g 的物体作简谐振动,其振幅为 24 cm,周期为 1.0 s,当 $t=0$ 时,位移为 $+24$ cm,求:

(1)$t=1/8$ s 时物体的位置以及所受力的大小和方向;

(2)由起始位置运动到 $x=12$ cm 处所需要的最少时间;

(3)在 $x=12$ cm 处物体的速度、动能、势能和总能量.

9.15 质量为 0.01 kg 的物体以 2.0×10^{-2} m 的振幅作简谐振动,其最大加速度为 4.0 m·s^{-2},求:

(1)振动周期;

(2)通过平衡位置的动能;

(3)总能量.

9.16 一个质点同时参与两个在同一直线上的简谐振动:$x_1 = 0.05\cos\left(2t+\dfrac{\pi}{3}\right)$ 和 $x_2 = 0.06\cos\left(2t-\dfrac{2\pi}{3}\right)$(式中 x 的单位是 m,t 的单位是 s),求合振动的

振幅和初相位.

9.17　有两个在同一直线上的简谐振动：$x_1 = 0.05\cos\left(10t + \dfrac{3\pi}{4}\right)$ m 和 $x_2 = 0.06\cos\left(10t - \dfrac{\pi}{4}\right)$ m，试问：

（1）它们合振动的振幅和初相位各为多大？

（2）若另有一简谐振动 $x_3 = 0.07\cos(10t + \phi)$ m，分别与上两个振动叠加，ϕ 为何值时，$x_1 + x_3$ 的振幅最大？ϕ 为何值时，$x_2 + x_3$ 的振幅最小？

9.18　在同一直线上的两个同频率的简谐振动的振幅分别为 0.04 m 和 0.03 m，当它们的合振动振幅为 0.06 m 时，两个分振动的相位差为多大？

9.19　一个质量为 5.00 kg 的物体悬挂在弹簧下端让它在竖直方向上自由振动. 在无阻尼的情况下，其振动周期为 $T_1 = \dfrac{\pi}{3}$ s；在阻尼振动的情况下，其振动周期为 $T_2 = \dfrac{\pi}{2}$ s. 求阻力系数.

9.20　试证明受迫振动的共振频率和共振时振幅的峰值分别为 $\omega_r = \sqrt{\omega_0^2 - 2\beta^2}$ 和 $A_r = \dfrac{h}{2\beta\sqrt{\omega_0^2 - \beta^2}}$，式中 ω_0 是振动系统的固有角频率，β 是阻尼常量.

9.21　电容为 10 μF 的电容器充电至 100 V，再通过 100 Ω 的电阻和 0.4 H 的电感串联放电. 这时处于什么状态？若要使其处于临界状态，试求：

（1）再应串或并一个多大的电阻；

（2）再应串或并一个多大的电容.

9.22　在 LC 串联振荡电路中，设开始时 C 上的电荷为 Q，L 中的电流为零，试求：

（1）L 中的磁场能量第一次等于 C 中的电场能所需要的时间 t；

（2）当 $L = 20$ mH，$C = 2.0$ μF 时 t 的值.

9.23　已知串联共振电路的电容是 240 pF，共振频率是 460 kHz，求该共振电路的电感.

9.24　串联共振电路的电容是 $C = 320$ pF，在共振频率 $f = 640$ kHz 时电路的有功电阻为 $r = 20.0$ Ω，问电路的品质因数 Q 为多大？

9.25　串联共振电路中 $L = 120$ mH，$C = 30.3$ pF，$R = 10.0$ Ω，求：

（1）共振频率 f_0；

（2）电路的 Q 值.

阅读材料C：周期运动的分解

　　从第4节对两个简谐振动的合成的讨论中，已经看到，合成后的振动可能是简谐振动，而一般情况下则是复杂的振动．这就清楚地表明了，一个复杂的振动是由两个或两个以上的简谐振动所合成．由此，我们可以断定，一个复杂的振动必定包含了两个或两个以上的简谐振动．

　　先让我们看一个简单的例子．如图C.1是周期分别为 T 和 $T/2$（或角频率分别为 ω 和 2ω）的两个简谐振动合成的情形；如图C.2是周期分别为 T、$T/2$ 和 $T/3$（或角频率分别为 ω、2ω 和 3ω）的三个简谐振动合成的情形．由合成的结果可见，在这两种情形下所得合振动都是周期为 T 的周期性振动．由此可以推断若把有限个或无限个周期分别为 T、$T/2$、$T/3\cdots$（或角频率分别为 ω、2ω 和 $3\omega\cdots$）的三个简谐振动合成起来，所得合振动也一定是周期为 T 的周期性振动．这就意味着一个周期为 T 的任意周期性振动一定可以分解为周期分别为 T、$T/2$、$T/3\cdots$（或角频率分别为 ω、2ω 和 $3\omega\cdots$）的一系列简谐振动，其中角频率为 ω 的简谐振动称为基频振动，角频率 $n\omega$ 为的简谐振动称为 n 次简谐振动．数学上的傅里叶级数理论确保了这种分解的可行性．傅里叶级数理论表示，一个以 T 为周期的周期性函数 $f(t)$ 可以展开为正弦或余弦的级数

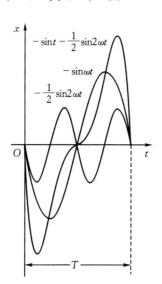

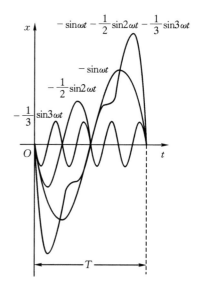

图 C.1　周期分别为"T 和 $T/2$"的　　图 C.2　周期分别为"T、$T/2$ 和 $T/3$"的
　　　　两个简谐振动的合成　　　　　　　　　　三个简谐振动的合成

$$f(t) = A_0 + \sum_{n=1}^{\infty} A_n \cos(n\omega t + \phi_n)$$

式中 $\omega = 2\pi/T$ 是函数 $f(t)$ 的角频率,级数的各项系数 A_n 就是各简谐振动的振幅,而各 ϕ_n 值就是各简谐振动的补相位,它们都可以由函数 $f(t)$ 的积分求得.

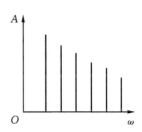

将复杂的周期性振动分解为一系列简谐振动的操作,称为频谱分析,在进行频谱分析时,所取级数的项数越多,这些简谐振动之和就越接近被分析的复杂振动.一般来说,在级数的各项中,频率越高的简谐振动的振幅就越小,对合振动的贡献也越小.所以,在实际问题中,可根据要求精度取有限项数即可.将所取项的振幅 A 和对应的角频率 ω 画成如图 C.3 所示的图线,就是该复杂振动的频谱.其中每一条短线称为谱线.

图 C.3　复杂振动的频谱

第 10 章　波动学基础

振动的传播就是波.机械振动在弹性介质中的传播形成机械波,水波和声波都属于机械波.但是,并不是所有的波都依靠介质传播,光波、无线电波可以在真空中传播,它们属于另一类波,称为电磁波.微观粒子也具有波动性,这种波称为物质波或德布罗意波.各类波虽然其本源不同,但都具有波动的共同特性,并遵从相似的规律.我们就从机械波开始讨论.

§10.1　机械波的产生和传播

一、机械波产生的条件

当用手拿着绳子的一端并作上下振动时,绳子将形成一个接着一个的凸起和凹陷,并由近及远地沿着绳子传播开去,这一个接着一个的凸起和凹陷沿绳子的传播,就是一种波动.显然,绳子上的这种波动,是由于绳子上手拿着的那一点上下振动所引起的,对于波动而言,这一点就称为**波源**.绳子就是传播这种振动的**弹性介质**.

我们可以把绳子看做一维的弹性介质,组成这种介质的各质点之间都以弹性力相联系,一旦某质点离开其平衡位置,则这个质点与邻近质点之间必然产生弹性力的作用,此弹性力既迫使这个质点返回平衡位置,同时也迫使邻近质点偏离其平衡位置而参与振动.另外,组成弹性介质的质点都具有一定的惯性,当质点在弹性力的作用下返回平衡位置时,质点不可能突然停止在平衡位置上,而要越过平衡位置继续运动.所以说,弹性介质的**弹性**和**惯性**决定了机械波的产生和传播过程.

在波的传播过程中,虽然波形沿介质由近及远地传播着,而参与波动的质点并没有随之远离,只是在自己的平衡位置附近振动.所以,波动是介质整体所表现的运动状态,对于介质的任何单个质点,只有振动可言.

应该特别指出的是,弹性介质是产生和传播机械波的必要条件,而对于其他类型的波并不一定需要这个条件.光波和无线电波都属于电磁波,是变化的电场和变化的磁场互相激发而产生的波,可以在真空中产生和传播.实物波或德布罗意波反映了微观粒子的一种属性,即波动性,代表了粒子在空间存在的概率分布,并非某种振动的传播,更无需弹性介质的存在.

二、横波和纵波

在波动中,如果参与波动的质点的振动方向与波的传播方向相垂直,这种波称为**横波**;如果参与波动的质点的振动方向与波的传播方向相平行,这种波称为**纵波**.

上面所说的凸起(称为**波峰**)和凹陷(称为**波谷**)沿绳子的传播,就是横波.纵波的产生和传播可以通过下面的实验来观察.将一根长弹簧水平悬挂起来,在其一端用手压缩或拉伸一下,使其端部沿弹簧的长度方向振动.由于弹簧各部分之间弹性力的作用,端部的振动带动了其相邻部分的振动,而相邻部分又带动它附近部分的振动,因而弹簧各部分将相继振动起来.弹簧上的纵波波形不再像绳子上的横波波形那样表现为绳子的凸起和凹陷,而表现为弹簧圈的稠密和稀疏,如图 10.1 所示.图中弹簧圈的振动方向与波的传播方向相平行.对于纵波,除了质点的振动方向平行于波的传播方向这一点与横波不同外,其他性质与横波无根本性的差异,所以对横波的讨论也适用于纵波,对纵波的讨论也适用于横波.

密　　疏　　密　疏　密

图 10.1　振动在弹簧中传播形成的纵波

有的波既不是纯粹的纵波,也不是纯粹的横波,如液体的表面波.当波通过液体表面时,该处液体质点的运动是相当复杂的,既有与波的传播方向相垂直的方向上的运动,也有与波的传播方向相平行的方向上的运动.这种运动的复杂性,是由于液面上液体质点受到重力和表面张力共同作用的结果.

前面说过,介质的弹性和惯性决定了机械波的产生和传播过程.弹性介质,无论是气体、液体还是固体,其质点都具有惯性.至于弹性,对于流体和固体却有不同的情形.固体的弹性,既表现在当固体发生长变(或体变)时能够产生相应的压应力和张应力,也表现在当固体发生剪切时能够产生相应的剪应力.所以在固体中,无论质点之间相对疏远或靠近,还是相邻两层介质之间发生相对错动,都能产生相应的弹性力使质点返回其平衡位置.这样,固体既能够形成和传播纵波,也能够形成和传播横波.流体的弹性只表现在当流体发生体变时能够产生相应的压应力和张应力,而当流体发生剪切时却不能产生相应的剪应力.这样,流体只能形成和传播纵波,而不能形成和传播横波.

三、波射线和波振面

波射线和波振面都是为了形象地描述波在空间的传播而引入的概念. 从波源沿各传播方向所画的带箭头的线,称为**波射线**,用以表示波的传播路径和传播方向. 波在传播过程中,所有振动相位相同的点连成的面,称为**波振面**. 显然,波在传播过程中波振面有无穷多个. 在各向同性的均匀介质中,波射线与波振面相垂直.

波振面有不同的形状. 一个点波源在各向同性的均匀介质中激发的波,其波振面是一系列同心球面. 波振面为球面的波,称为**球面波**;波振面为平面的波,称为**平面波**. 当球面波传播到足够远处,若观察的范围不大,波振面近似为平面,可以认为是平面波. 图 10.2(a)和(b)分别表示了球面波的波振面和平面波的波振面,图中带箭头的直线表示波射线. 在二维空间,波振面退化为线:球面波的波振面退化为一系列同心圆,平面波的波振面退化为一系列直线.

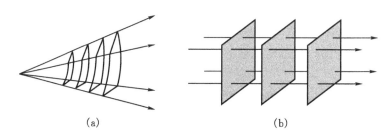

（a）   （b）

图 10.2   波射线和波振面

四、描述波动的几个物理量

波速 u、波长 λ、波的周期 T 和频率 ν 是描述波的四个重要物理量. 这四个物理量之间存在一定的联系.

波速是单位时间内振动传播的距离. 波速也就是波面向前推进的速率. 在固体中横波的波速为

$$u = \sqrt{\frac{G}{\rho}} \tag{10.1}$$

式中 G 是固体材料的剪切模量,ρ 是固体材料的密度. 纵波在固体中的传播速率为

$$u = \sqrt{\frac{Y}{\rho}} \tag{10.2}$$

式中 Y 是固体材料的杨氏模量. 在流体中只能形成和传播纵波,其传播速率可以表示为

$$u = \sqrt{\frac{B}{\rho}} \qquad (10.3)$$

式中 B 是流体的体变模量,定义为流体发生单位体变需要增加的压强,即

$$B = -\frac{\Delta P}{\Delta V / V}$$

式中负号是由于当压强增大时体积缩小,即 ΔV 为负值.

式(10.1)、式(10.2)和式(10.3)表明,波在弹性介质中的传播速率决定于弹性介质的弹性和惯性,弹性模量是介质弹性的反映,密度则是介质质点惯性的反映.

波在传播过程中,沿同一波射线上相位差为 2π 的两个相邻质点的运动状态必定相同,它们之间的距离为一个**波长**.在横波的情况下,波长等于两相邻波峰之间或两相邻波谷之间的距离;在纵波的情况下,波长等于两相邻密部中心之间或两相邻疏部中心之间的距离.

一个完整的波(即一个波长的波)通过波射线上某点所需的时间,称为波的**周期**.周期的倒数等于波的**频率**,即

$$\nu = \frac{1}{T} \qquad (10.4)$$

波的频率表示在单位时间内通过波线上某点的完整波的数目.根据波速、波长、波的周期和频率的上述定义,我们不难想象,每经过一个周期,介质质点完成一次全振动,同时振动状态沿波射线向前传播了一个波长的距离;在 1 s 内,质点振动了 ν 次,振动状态沿波射线向前传播了 ν 个波长的距离,即波速,所以

$$u = \nu\lambda = \frac{\lambda}{T} \qquad (10.5)$$

因为在一定的介质中波速是恒定的,所以波长完全由波源的频率决定:频率越高,波长越短;频率越低,波长越长.而对于频率或周期恒定的波源,因为波速与介质有关,则此波源在不同介质中激发的波的波长又由介质的波速决定.

§10.2　平面简谐波

一般情况下的波是很复杂的,但存在一种最简单也是最基本的波,这就是当波源作简谐振动时,所引起的介质各点也作简谐振动而形成的波,这种波称为**简谐波**.任何一种复杂的波都可以表示为若干不同频率、不同振幅的简谐波的合成.波振面为平面的简谐波称为**平面简谐波**.以下所讨论的就是这种波.

一、平面简谐波的波函数

假设在各向同性的均匀介质中沿 x 轴方向无吸收地传播着一列平面简谐波,

在波射线上取一点 O 作为坐标原点,该波射线就是 x 轴.假设在 t 时刻处于原点 O 的质点的位移可以表示为

$$y_0 = A\cos\omega t$$

式中 A 为振幅,ω 为角频率.这样的振动沿着 x 轴方向传播,每传到一处,那里的质点将以同样的振幅和频率重复着原点 O 的振动.

现在来考察 x 轴上任意一点 P 的振动情况,这点位于 x 处.振动从原点 O 传播到点 P 所需要的时间为 x/u,在这段时间内点 O 振动了 $\nu x/u$ 次,每振动一次相位改变 2π,所以点 O 在这段时间内振动相位共改变了 $2\pi\nu x/u$.就是说,点 P 的振动比点 O 的振动落后了 $2\pi\nu x/u$ 的相位,于是点 P 的相位应是 $(\omega t - 2\pi\nu x/u)$.故点 P 的振动应写为

$$y = A\cos(\omega t - 2\pi\nu \frac{x}{u}) = A\cos\omega(t - \frac{x}{u}) \tag{10.6}$$

上式就是沿 x 轴正方向传播的平面简谐波的表示式,称为**平面简谐波波函数**.由 ω、ν、T、λ 和 u 诸量之间的关系,平面简谐波波函数还可以表示成另一些形式,如

$$\left.\begin{aligned} y &= A\cos 2\pi(\frac{t}{T} - \frac{x}{\lambda}) \\ y &= A\cos 2\pi(\nu t - \frac{x}{\lambda}) \\ y &= A\cos(\omega t - kx) \\ y &= A\cos(\omega t - \frac{2\pi x}{\lambda}) \end{aligned}\right\} \tag{10.7}$$

等,式中 $k = 2\pi/\lambda$ 称为**波数**,表示在 2π 米内所包含的完整波的数目.

在简谐波波函数中,包含了两个自变量,即 x 和 t.当 x 一定时,就是对于波射线上一个确定点,位移 y 是 t 的余弦函数,式(10.6)表示了该确定点作简谐振动的情形.当 t 一定时,即对于某一确定瞬间,位移 y 是 x 的余弦函数,式(10.6)表示了在该瞬间介质中各质点的位移分布.当选择一定的 y 值时,式(10.6)表示了 x 与 t 的函数关系.例如,在 t 时刻,x 处质点的位移为 y',经过了 Δt 时间,位移 y' 出现在 $x + \Delta x$ 处,由式(10.6)可得

$$A\cos\omega(t - \frac{x}{u}) = A\cos\omega(t + \Delta t - \frac{x + \Delta x}{u})$$

上式要成立,必定有 $\Delta x = u\Delta t$.这表示,振动状态 y' 以波速 u 沿波的传播方向移动.于是可以得出这样的结论:当 x 和 t 都在变化时,式(10.6)表示整个波形以波速 u 沿波射线传播,这就是**行波**.

式(10.6)中 x 前的负号表示距离坐标原点越远的地方,质点振动的相位越落后,因而表示波是沿 x 轴正方向传播的.假如波是沿 x 轴负方向传播的,考察点 P

的振动相位比坐标原点的振动相位超前,式(10.6)中的负号应改为正号.式(10.7)也是如此.另外,上面在推导平面简谐波波函数时,为简便起见,假定坐标原点的初相位为零,而在一般情况下坐标原点的振动应写为

$$y_0 = A\cos(\omega t + \phi)$$

这时,平面简谐波波函数中也必须考虑初相位 ϕ,则平面简谐波波函数可写为

$$y = A\cos(\omega t + \phi - \frac{2\pi x}{\lambda}) \tag{10.8}$$

与简谐振动可以用复数表示一样,平面简谐波波函数也可用复数来表示

$$\tilde{y} = A\mathrm{e}^{\mathrm{i}\left[\omega\left(t - \frac{x}{u}\right)\right]}$$

或者

$$\tilde{y} = A\mathrm{e}^{\mathrm{i}\left[(\omega t - kx)\right]}$$

该复数的实部才是我们关心的平面简谐波波函数.

例 10.1　以 $y = 0.040\cos 2.5\pi t$ m 的形式作简谐振动的波源,在某种介质中激发了平面简谐波,并以 100 m·s^{-1} 的速率传播.(1)写出此平面简谐波的波函数;(2)求在波源起振后 1.0 s、距波源 20 m 处质点的位移、速度和加速度.

解　(1)取波的传播方向为 x 轴的正方向,波源所在处为坐标原点,这样平面简谐波波函数的一般形式可写为

$$y = A\cos\omega(t - \frac{x}{u})$$

根据题意,振幅 $A = 0.040$ m,角频率 $\omega = 2.5\pi$ rad·s^{-1},波速 $u = 100$ m·s^{-1},所以在该介质中平面简谐波的波函数为

$$y = 0.040\cos 2.5\pi(t - \frac{x}{100})\ (\mathrm{m})$$

(2)在 $x = 20$ m 处质点的振动可表示为

$$y = 0.040\cos 2.5\pi(t - 0.20) = 0.040\cos(2.5\pi t - 0.50\pi)\ (\mathrm{m})$$

在波源起振后 1.0 s,该处质点的位移为

$$y = 0.040\cos 2.0\pi = 4.0 \times 10^{-2}\ (\mathrm{m})$$

即最大位移,距离平衡位置 0.040 m.

该处质点的速度为

$$v = \frac{\mathrm{d}y}{\mathrm{d}t} = -\omega A\sin 2.5\pi(t - 0.20)$$

$$= -2.5\pi \times 0.040\sin 2.0\pi\ (\mathrm{m \cdot s^{-1}}) = 0$$

由此可见,质点的振动速度与波的传播速度是两个完全不同的概念,不能将它们混淆.

该处质点的加速度为

$$a = \frac{\mathrm{d}^2 y}{\mathrm{d}t^2} = -\omega^2 A \cos 2.5\pi(t - 0.20)$$

$$= -(2.5\pi)^2 \times 0.040 \cos 2.0\pi$$

$$= -2.5 \ (\mathrm{m \cdot s^{-2}})$$

式中负号表示加速度的方向与位移的正方向相反.

例 10.2 有一列平面简谐波,坐标原点按照 $y = A\cos(\omega t + \phi)$ 的规律振动. 已知 $A = 0.10 \ \mathrm{m}, T = 0.50 \ \mathrm{s}, \lambda = 10 \ \mathrm{m}$,试求解以下问题:

(1)写出此平面简谐波的波函数;

(2)求波射线上相距 2.5 m 的两点的相位差;

(3)假如 $t = 0$ 时处于坐标原点的质点的振动位移为 $y_0 = +0.050 \ \mathrm{m}$,且向平衡位置运动,求初相位并写出波函数.

解 (1)要写波函数,第一步是建立坐标系.既然坐标原点已经给定,则可以取过坐标原点的波射线为 x 轴,x 轴的指向与波射线的方向一致.对于这样的选择,在波函数中 x 前的符号必定是负号.第二步就是求出坐标为 x 的质点在任意时刻的位移.因为处于 x 的质点在任意时刻的相位都比处于坐标原点的质点的相位落后 $2\pi x/\lambda$,根据已知条件,坐标原点在 t 时刻的相位为 $\omega t + \phi$,所以在同一瞬间 x 点的相位必定为 $\omega t + \phi - 2\pi x/\lambda$. 这样,我们就得到下面的波函数通式

$$y = A\cos(\omega t - 2\pi \frac{x}{\lambda} + \phi) = A\cos\left[2\pi(\nu t - \frac{x}{\lambda}) + \phi\right]$$

其中 $A = 0.10 \ \mathrm{m}, \lambda = 10 \ \mathrm{m}, \nu = \frac{1}{T} = 2.0 \ \mathrm{s^{-1}}$,代入上式,得

$$y = 0.10 \cos\left[2\pi(2.0t - \frac{x}{10}) + \phi\right] \ (\mathrm{m})$$

(2)因为波射线上 x 点在任意时刻的相位都比坐标原点的相位落后 $2\pi x/\lambda$,如一点的位置在 x ,另一点的位置在 $x + 2.5$ m,它们分别比坐标原点的相位落后 $2\pi x/\lambda$ 和 $2\pi(x + 2.5)/\lambda$. 所以这两点的相位差为

$$\Delta\phi = 2\pi\left(\frac{x + 2.5}{\lambda} - \frac{x}{\lambda}\right) = 2\pi \frac{2.5}{10} = \frac{\pi}{2}$$

(3)这一问的要求就是根据所给条件求出 ϕ,并将 ϕ 值代入式(1)中. 将 $t = 0$ 和 $y = +0.050 \ \mathrm{m}$ 代入坐标原点的振动方程中,可得

$$0.050 = 0.10\cos\phi$$

于是

$$\cos\phi = 0.50, \quad \phi = \pm\frac{\pi}{3}$$

式中 ϕ 取正值还是负值,或者两解都取,这要根据 $t = 0$ 时刻处于坐标原点的质点

的运动趋势来决定. 已知条件告诉我们, 初始时刻该质点的位移为正值, 并向平衡位置运动, 所以与这个质点的运动相对应的旋转矢量在初始时刻处于第一象限, 应取 $\phi=+\pi/3$. 于是波函数应写为

$$y=0.10\cos\left[2\pi(2.0t-\frac{x}{10})+\frac{\pi}{3}\right]\text{(m)}$$

二、波动方程及其推导

为了从动力学角度研究波的传播规律, 这里假设一列平面纵波沿横截面为 S、密度为 ρ 的均匀直棒无吸收地传播, 取棒沿 x 轴, 并将此波的波函数一般地表示为

$$y=y(x,t)$$

在棒上任取一棒元 Δx, 如图 10.3 中 AB 所示. 当波尚未到时, 截面 A 和截面 B 分别处于 x 和 $x+\Delta x$ 的位置. 当波到达时, 棒元所发生的形变是长变(或被拉伸, 或被压缩), 并且各处的长变不同, 截面 A 处的位移为 y, 截面 B 处的位移为 $y+\Delta y$, 因而分别达到图中的 A' 和 B' 位置. 棒元若被拉伸, 则两端面受到的弹性力分别为 f_1 和 f_2, 如图 10.3 所示. 于是可以列出棒元的运动方程

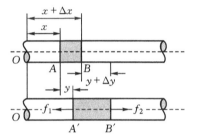

图 10.3　推导波动方程用图

$$f_2-f_1=\rho(S\Delta x)\frac{\partial^2 y}{\partial t^2} \tag{10.9}$$

棒元原长为 Δx, 当波传到时, 棒元的长变为 $(y+\Delta y)-y=\Delta y$, 所以拉伸应变为 $\Delta y/\Delta x$, 当所取棒元无限缩小时, 拉伸应变可写为 $\frac{\partial y}{\partial x}$. 正如前面所说, 当波传到时, 各处的拉伸应变是不同的, 我们把 x 处的拉伸应变记为 $\left(\frac{\partial y}{\partial x}\right)_x$. 根据胡克定律, 作用于棒元 x 处的弹性力 f_1 的大小可以表示为

$$f_1=YS\left(\frac{\partial y}{\partial x}\right)_x$$

式中 Y 是直棒材料的杨氏模量. 我们把 $x+\Delta x$ 处的拉伸应变记为 $\left(\frac{\partial y}{\partial x}\right)_{x+\Delta x}$, 该处弹性力 f_2 的大小则为

$$f_2=YS\left(\frac{\partial y}{\partial x}\right)_{x+\Delta x}$$

棒元所受合力为

$$f_2 - f_1 = YS\left[\left(\frac{\partial y}{\partial x}\right)_{x+\Delta x} - \left(\frac{\partial y}{\partial x}\right)_x\right] = YS\frac{\partial^2 y}{\partial x^2}\Delta x \qquad (10.10)$$

因为棒元 Δx 很小,所以在上式中略去了 Δx 的高次方项.将式(10.10)代入式(10.9),得

$$\frac{\partial^2 y}{\partial t^2} = \frac{Y}{\rho} \cdot \frac{\partial^2 y}{\partial x^2} \qquad (10.11)$$

这就是纵波的波动方程.这个方程式虽然是从均匀直棒中推出的,但适用于一般的固体弹性介质.

再让我们看一下横波的情形.能够产生和传播横波的弹性介质必定是固体,因为只有固体在发生剪切时能够产生剪应力.当横波沿横截面积为 S、密度为 ρ 的均匀直棒无吸收地传播时,直棒各处将发生剪切,并且不同位置上剪应变的量也不同,因而产生或受到的剪应力也不同.图 10.4 画出了棒元 Δx 发生剪切的示意图,由图可见,棒元的剪应变可表示为 $\frac{\Delta y}{\Delta x}$.当所取

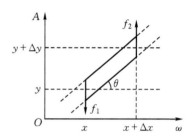

图 10.4　棒元 Δx 发生剪切示意图

棒元无限缩小时,剪应变可写为 $\frac{\partial y}{\partial x}$,$x$ 处的剪应变为 $\left(\frac{\partial y}{\partial x}\right)_x$,该处所受弹性力的大小应表示为

$$f_1 = GS\left(\frac{\partial y}{\partial x}\right)_x$$

式中 G 是直棒材料的剪切模量,同样,$x+\Delta x$ 处的剪应变为 $\left(\frac{\partial y}{\partial x}\right)_{x+\Delta x}$,该处所受弹性力的大小应表示为

$$f_2 = GS\left(\frac{\partial y}{\partial x}\right)_{x+\Delta x}$$

于是棒元所受合力为

$$f_2 - f_1 = GS\left[\left(\frac{\partial y}{\partial x}\right)_{x+\Delta x} - \left(\frac{\partial y}{\partial x}\right)_x\right] = GS\frac{\partial^2 y}{\partial x^2}\Delta x \qquad (10.12)$$

根据牛顿第二定律,列出该棒元的运动方程

$$f_2 - f_1 = \rho(S\Delta x)\frac{\partial^2 y}{\partial t^2} \qquad (10.13)$$

即

$$G(S\Delta x)\frac{\partial^2 y}{\partial x^2} = \rho(S\Delta x)\frac{\partial^2 y}{\partial t^2}$$

整理后得

$$\frac{\partial^2 y}{\partial t^2} = \frac{G}{\rho} \cdot \frac{\partial^2 y}{\partial x^2} \tag{10.14}$$

式(10.14)就是横波的波动方程,它适用于能够传播横波的一切介质.

在推导波动方程(10.11)和式(10.14)时,只是区别了波速不同的纵波和横波,至于方程式(10.11)适用于何种纵波,方程式(10.14)适用于何种横波,振幅多大、频率多高、波振面形状如何,均未涉及.所以我们可以断定,各种可能的纵波波函数都是波动方程(10.11)的解,各种可能的横波波函数都是波动方程(10.14)的解.

既然如此,平面简谐波波函数

$$y = A\cos(\omega t - kx)$$

必定是波动方程(10.11)和(10.14)的解.先考虑平面简谐纵波的情况.将该波函数对时间 t 求二阶偏导数,得

$$\frac{\partial^2 y}{\partial t^2} = -A\omega^2 \cos(\omega t - kx)$$

再将同一波函数对坐标 x 求二阶偏导数,得

$$\frac{\partial^2 y}{\partial x^2} = -Ak^2 \cos(\omega t - kx)$$

将以上两式代入波动方程,即得

$$\frac{Y}{\rho} = \frac{\omega^2}{k^2}$$

考虑到 $\omega^2 = k^2 u^2$,于是就得到纵波波速 u 的表达式

$$u = \sqrt{\frac{Y}{\rho}}$$

这正是前面给出的纵波波速公式,这里从波动方程中得到了证明.

用同样的方法可以从波动方程中证明横波波速公式.

从上面的讨论中我们已经看到,在波动方程(10.11)、(10.14)中,$\partial^2 y / \partial x^2$ 项前的系数就是波速的平方,于是我们可以将波动方程(10.11)、(10.14)统一写为

$$\frac{\partial^2 y}{\partial t^2} = u^2 \frac{\partial^2 y}{\partial x^2} \tag{10.17}$$

这就是波动方程的一般形式.

§10.3　波的能量和能流

一、波的能量及能量密度

当波传播到介质中的某个质点上,这个质点将发生振动,因而具有了动能;同

时由于该处介质发生弹性形变,因而也就具有了势能.原来静止的质点,动能和势能都为零,由于波的到来,质点发生振动,于是具有了一定的能量.此能量显然是来自波源.所以,我们可以说,波源的能量随着波传播到波所到达的各处.

波源能量随波动的传播,可以用平面简谐纵波沿直棒传播为例加以说明.为此仍然借助于图 10.3 所示棒元的情形来讨论.波尚未到达时,截面 A 和截面 B 分别处于 x 和 $x+\Delta x$ 的位置.当波到达时,截面 A 的位移为 y,截面 B 的位移为 $y+\Delta y$,因而分别到达图中 A' 和 B' 处.如果棒的密度为 ρ,截面面积为 S,该棒元的质量为 $\Delta m=\rho S\Delta x$,它所具有的动能为

$$E_k=\frac{1}{2}\Delta mv^2=\frac{1}{2}\rho S\Delta xv^2$$

式中 v 是波传到时,在所考察的瞬间棒元的振动速度.如果棒中所传播的简谐波的波函数为

$$y=A\cos\omega(t-\frac{x}{u})$$

则振动速度为

$$v=\frac{\mathrm{d}y}{\mathrm{d}t}=-A\omega\sin\omega(t-\frac{x}{u})$$

于是棒元的动能可以表示为

$$E_k=\frac{1}{2}\rho A^2\omega^2(S\Delta x)\sin^2\omega(t-\frac{x}{u}) \tag{10.16}$$

棒元的原长为 Δx,当波传到时棒元的形变为 $(y+\Delta y)-y=\Delta y$,所以应变为

$$\varepsilon_n=\frac{\Delta y}{\Delta x}$$

棒元由于形变而产生的弹性力的大小为

$$f=YS\varepsilon_n=YS\frac{\Delta y}{\Delta x}=k\Delta y$$

式中 k 是把棒看作为弹簧时棒的劲度系数,并可表示为

$$k=\frac{YS}{\Delta x}$$

棒元的势能可由下式表示

$$E_p=\frac{1}{2}k(\Delta y)^2=\frac{1}{2}\cdot\frac{YS}{\Delta x}(\Delta y)^2=\frac{1}{2}Y(S\Delta x)(\frac{\partial y}{\partial x})^2 \tag{10.17}$$

根据波函数的表示式和波速 $u^2=Y/\rho$,可以求得

$$\left(\frac{\partial y}{\partial x}\right)^2=A^2\frac{\omega^2}{u^2}\sin^2\omega\left(t-\frac{x}{u}\right)=\rho A^2\frac{\omega^2}{Y}\sin^2\omega\left(t-\frac{x}{u}\right)$$

将上式代入式(10.17),得

$$E_p = \frac{1}{2}\rho A^2\omega^2(S\Delta x)\sin^2\omega\left(t - \frac{x}{u}\right) \qquad (10.18)$$

可见,势能的表示式与动能的表示式完全相同,都是时间的周期函数,并且大小相等,相位相同.这种情况与单个简谐振子的情况完全不同.

当波传到棒元 AB 时,棒元的总的机械能为

$$E = E_k + E_p = \rho A^2\omega^2(S\Delta x)\sin^2\omega\left(t - \frac{x}{u}\right) \qquad (10.19)$$

由上式可见,在行波的传播过程中,介质中给定质点的总能量不是常量,而是随时间作周期性变化的变量.这表明,介质中所有参与波动的质点都在不断地接受来自波源的能量,又不断把能量释放出去.在这方面波动与振动的情况是完全不同的,对于振动系统,总能量是恒定的,因而不传播能量.而振动能量的辐射,实际上是依靠波动把能量传播出去的.

介质中单位体积的波动能量,称为**波的能量密度**,可以表示为

$$w = \frac{E}{\Delta V} = \frac{E}{S\Delta x} = \rho A^2\omega^2\sin^2\omega\left(t - \frac{x}{u}\right) \qquad (10.20)$$

显然,波的能量密度是随时间作周期性变化的,通常取其在一个周期内的平均值,这个平均值称为**平均能量密度**.因为正弦函数的平方在一个周期内的平均值是 $1/2$,所以波的平均能量密度可以表示为

$$\overline{w} = \frac{1}{2}\rho A^2\omega^2 \qquad (10.21)$$

上式表示,波的平均能量密度与振幅的平方、频率的平方和介质密度的乘积成正比.这个公式虽然是从平面简谐纵波在棒中的传播导出的,但是对于所有机械波都是适用的.

二、波的能流和能流密度 波强

能量随着波的传播在介质中流动,因而可以引入能流的概念.单位时间内通过介质中垂直于波射线的某面积的能量,称为通过该面积的**能流**.在介质中取垂直于波射线的面积 S,则在单位时间内通过 S 面的能量等于体积 uS 内的能量,如图 10.5 所示.显然,通过 S 面的能流是随时间作周期性变化的,通常也取其在一个周期内的平均值,这个平均值称为通过 S 面的平均能流,并表示为

$$\overline{P} = \overline{w}uS = \frac{1}{2}\rho A^2\omega^2 uS \qquad (10.24)$$

通过垂直于波射线的单位面积的平均能流,称为**能流密度**,也称**波强度**、**波强**,由下式表示

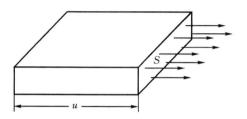

图 10.5　推导波的能流和能流密度用图

$$I = \frac{\overline{P}}{S} = \overline{w}u = \frac{1}{2}\rho A^2 \omega^2 u \qquad (10.23)$$

三、波的吸收

前面讨论中,我们假设媒质是完全弹性均匀的,波在传播过程中媒质不消耗波的能量,因此波在各点的振幅不变.实际上,平面波在均匀媒质中传播时,媒质总是要吸收波的一部分能量,因此波的强度和振幅都将逐渐减小,所吸收的能量将转换成其他形式的能量(如媒质的内能),这种现象称为**波的吸收**.

有吸收时,平面波振幅的衰减规律可用下述方法求出.通过极薄厚度 dx 的一层媒质后,振幅的衰减($-dA$)正比于此处的振幅 A,也正比于 dx,即

$$-dA = \alpha A dx$$

积分便得

$$A = A_0 e^{-\alpha x} \qquad (10.24)$$

式中 A_0 和 A 分别为 $x=0$ 和 $x=x$ 处的振幅,α 为一常量,称为媒质的**吸收系数**.

由于波强与振幅的平方成正比,所以平面波波强的衰减规律是

$$I = I_0 e^{-2\alpha x} \qquad (10.25)$$

式中 I_0 和 I 分别为 $x=0$ 和 $x=x$ 处的波的强度.

§10.4　电磁波

若在空间某处有一个电磁振荡,在这里就有交变的电流或电场,它在自己周围激发交变的有旋磁场,后者又在自己周围激发有旋电场……交变的有旋电场和有旋磁场互相激发,在空间传播开来,从而形成电磁波.机械波和电磁波作为两种形态的波,具有相似的规律,本节仅讨论平面电磁波及与之相关的一些问题.

一、平面电磁波的性质

设 r 为空间某点到**赫兹偶极振子**的距离,理论和实践均证明,在 r 很大(即远

离赫兹偶极振子)处电磁波的电场强度分量和磁场强度分量分别由

$$\boldsymbol{E} = \boldsymbol{E}_0 \cos\omega\left(t - \frac{r}{u}\right) \tag{10.26a}$$

$$\boldsymbol{H} = \boldsymbol{H}_0 \cos\omega\left(t - \frac{r}{u}\right) \tag{10.26b}$$

描述,式中 $\boldsymbol{E}_0$ 和 $\boldsymbol{H}_0$ 分别为电场分量和磁场分量的振幅,ω 为赫兹偶极振子振荡的角频率,也是电磁波的角频率,u 为电磁波的传播速度,以上两式是平面电磁波方程,所以在远离电偶极子处,电磁波可视为平面波.

可以证明,平面电磁波具有以下性质:

(1) 在远离偶极振子处,$\boldsymbol{E}$ 和 $\boldsymbol{H}$ 在每一瞬时的分布如图 10.6 所示.因为偶极振子加有交变电流,$\boldsymbol{E}$ 和 $\boldsymbol{H}$ 都作正弦或余弦的周期性变化,两者的周期相同,在空间任一点处,E 和 H 之间在量值上有如下关系

$$\sqrt{\varepsilon}E = \sqrt{\mu}H \tag{10.27}$$

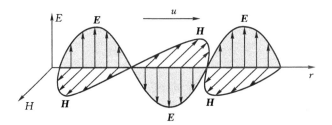

图 10.6 $\boldsymbol{E}$ 和 $\boldsymbol{H}$ 在某一瞬时分布图

(2) $\boldsymbol{E}$ 和 $\boldsymbol{H}$ 互相垂直,且均与传播方向垂直,这说明电磁波是**横波**.

(3) 沿给定方向传播的电磁波,$\boldsymbol{E}$ 和 $\boldsymbol{H}$ 分别在各自的平面上振动,这一特性称为**偏振性**.一个偶极振子所辐射的电磁波,总是偏振的.

(4) 电磁波的传播速度 u 的大小决定于媒质的介电常数 ε 和磁导率 μ,即

$$u = \frac{1}{\sqrt{\varepsilon\mu}} \tag{10.28}$$

真空中,磁导率 $\mu_0 = 4\pi \times 10^{-7}$ H·m^{-1},介电常数 $\varepsilon_0 = 8.8542 \times 10^{-12}$ F·m^{-1}.所以真空中电磁波的传播速度为

$$c = \frac{1}{\sqrt{\varepsilon_0\mu_0}} = 2.9979 \times 10^8 \text{ m·s}^{-1} \tag{10.29}$$

可见,理论计算结果和实验所测定的真空中的光速恰好相符合,所以光波也是电磁波.

(5) 电磁波的频率等于波源的振荡频率,E 和 H 的振幅与频率的平方成正比.

二、电磁波的能量

电磁波所携带的电磁能量,称为**辐射能**,单位时间内,通过垂直于传播方向的单位面积的辐射能,称为**辐射强度**或**能流密度**.

在静电学和静磁学中,我们知道,电场和磁场的能量体密度分别为

$$w_e = \frac{1}{2}\varepsilon E^2, \qquad w_m = \frac{1}{2}\mu H^2$$

式中 ε 和 μ 分别为媒质的介电常数和磁导率. 所以电磁场的总能量体密度为

$$w = w_e + w_m = \frac{1}{2}(\varepsilon E^2 + \mu H^2) \tag{10.32}$$

因为上述能量是 E 和 H 的函数,可知辐射能的传播速度就是电磁波的传播速度 u,辐射能的传播方向就是电磁波的传播方向. 设 dA 为垂直于电磁波传播方向的截面积,在介质不吸收电磁能量的条件下,在 dt 时间内,通过面积 dA 的辐射能应为 $w dA u dt$,设 S 为单位时间内通过单位垂直面积的辐射能,亦即辐射强度,在量值上为

$$S = wu = \frac{u}{2}(\varepsilon E^2 + \mu H^2)$$

把 $u = \frac{1}{\sqrt{\varepsilon\mu}}$ 和 $\sqrt{\varepsilon}E = \sqrt{\mu}H$ 代入上式,得

$$S = \frac{1}{2}\frac{1}{\sqrt{\varepsilon\mu}}(\sqrt{\varepsilon}E\sqrt{\mu}H + \sqrt{\mu}H\sqrt{\varepsilon}E) = EH \tag{10.31}$$

因为辐射能的传播方向、E 的方向及 H 的方向三者相互垂直,通常将辐射强度用矢量式表示为

$$\boldsymbol{S} = \boldsymbol{E} \times \boldsymbol{H} \tag{10.32}$$

S、E 和 H 组成右旋系如图 10.7 所示. 辐射强度 S 称为坡印廷矢量,这是为了纪念坡印廷(J. H. Poynting)而命名的,因为坡印廷首先指出电磁波具有传递能量的这种性质.

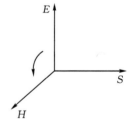

图 10.7　坡印廷矢量

三、电磁波谱

我们已经知道了电磁波的两种形态:一类是用于通讯、广播和电视范围的所谓"无线电波",另一类就是"光波",它们都具有电磁波的共同性质. 例如在真空中都以 $u = c \approx 3 \times 10^8$ m·s^{-1} 的速度传播,具有横波性质等. 但他们的另一些物理性质却具有较大的区别. 例如,中、长波能绕过(绕射)高山、房屋,将电台的广播信号送到收音机的天线回路中,而光表现为直线传播(直进性).

此外,光还能给予我们不同颜色的感觉,例如红、黄、蓝等等. 这些重大的差别来源于它们具有不同的频率,或者说它们具有不同的波长.

我们知道,波的传播速度 u(对于真空中的电磁波 $u = c$)与波的频率 f、波长 λ 之间满足关系 $u = f\lambda$,而电磁波的传播速度都是相同的. 显然,频率高的波长短,频率低的波长长.

电磁波的不同性能来源于不同波长(或频率),我们按波长(或频率)的顺序把所有电磁波排列起来,称为**电磁波谱**,如图 10.8 所示.

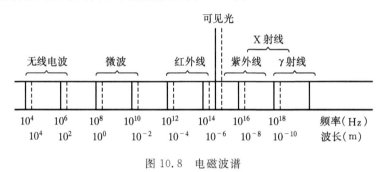

图 10.8 电磁波谱

无线电波对我们颇为重要,其波段划分及其主要用途如表 10.1 所示.

表 10.1 无线电波波段划分

波段		波长(米)	频率	主要用途
长波		30000～3000	10～100 千赫	电报通讯
中波		3000～200	100～1500 千赫	无线电广播
中短波		200～50	1500～6000 千赫	电报通讯、无线电广播
短波		50～10	6～30 兆赫	电报通讯、无线电广播
超短波(米波)		10～1	30～300 兆赫	无线电广播、电视、导航
微波	分米波	1～0.1	300～3000 兆赫	电视、雷达、导航
	厘米波	0.1～0.01	3～30 千兆赫	电视、雷达、导航
	毫米波	0.01～0.001	30～300 千兆赫	电视、雷达、导航

为什么不同波长(频率)的电磁波用途不同? 就其传播特点而言,长波、中波由于它们的波长很长,绕射能力强. 短波绕射能力小,靠电离层向地面反射来传播,能传得很远. 超短波、微波,由于波长短,在空间按直线传播,并容易被障碍物所反射,所以远距离传播要借助中间站.

位于微波和可见光之间的电磁波,给人以热的感觉,常称为**热辐射**,又由于它位于可见光红光部分之外,波长长于红光,又称**红外线**.

波长比可见光最短波长(紫光)还短的电磁波,称为**紫外线**,紫外线有较强的杀菌本领.

波长比紫外线更短的是"X"射线,又称**伦琴射线**(1895年由伦琴发现),X射线穿透能力很强.

波长比X射线更短的是γ射线,它来自宇宙射线或从某些放射性元素衰变过程中自发地发射出来.研究γ射线可以帮助我们了解原子核的结构.

§10.5 惠更斯原理 波的反射、折射和衍射

一、惠更斯原理

前面讲过,波动的起源是波源的振动,波动的传播是由于媒质中质点之间的相互作用.如果媒质是连续分布的,媒质中任何一点的振动将直接引起邻近各点的振动,因而在波动中任何一点都可看做新的波源.例如,水面上有一任意波动传播,如图10.9所示,在前进中遇到一个障碍物AB,AB上有一小孔O,小孔的孔径a与波长λ相比很小,这样,我们就可以看到,穿过小孔的波是圆形的波,与原来的形状将无关,这说明小孔可以看做是一个新的波源.

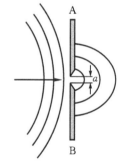

图 10.9 水面上一任意波动传播

惠更斯(C. Huygens)总结了上述现象,于1690年提出,媒质中波动传到的各点,都可以看做是发射子波的波源;在其后的任一时刻,这些波的包迹就决定新的波振面.这就是**惠更斯原理**.惠更斯原理对任何波动过程都是适用的,不论是机械波还是电磁波,不论这些波动经过的媒质是均匀的还是非均匀的,只要知道了某一时刻的波振面,便可根据这一原理用几何方法来决定次一时刻的波振面,因而在广泛的范围内解决了波的传播问题.

下面举例说明惠更斯原理的应用.设有波动从波源O以速度u向周围传播.已知在时刻t波振面是半径为R_1的球面S_1,现在要应用惠更斯原理求出在时刻$(t+\Delta t)$的波振面S_2,如图10.10(a)所示,先以S_1面上各点为中心(即应用惠更斯原理以同一波振面上各点作为子波波源),以$r=u\Delta t$为半径,画出许多半球面形的子波,再作公切于各子波面的包迹面,就得到波振面S_2.显然它就是以O为中心,以$R_2=R_1+u\Delta t$为半径的球面.半径很大的球面波波振面上的一小部分,事实

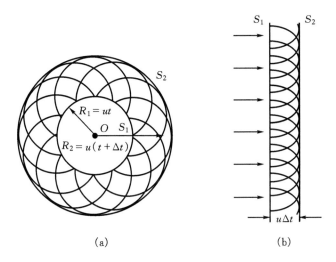

图 10.10　应用惠更斯原理求波振面

上可看做平面波振面. 例如从太阳射出的球面光波,到达地面时,就可以看做是平面波. 如果已知平面波在某时刻的波振面 S_1,用惠更斯原理也可求出在次一时刻的波振面 S_2,如图 10.10(b)所示.

　　当波动在均匀的各向同性媒质中传播时,用上述作图法所求得的波振面形状总是不变的,当波在不均匀的或在各向异性的媒质中传播时,在考虑波速可能发生变化的前提下,同样可用上述作图法求出波振面,显然,这时波振面的几何形状和波的传播方向都有可能发生变化.

　　应该指出,惠更斯原理并没有说明各个子波在传播中对某一点的振动究竟有多少贡献,这将在光学部分中介绍菲涅尔对惠更斯原理的补充时,就清楚了.

二、波的反射和折射

　　实验发现,当波从一种媒质进入另一种媒质时,部分波将被两媒质交界面反射,这部分波称为反射波;而另一部分波则透过交界面进入另一媒质,并改变了传播方向,这部分波称为折射波. 实验和理论都证明,机械波和光波都满足**反射和折射定律**:

　　(1)反射线和折射线都在由入射线与界面法线所组成的同一平面内;

　　(2)反射角(反射线与界面法线的夹角)等于入射角(入射线与界面法线的夹角);

　　(3)入射角的正弦与折射角(折射线与界面法线的夹角)的正弦之比等于两种媒质中的波速之比.

　　现在,利用惠更斯原理来证明最后一条定律.

　　如图 10.11 所示,OQ 为媒质 I(波速为 u_1)与媒质 II(波速为 u_2)的交界面.波以入射角 i 从媒质 I 传播到界面,OA 为此时的波前.其后,部分波进入媒质 II 而速度改变为 u_2,另一部分波继续在媒质 I 中以速度 u_1 传播.设波从 A 点传播至界面 Q 点所经历的时间为 τ,则 $AQ = u_1\tau$;同一时间,O 点的波在媒质 II 中传播至 B 点,$OB = u_2\tau$.在界面 OQ 上各点作出相应的次级子波,并画出其包迹 BQ,即折射波的波前,则垂直它的波射线为折射线,折射角为 i'.

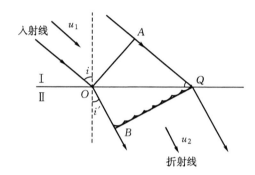

图 10.11　波的折射

　　由 $\triangle OAQ$ 得

$$\sin i = \frac{AQ}{OQ} = \frac{\tau u_1}{OQ}$$

　　由 $\triangle OBQ$ 得

$$\sin i' = \frac{OB}{OQ} = \frac{\tau u_2}{OQ}$$

以上两式相除,即得折射定律的数学表达式为

$$\frac{\sin i}{\sin i'} = \frac{u_1}{u_2} \tag{10.33a}$$

对于光波,上式同样有效.若以 c 表示光在真空中的传播速度,可得

$$\frac{\sin i}{\sin i'} = \frac{c}{u_2} \cdot \frac{u_1}{c} = \frac{n_2}{n_1}$$

式中 $n_1 = c/u_1$ 为媒质 I 的绝对折射率,$n_2 = c/u_2$ 为媒质 II 的绝对折射率,它们分别由媒质的性质决定.于是,光波的折射定律可以写成

$$n_1 \sin i = n_2 \sin i' \tag{10.33b}$$

　　由于任何媒质中的光速 u 都小于真空中的光速 c,因此任何媒质的绝对折射率都大于真空中的绝对折射率 1.

三、波的衍射

当波在传播过程中遇到障碍物时,其传播方向绕过障碍物发生偏折的现象,称为**波的衍射**.如图 10.12 所示,平面波通过一狭缝后能传到按直线前进所形成的阴影区域内,这一现象可用惠更斯原理作出解释.当波振面到达狭缝时,缝处各点成为子波源,它们发射的子波的包迹在边缘处不再是平面,从而使传播方向偏离原方向而向外延伸,进入缝两侧的阴影区域.

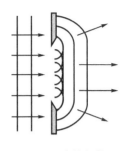

图 10.12　波的衍射

§10.6　波的叠加原理、波的干涉和驻波

一、波的叠加原理

大量实验表明:两列或两列以上的波可以互不影响地同时通过某一区域;在相遇区域内共同在某质点引起振动,是各列波单独在该质点所引起的振动的合成.这一规律称为**波的叠加原理**.

在我们的日常生活中经常可以看到波动遵从叠加原理的例子.当水面上出现几个水面波时,我们可以看到它们总是互不干扰地互相贯穿,然后继续按照各自原先的方式传播;我们能分辨包含在噪杂声中的熟人的声音;收音机的天线通常有许多频率不同的信号同时通过,然而我们可以接收到其中任一频率的信号,并与其他频率的信号不存在时的情形大体相同.

也正是由于波动遵从叠加原理,我们可以根据傅里叶分析把一列复杂的周期波表示为若干个简谐波的合成.

二、波的干涉现象和规律

波的叠加原理告诉我们,两列或两列以上的波相遇时,相遇区质点的振动应是各列波单独引起的振动的合成.如果两列频率相同、振动方向相同并且相位差恒定的波相遇,我们会观察到,在交叠区域的某些位置上,振动始终加强,而在另一些位置上,振动始终减弱或抵消,这种现象称为**波的干涉**.能够产生干涉现象的波,称为**相干波**,它们是频率相同、振动方向相同并且相位差恒定的波,这些条件称为**相干条件**.激发相干波的波源,称为**相干波源**.

图 10.13 中的 S_1 和 S_2 是两个相干波源,它们发出的两列相干波在空间的点 P 相遇,点 P 到 S_1 和 S_2 的距离分别为 r_1 和 r_2.下面来分析点 P 的振动情形.为

了保证相干条件的满足,我们假设波源 S_1 和 S_2 的振动方向垂直于 S_1、S_2 和点 P 所在的平面. 两个波源的振动为简谐振动,即

$$y_{10} = A_{10}\cos(\omega t + \phi_1)$$

$$y_{20} = A_{20}\cos(\omega t + \phi_2)$$

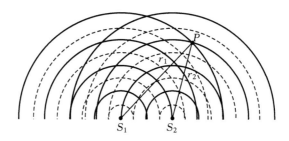

图 10.13　两列相干波的叠加

式中 ω 是两个波源的振动角频率,A_{10} 和 A_{20} 分别是它们的振幅,ϕ_1 和 ϕ_2 分别是它们的初相位. 根据相干条件,$\phi_2 - \phi_1$ 应是恒定的. 波到达点 P 时的振幅若分别为 A_1 和 A_2,则到达点 P 的两个振动可写为

$$y_1 = A_1\cos(\omega t + \phi_1 - \frac{2\pi r_1}{\lambda})$$

$$y_2 = A_2\cos(\omega t + \phi_2 - \frac{2\pi r_2}{\lambda})$$

式中 λ 是波长. 点 P 的合振动为

$$y = y_1 + y_2 = A\cos(\omega t + \phi) \tag{10.34}$$

式中 A 是合振动的振幅

$$A = \sqrt{A_1^2 + A_2^2 + 2A_1A_2\cos(\phi_2 - \phi_1 - 2\pi\frac{r_2 - r_1}{\lambda})} \tag{10.35}$$

合振动的初相位 ϕ 由下式决定

$$\tan\phi = \frac{A_1\sin(\phi_1 - \frac{2\pi r_1}{\lambda}) + A_2\sin(\phi_2 - \frac{2\pi r_2}{\lambda})}{A_1\cos(\phi_1 - \frac{2\pi r_1}{\lambda}) + A_2\cos(\phi_2 - \frac{2\pi r_2}{\lambda})} \tag{10.36}$$

两列相干波在空间任意一点 P 所引起的两个振动的相位差

$$\Delta\phi = \phi_2 - \phi_1 - 2\pi\frac{r_2 - r_1}{\lambda}$$

是不随时间变化的;由它决定的点 P 的合振动的振幅 A 也是不随时间变化的. 由式(10.35)可知,当

$$\Delta\phi = \phi_2 - \phi_1 - 2\pi \frac{r_2 - r_1}{\lambda} = \pm 2k\pi \ (k = 0, 1, 2 \cdots) \tag{10.37}$$

时，合振动的振幅具有最大值，即 $A = A_1 + A_2$，这表示点 P 的振动是加强的，称为干涉加强，或干涉相长. 当

$$\Delta\phi = \phi_2 - \phi_1 - 2\pi \frac{r_2 - r_1}{\lambda} = \pm (2k+1)\pi \ (k = 0, 1, 2 \cdots) \tag{10.38}$$

时，合振动的振幅具有最小值，即 $A = |A_2 - A_1|$，这表示点 P 的振动是减弱的，称为干涉减弱，如果减弱到使振动完全消失，则称为干涉相消.

　　如果两个相干波源具有相同的初相位，即 $\phi_2 = \phi_1$，上述干涉加强和干涉减弱的条件可以得到简化. 这时两列相干波在点 P 引起的两个振动的相位差只决定于两个波源到点 P 的路程差（称为波程差）$\delta = r_1 - r_2$. 当

$$\delta = r_1 - r_2 = \pm 2k \frac{\lambda}{2} \ (k = 0, 1, 2, \cdots) \tag{10.39}$$

即波程差等于半波长的偶数倍时，点 P 为干涉加强；当

$$\delta = r_1 - r_2 = \pm (2k+1) \frac{\lambda}{2} \ (k = 0, 1, 2, \cdots) \tag{10.42}$$

即波程差等于半波长的奇数倍时，点 P 为干涉减弱.

　　在两列相干波交叠区域内任意一点上，合振动是加强还是减弱，都可以用式 (10.37) 和式 (10.38)，或者用式 (10.39) 和式 (10.40) 来判断. 在相位差 $\Delta\phi$ 或波程差 δ 介于以上两种情况之间的点上，合振动的振幅介于上述振幅最大值和最小值之间.

　　图 10.14 是两个相位相同的相干波源 S_1 和 S_2 发出的波在空间相遇并发生干涉的示意图. 图中实线表示波峰，虚线表示波谷. 在两波的波峰与波峰相交处或波谷与波谷相交处，合振动的振幅为最大；在波峰与波谷相交处，合振动的振幅为最小.

　　用水面波可以进行波的干涉现象的演示.

三、驻波

　　当两列振幅相同的相干波沿同一直线相向传播时，合成的波是一种波形不随时间变化的波，称为**驻波**. 驻波实际上是波的干涉的一种特殊情况. 我们可以在一根紧张的弦线上观察到驻波. 如图 10.15 所示，将弦线的一端系于电动音叉的一臂上，弦线的另一端系一砝码，砝码通过定滑轮 P 对弦线提供一定的张力，调节刀口 B 的位置，就会在弦线上出现驻波. 当音叉振动时，在弦线上激发了自左向右传播的波，此波传播到固定点 B 时被反射，因而在弦线上又出现了一列自右向左传播的反射波. 这两列波是相干波，必定发生干涉而形成驻波. 当驻波出现时，弦线上有

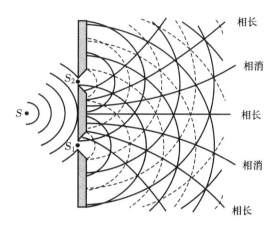

图 10.14　两个相位相同的相干波干涉示意图

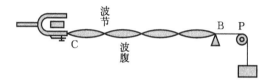

图 10.15　驻波示意图

些点始终静止不动,这些点称为**波节**;有些点的振幅始终最大,这些点称为**波腹**.

图 10.16 表示两列同频率、同振幅的简谐波分别沿 x 轴正方向(以锁线表示)和沿 x 轴负方向(以实线表示)传播,在不同时刻的波形以及它们的合成波(以实线表示),即驻波.由图可见,波节是始终不动的,整个合成波被波节分成若干段,每一段的中央是波腹.每一段上各点都以相同的相位振动,而振幅不同,波腹的振幅最大;相邻两段上各点的振动相位相反.由图中还可以看到,形成驻波以后,没有振动状态或相位的逐点传播,只有段与段之间的相位突变,与行波完全不同.

取 x 轴沿弦线向右,并把点 C 取为坐标原点.这样,自左向右传播的波可以表示为

$$y_1 = A\cos 2\pi\left(\nu t - \frac{x}{\lambda}\right)$$

由刀口 B 反射的波是一列同频率、同振幅并自右向左传播的波,可以表示为

$$y_2 = A\cos 2\pi\left(\nu t + \frac{x}{\lambda}\right)$$

根据叠加原理,合成的波为

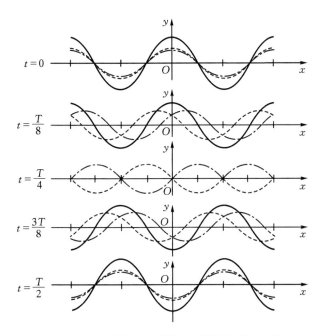

图 10.16　两列同频率、同振幅的简谐波形成的驻波

$$y = y_1 + y_2 = A\cos 2\pi\left(\nu t - \frac{x}{\lambda}\right) + A\cos 2\pi\left(\nu t + \frac{x}{\lambda}\right)$$

$$= \left(2A\cos\frac{2\pi x}{\lambda}\right)\cos\omega t \tag{10.41}$$

　　若把上式看做**驻波方程**,则括号内的项就是振幅.振幅应取绝对值,所以上式括号内的项取绝对值就是振幅.

　　由式(10.41)可以求得波腹和波节的位置.波腹是振幅最大的位置,应满足下面的关系

$$\left|\cos\frac{2\pi x}{\lambda}\right| = 1, \frac{2\pi x}{\lambda} = \pm 2k\frac{\pi}{2} \quad (k = 0, 1, 2, \cdots)$$

所以,波腹位于

$$x = \pm 2k\frac{\lambda}{4} \quad (k = 0, 1, 2, \cdots) \tag{10.42}$$

波节是静止不动的位置,振幅为零,应满足下面的关系

$$\cos\frac{2\pi x}{\lambda} = 0, \frac{2\pi x}{\lambda} = \pm(2k+1)\frac{\pi}{2} \quad (k = 0, 1, 2 \cdots)$$

所以,波节位于

$$x = \pm(2k+1)\frac{\lambda}{4} \quad (k = 0, 1, 2, \cdots) \tag{10.43}$$

由式(10.42)和式(10.43)可见,相邻波腹或相邻波节的距离都是半波长.

我们分析一下**驻波的能量**.当驻波形成时,介质各点必定同时达到最大位移,又同时通过平衡位置.我们就分析这两个状态的情形:当介质质点达到最大位移时,各质点的速度为零,即动能为零,而介质各处却出现了不同程度的形变,越靠近波节处形变量越大.所以在此状态下,驻波的能量以弹性势能的形式集中于波节附近.当介质质点通过平衡位置时,各处的形变都随之消失,弹性势能为零,而各质点的速度都达到了自身的最大值,以波腹处为最大.所以在这种状态下,驻波的能量以动能的形式集中于波腹附近.由这两种状态的情形可见一斑.于是我们可以得出这样的结论:在驻波中,波腹附近的动能与波节附近的势能之间不断进行着互相转换和转移,却没有能量的定向传播.

在图 10.15 中,反射点 B 是固定不动的,此处成为驻波的波节,这说明反射波与入射波在点 B 的相位是相反的.也就是说,入射波在此处转变为反射波时产生了 π 的相位跃变,相当于再传播半个波长后再发射,所以在固定点 B 所产生的 π 相位跃变,通常称为**半波损失**.假若反射点 B 是自由的,此点将成为驻波的波腹,则反射波与入射波在此处是同相位的,因而不存在半波损失.

那么反射点在什么情况下形成波节,在什么情况下形成波腹呢?原来这是由一个叫做**波阻抗**的量来决定的.介质的波阻抗 Z 定义为介质的密度 ρ 与该介质的波速 u 的乘积,即

$$Z = \rho u \tag{10.44}$$

可见,波阻抗是反映介质性质的物理量.如果波被波阻抗较小的介质反射回来,反射点形成波腹;如果波被波阻抗较大的介质反射回来,反射点形成波节.

例 10.3　在同一介质中有两个相干波源分别处于点 P 和点 Q,假设由它们发出的平面简谐波沿从 P 到 Q 连线的延长线方向传播.已知 $PQ = 3.0$ m.两波源的频率 $\nu = 100$ Hz,振幅相等,P 的相位比 Q 的相位超前 $\pi/2$,介质提供的波速 $u = 400$ m·s^{-1}.在 P、Q 连线延长线上 Q 一侧有一点 S,S 到 Q 的距离为 r,试写出两波源在该点产生的分振动,并求它们的合成.

解　可以取点 P 为坐标原点,取过 P、Q 和 S 的直线为 x 轴,方向向右,如图 10.17 所示,与波射线的方向一致.根据题意,P 的振动比 Q 的振动超前 $\pi/2$,即 $\phi_P - \phi_Q = \pi/2$.适当选择计时零点,可使 $\phi_Q = 0$,则 $\phi_P = \pi/2$,同时根据已知条件可以求得

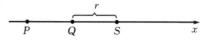

图 10.17　例 10.3 图

$$\omega = 2\pi\nu = 200\pi\ (\text{rad} \cdot \text{s}^{-1})$$

设两波的振幅为 A，于是可以写出 P 波源在点 S 的分振动

$$y_P = A\cos\left[\omega\left(t - \frac{PS}{u}\right) + \phi_P\right] = A\cos\left[200\pi(t - \frac{r+3}{400}) + \frac{\pi}{2}\right]$$

Q 波源在点 S 的分振动为

$$y_Q = A\cos\left[\omega\left(t - \frac{QS}{u}\right) + \phi_Q\right] = A\cos\left[200\pi(t - \frac{r}{400})\right]$$

下面让我们来分析这两个分振动的合成. 显然，在波射线上任何一点，这两个振动的合成都满足在同一条直线上两个同频率的简谐振动，合振动的振幅决定于两个分振动在该点的相位差. 在点 S 两个分振动的相位差为

$$\Delta\phi = \left[200\pi(t - \frac{r+3}{400}) + \frac{\pi}{2}\right] - \left[200\pi(t - \frac{r}{400})\right]$$

$$= -\frac{3\pi}{2} + \frac{\pi}{2} = -\pi$$

正好满足 $\Delta\phi = \pm(2k+1)\pi$ 的条件，点 S 的振动应是干涉相消，即静止不动. 从 $\Delta\phi$ 的表示式中我们还可以看到，$\Delta\phi$ 与 r 无关，即无论 S 处于 Q 右侧的什么位置上，$\Delta\phi$ 总是满足干涉相消的条件的. 所以说，在 x 轴上 Q 以右的整个区域都满足干涉相消的条件，处于这个区域的所有介质质点实际上都是静止不动的.

§10.7　多普勒效应

一、机械波的多普勒效应

当波源和观察者都相对于介质静止时，观察者所观测到的波的频率与波源的振动频率一致. 当波源和观察者之一，或两者以不同速度同时相对于介质运动时，观察者所观测到的波的频率将高于或低于波源的振动频率，这种现象称为**多普勒效应**. 多普勒效应在我们日常生活中经常可以遇到. 例如，当火车由远处开来时，我们所听到的汽笛声高而尖，当火车远去时汽笛声又变得低沉了. 下面我们就来分析波源和观察者都相对于介质运动时，发生在两者连线上的多普勒效应.

观察者所观测到的波的频率，取决于观察者在单位时间内所观测到的完整波的数目，或者说取决于单位时间内通过观察者的完整波的数目，即

$$\nu = \frac{u}{\lambda}$$

式中 u 是波在该介质中的传播速率，λ 是波长.

现在假设波源相对于介质静止，观察者以速率 V_0 向着波源运动. 这时观察者

在单位时间内所观测到的完整波的数目要比它静止时多.在单位时间内他除了观察到由于波以速率 u 传播而通过他的 u/λ 个波以外,还观测到由于他自身以速率 V_0 运动而通过他的 V_0/λ 个波.所以观察者在单位时间内所观测到的完整波的数目为

$$\nu' = \frac{u}{\lambda} + \frac{V_0}{\lambda} = \frac{u + V_0}{u/\nu} = \nu \frac{u + V_0}{u} \tag{10.45}$$

显然,当观察者以速率 V_0 离开静止的波源运动时,在单位时间内所观测到的完整波的数目要比它静止时少 V_0/λ.因此,他所观测到的完整波的数目为

$$\nu' = \nu \frac{u - V_0}{u} \tag{10.46}$$

总之,当波源相对于介质静止、观察者在介质中以速率 V_0 运动时,观察者所接收到的波的频率可表示为

$$\nu' = \nu \frac{u \pm V_0}{u} \tag{10.47}$$

式中正号对应于观察者向着波源运动,负号对应于观察者离开波源运动.

现在假设观察者相对于介质静止,而波源以速率 V_S 向着观察者运动.这时在波源的运动方向上,向着观察者一侧波长缩短了,如图 10.18 所示.图中 O 表示观察者,S 表示波源.在向着观察者一侧,波长比波源静止时缩短了 V_S/ν;在背离观察者一侧,波长比波源静止时伸长了 V_S/ν.所以到达观察者处的波长不再是 $\lambda = u/\nu$,而是 $\lambda' = (u/\nu) - (V_S/\nu)$.这样,观察者所观测到的波的频率为

$$\nu' = \frac{u}{\lambda'} = \frac{u}{\dfrac{u - V_S}{\nu}} = \nu \frac{u}{u - V_S} \tag{10.48}$$

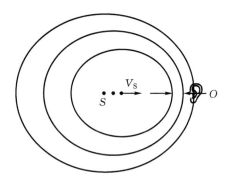

图 10.18　观察者相对于介质静止时发生的多普勒效应

显然,当波源以速率 V_S 离开观察者运动时,观察者所观测到的波的频率应为

$$\nu' = \frac{u}{\lambda'} = \underbrace{\frac{u}{u + V_s}}_{\nu} = \nu \frac{u}{u + V_s} \tag{10.49}$$

总之,当观察者相对于介质静止,而波源在介质中以速率 V_s 运动时,观察者所观测到的波的频率可以表示为

$$\nu' = \nu \frac{u}{u \mp V_s} \tag{10.50}$$

式中负号对应于波源向着观察者运动,正号对应于波源离开观察者运动.

把以上假设的两种情况综合起来,观察者以速率 V_0、波源以速率 V_s 同时相对于介质运动,观察者所观察到的频率可以表示为

$$\nu' = \nu \frac{u \pm V_0}{u \mp V_s} \tag{10.51}$$

式中的符号是这样选择的:分子取正号、分母取负号对应于波源和观察者沿其连线相向运动;分子取负号、分母取正号对应于波源和观察者沿其连线相背运动.值得注意的是,无论观察者运动还是波源运动,虽然都能引起观察者所观测到的波的频率的改变,但频率改变的原因却不同:在观察者运动的情况下,频率的改变是由于观察者观测到波数增加或减少;在波源运动的情况下,频率的改变是由于波长的缩短或伸长.

以上关于弹性波多普勒效应的频率改变公式,都是在波源和观察者的运动发生在沿两者连线的方向(即纵向)上推得的.如果运动方向不沿两者的连线,则在上述公式中的波源和观察者的速度是沿两者连线方向的速度分量,这是因为弹性波不存在横向多普勒效应.

二、电磁波的多普勒效应

多普勒效应是波动过程的共同特征,不仅机械波有多普勒效应,电磁波(包括光波)也有多普勒效应.因为电磁波的传播不依赖弹性介质,所以波源和观察者之间的相对运动速度决定了接收到的频率.电磁波以光速传播,在涉及相对运动时必须考虑相对论时空变换关系.计算证明,当波源和观察者以速度 V 沿两者连线互相趋近时,观测频率 ν' 与波源频率 ν 的关系,可以根据相对性原理和光速不变原理推得

$$\nu' = \nu \sqrt{\frac{c + V}{c - V}} \tag{10.52}$$

式中 c 是光在真空中的传播速度.在上式中,若波源和观察者以相对速度 V 彼此远离,则 V 为负值.电磁波还存在横向多普勒效应,即当波源和观察者的相对速度 V 垂直于它们的连线时,观测频率可以表示为

$$\nu' = \nu \sqrt{1 - \frac{V^2}{c^2}}$$

多普勒效应现已在科学研究、空间技术、医疗诊断各方面都有着广泛的应用. 分子、原子或离子由于热运动而使它们发射或吸收的光谱线频率范围变宽,这称为**谱线多普勒增宽**.谱线多普勒增宽的测定已经成为分析恒星大气、等离子体和受控热核聚变的物理状态的重要手段.根据多普效应制成的雷达系统可以十分准确而有效地跟踪运动目标(如车辆、舰船、导弹和人造卫星等).利用超声波的多普勒效应可以对人体心脏的跳动以及其他内脏的活动进行检查,对血液流动情况进行测定等.

光的多普勒效应在天体物理学中有许多重要应用.例如用这种效应可以确定发光天体是向着、还是背离地球而运动,运动速率有多大.通过对多普勒效应所引起的天体光波波长偏移的测定,发现所有被进行这种测定的星系的光波波长都向长波方向偏移,这就是光谱线的**多普勒红移**,从而确定所有星系都在背离地球运动.这一结果成为宇宙演变的所谓"宇宙大爆炸"理论的基础."宇宙大爆炸"理论认为,现在的宇宙是从大约 150 亿年以前发生的一次剧烈的爆发活动演变而来的,此爆发活动就称为"宇宙大爆炸"."大爆炸"以其巨大的力量使宇宙中的物质彼此远离,它们之间的空间在不断增大,因而原来占据的空间在膨胀,也就是整个宇宙在膨胀,并且现在还在继续膨胀着.

例 10.4 静止不动的超声波探测器能够发射出频率为 100 kHz 的超声波.有一车辆迎面驶来,探测器所接收的从车辆反射回来的超声波频率为 112 kHz.如果空气中的声速为 340 ms·s^{-1},试求车辆的行驶速度.

解 当超声波从探测器传向车辆时,车辆是观察者,根据式(10.45),车辆接收到的超声波的频率为

$$\nu' = \nu \frac{u + V}{u} \tag{1}$$

式中 u 是空气中的声速,V 是车辆的行驶速度,v 是探测器发出的超声波的频率. 在超声波被车辆反射回探测器的过程中,车辆变为波源,而探测器成为观察者.这时探测器所接收到的反射频率为

$$\nu'' = \nu' \frac{u}{u - V} \tag{2}$$

将式(1)代入式(2),得到探测器所接收到的反射波频率为

$$\nu'' = \nu \frac{u + V}{u - V} \tag{3}$$

由式(3)解出车辆的行驶速度为

$$V = u \frac{\nu'' - \nu}{\nu'' + \nu} = 340 \times \frac{112 - 100}{112 + 100} = 19.2 \ (\mathrm{m \cdot s^{-1}})$$

章后结束语

一、本章小结

波是振动在空间的传播. 声波、水波、地震波、电磁波和光波等都是波, 各种各样信息的传播几乎都要借助于波. 尽管各类波有各自的特性, 但它们大都具有类似的波动方程, 具有干涉和衍射等波所特有的普遍的共性, 通常把它们称为波动性.

1. 机械波

机械振动在介质中的传播.

时空参量 $\begin{cases} \text{表征时间周期性的　周期 } T, \text{角频率 } \omega = \dfrac{2\pi}{T} \\ \text{表征空间周期性的　波长 } \lambda \end{cases}$

波速、波长、周期(或频率)的关系: $u = \nu\lambda = \dfrac{\lambda}{T}$

分类: 横波与纵波

2. 平面简谐波

波函数 $y = A\cos\left(\omega t - 2\pi\nu \dfrac{x}{u}\right) = A\cos\omega\left(t - \dfrac{x}{u}\right)$

波动方程: 横波的波动方程　$\dfrac{\partial^2 y}{\partial t^2} = \dfrac{G}{\rho} \cdot \dfrac{\partial^2 y}{\partial x^2}$

纵波的波动方程　$\dfrac{\partial^2 y}{\partial t^2} = \dfrac{Y}{\rho} \cdot \dfrac{\partial^2 y}{\partial x^2}$

3. 波的能量和能流

波的平均能量密度　$\overline{w} = \dfrac{1}{2}\rho A^2 \omega^2$

能流密度(波强)　$I = \dfrac{\overline{P}}{S} = \overline{w}u = \dfrac{1}{2}\rho A^2 \omega^2 u$

波的吸收　$I = I_0 e^{-2\alpha x}$

4. 电磁波辐射强度 $S = wu = \dfrac{u}{2}(\varepsilon E^2 + \mu H^2)$

坡印廷矢量　$\boldsymbol{S} = \boldsymbol{E} \times \boldsymbol{H}$

5. 惠更斯原理、波的特性

惠更斯原理可以解释波的特性.

波的特性:反射、折射和衍射.

6. 波的迭加原理、波的干涉和驻波

波的迭加原理可以解释波的干涉和驻波.

波的干涉　$A = \sqrt{A_1^2 + A_2^2 + 2A_1 A_2 \cos(\phi_2 - \phi_1 - 2\pi \dfrac{r_2 - r_1}{\lambda})}$

$$\tan\phi = \frac{A_1 \sin(\phi_1 - \dfrac{2\pi r_1}{\lambda}) + A_2 \sin(\phi_2 - \dfrac{2\pi r_2}{\lambda})}{A_1 \cos(\phi_1 - \dfrac{2\pi r_1}{\lambda}) + A_2 \cos(\phi_2 - \dfrac{2\pi r_2}{\lambda})}$$

驻波　波阻抗　$Z = \rho u$

7. 多普勒效应

机械波的多普勒效应　$\nu' = \nu \dfrac{u \pm V_0}{u \mp V_s}$

电磁波的多普勒效应　$\nu' = \nu \sqrt{\dfrac{c + V}{c - V}}$，$\nu' = \nu \sqrt{1 - \dfrac{V^2}{c^2}}$（横向）

二、应用及前沿发展

波动是自然界较为常见的运动形式之一,有关波的知识在现代科学技术中有着广泛的应用,有些还是目前尚待探索的新领域.例如利用声波的多普勒效应可以测定流体的流动、振动体的振动和舰艇的速度,还可以用于报警和监测车速;在医学上,利用超声波的的多普勒效应可以对心脏跳动情况进行诊断.近年来,在各种不同的学科领域中,都出现了孤子这种运动形态,如流动中的涡旋,超导体中的磁通量子,激光在介质中的自聚焦以及神经系统中信号的传递;非线性耗散系统的波动普遍存在于物理、化学和生物学领域中;现在人们能利用化学炸药和爆炸产生的强击波来开矿、修路、建筑港口等等,由于不同强度的击波可以产生不同的高温,击波还在实验技术上得到应用,很多宇宙空间发生的击波现象正是目前尚待探索的新领域.

习题与思考

10.1　波动与振动有何区别和联系?

10.2　机械波形成的条件是什么?

10.3　在同一种介质中传播着两列不同频率的简谐波,它们的波长是否可能相等? 为什么? 如果这两列波分别在两种介质中传播,它们的波长是否可能相等? 为什么?

10.4　当波从一种介质进入另一种介质中时,波长、频率、波速、振幅各量中哪些量会改变? 哪些量不会改变?

10.5　根据波长、频率、波速的关系式 $u=\lambda\nu$,有人认为频率高的波传播速度大,你认为对否?

10.6　波传播时,介质质点是否"随波逐流"? "长江后浪推前浪"这句话从物理上说,是否有根据?

10.7　(1)为什么有人认为驻波不是波?

(2)驻波中,两波节间各个质点均作同相位的简谐振动,那么,每个振动质点的能量是否保持不变?

10.8　为什么在振动过程中振动物体在平衡位置时动能最大,而势能为零;在最大位移处动能为零,而势能最大? 为什么在波动过程中参与波动的质点在振动时,却是在平衡位置动能和势能同时达到最大值,在最大位移处又同时为零?

10.9　在某一参考系中,波源和观察者都是静止的,但传播的介质相对与参考系是运动的. 假设发生了多普勒效应,问接收到的波长和频率如何变化?

$$*　　*　　*　　*　　*　　*$$

10.10　某一声波在空气中的波长为 0.30 m,波速为 340 m/s. 当它进入第二种介质后,波长变为 0.81 m. 求它在第二种介质中的波速.

10.11　已知平面简谐波的角频率为 $\omega=15.2\times10^2$ rad/s,振幅为 $A=1.25\times10^{-2}$ m,波长为 $\lambda=1.10$ m,求波速 u ,并写出此波的波函数.

10.12　一平面简谐波沿 x 轴的负方向行进,其振幅为 1.00 cm,频率为 550 Hz,波速为 330 m/s,求波长,并写出此波的波函数.

10.13　在平面简谐波传播的波射线上有相距 3.5 cm 的 A、B 两点,B 点的相位比 A 点落后 45°. 已知波速为 15 cm/s,试求波的频率和波长.

10.14　证明 $y=A\cos(kx-\omega t)$ 可写成下列形式:$y=A\cos k(x-ut)$,$y=A\cos2\pi\left(\dfrac{x}{\lambda}-\nu t\right)$,$y=A\cos2\pi\left(\dfrac{x}{\lambda}-\dfrac{t}{T}\right)$,以及 $y=A\cos\omega\left(\dfrac{x}{u}-t\right)$.

10.15　波源作简谐振动,位移与时间的关系为 $y=(4.00\times10^{-3})\cos240\pi t$ m 它所激发的波以 30.0 m/s 的速率沿一直线传播. 求波的周期和波长,并写出波函数.

10.16　沿绳子行进的横波波函数为 $y=10\cos(0.01\pi x-2\pi t)$,式中长度的单位是 cm,时间的单位是 s. 试求:

(1) 波的振幅、频率、传播速率和波长;

(2) 绳上某质点的最大横向振动速率.

10.17　证明公式 $\omega=ku$.

10.18 用横波的波动方程 $\dfrac{\partial^2 y}{\partial t^2} = \dfrac{G}{\rho} \cdot \dfrac{\partial^2 y}{\partial x^2}$ 和纵波的波动方程 $\dfrac{\partial^2 y}{\partial t^2} = \dfrac{Y}{\rho} \cdot \dfrac{\partial^2 y}{\partial x^2}$，证明横波的波速和纵波的波速分别为 $u = \sqrt{\dfrac{G}{\rho}}$ 和 $u = \sqrt{\dfrac{Y}{\rho}}$.

10.19 在某温度下测的水中的声速为 1.46×10^3 m/s，求水的体变模量.

10.20 频率为 300 Hz、波速为 330 m/s 的平面简谐声波在直径为 16.0 cm 的管道中传播，能流密度为 10.0×10^{-3} J·s^{-1}·m^{-2}. 求：

（1）平均能量密度；

（2）最大能量密度；

（3）两相邻同相位波面之间的总能量.

10.21 P 和 Q 是两个以相同相位、相同频率和相同振幅在振动并处于同一介质中的相干波源，其频率为 ν，波长为 λ，P 和 Q 相距 $3\lambda/2$. R 为 P、Q 连线延长线上的任意一点，试求：

（1）自 P 发出的波在 R 点引起的振动与自 Q 发出的波在 R 点引起的振动的相位差；

（2）R 点的合振动的振幅.

10.22 弦线上的驻波相邻波节的距离为 65 cm，弦的振动频率为 2.3×10^2 Hz，求波的传播速率 u 和波长 λ.

10.23 火车汽笛的频率为 ν，当火车以速率 V 通过车站上的静止观察者身边时，观察者所接收到的笛声频率的变化为多大？已知声速为 u.

阅读材料 D：冲击波

前面我们在讨论多普勒效应时，总是假设波源相对于介质的运动速率小于波在该介质中的传播速率，而当波源的运动速率达到波的传播速率时，多普勒效应失去物理意义. 如果波源相对于介质的运动速率超过波在该介质中的传播速率 u，情况又将如何呢？显然，在这种情况下波源总是跑在波的前面，在各相继瞬间产生的波振面的包络为一圆锥面，称为马赫锥，如图 D.1 所示. 因为马赫锥面是波的前缘，在圆锥外部，无论距离波源多近都没有波扰动. 这个以波速传播的圆锥波面称为冲击波，简称击波. 马赫锥的半顶角，称为马赫角，应由下式决定

$$\sin\theta = \frac{u}{v_\mathrm{S}} = \frac{1}{M}$$

式中 $M = v_\mathrm{S}/u$ 称为马赫数，它是空气动力学中的一很有用的量. 例如，只要测出高速飞行物的马赫数，就可以相当准确地计算出该物体的飞行速度.

"冲击波"虽然以波来称呼,而实际上不同于一般意义的波,它只是一个以波速向外扩展的、聚集了一定能量的圆锥面.

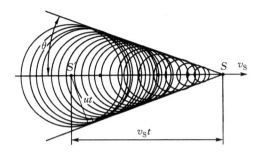

图 D.1　马赫锥

第 11 章 波动光学

光是能激起视觉的一类电磁波.人们主要通过光来接受自然界的信息.研究光现象、光的本性和光与物质相互作用等规律的学科称为光学.它是物理学的又一个重要分支.

光学通常分为几何光学、波动光学和量子光学三部分.当光的波长可以忽略,其波动效应不明显时,可把光的能量看成是沿着一根根光线传播的,光遵从直进、反射、折射等定律,这便是**几何光学**.**波动光学**研究的是光在传播过程中显示出的干涉、衍射和偏振等波动现象和特点.通常人们把建立在光的量子性基础上,深入到微观领域研究光与物质相互作用规律的分支学科,称为**量子光学**.从 20 世纪 60 年代以来,由于激光和光信息技术的出现,光学又有了新的发展,并且派生出许多属于现代光学范畴的一些新分支.本章讨论光的波动理论.

§11.1 光干涉的一般理论

光是一定波长范围内的电磁波.可见光是能够被人的眼睛直接看到的电磁波,它的波长范围在 400~760 nm 之间.

一、光的叠加原理

在通常的情况下,光和其他波动一样,在空间传播时,遵从波的叠加原理.当几列光波在空间传播时,它们都将保持原有的特性,此即**光波的独立传播原理**.由此,在它们交叠的区域内各点的光振动是各列光波单独存在时,在该点所引起的光振动的矢量和,这就是**光的叠加原理**.

但应指出,光并不是在任何情况下都遵从这一原理的.当光通过非线性介质(例如变色玻璃),或者光强很强(如激光、同步辐射)时,该原理不成立.通常当强光通过介质时将出现许多非线性效应,研究这类光现象的理论称为**非线性光学**.这是现代光学中很活跃的研究领域之一.不过,在本章所涉及的范围内,光波叠加原理仍然是一个基本的原理.

二、光的相干叠加

1. 光波的相干条件

在讨论机械波时,我们已给出了波干涉的定义,即当两列波同时在空间传播时,在两波交叠的区域内某些地方振动始终加强,而另一些地方振动始终减弱的现象.光的干涉定义与之完全相同.能产生干涉现象的光叫**相干光**.干涉并不违背叠加原理,且正是后者的结果.但并不是任何两列波在空间相遇时都能发生干涉,产生干涉是有条件的,即干涉是特殊条件下的叠加.波的相干条件是:

(1) 频率相同;

(2) 振动方向相同(或存在相互平行的振动分量);

(3) 具有恒定的相位差.

这三个条件,对机械波来说比较容易实现,因此观察机械波的干涉现象比较方便.但对光波来说就不那么容易做到了.这与普通光源的发光机制有关.光是光源中大量分子或原子等微观粒子的能量状态发生变化而引起的电磁辐射.近代物理学已完全肯定分子或原子的能量是量子化的,即能量具有分立值,当分子或原子由较高能态跃迁到较低能态时就发出一个波列(即发射光波或光子),一个波列的长度是有限的,持续的时间约为 10^{-8} s,发出一个波列后,它还可以从外界吸收能量,由低能态跃迁到高能态,当它再次由高能态向低能态跃迁时它就再发出一个波列.这是一个随机的过程,每一个原子或分子先后发射的不同波列以及不同原子或分子同时发射的各个波列,彼此之间在初相上没有联系,振动方向也各

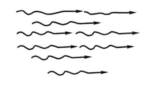

图 11.1　普通光源的各原子或分子所发出的光波波列彼此完全独立

不相同,频率也可以不同.我们所观察到的光看起来是连续的光波,实际上是由大量原子或分子发射的许许多多彼此完全独立的有限长波列组成的,如图 11.1 所示.

2. 相干光的获得

由前面的讨论可知,普通光源发出的光是由光源中各个分子或原子发出的波列组成的,而这些波列之间没有固定的相位关系.因此,来自两个独立光源的光波,即使频率相同,振动方向相同,它们的相位差也不可能保持恒定,因而不是相干光;同一光源的两个不同部分发出的光,也不满足相干条件,因此也不是相干光.只有从同一光源的同一部分发出的光通过某些装置进行分束后,才能获得符合相干条

件的相干光.

因此获得相干光的方法的基本原理是把由光源上同一点发出的光设法"一分为二",然后再使这两部分叠加起来,由于这两部分光的相应部分实际上都来自同一发光原子的同一次发光,即每一个光波列都分成两个频率相同、振动方向相同、相位差恒定的波列,因而这两部分是满足相干条件的相干光.把同一光源发出的光分成两部分的方法有两种:一种叫**分波振面法**,由于同一波振面上各点的振动具有相同相位,所以从同一波振面上取出的两部分可以作为相干光源,如杨氏双缝实验等就用了这种方法;另一种叫**分振幅法**,其原理是利用反射、折射把波面上某处的振幅分成两部分,再使它们相遇,从而产生干涉现象,例如薄膜干涉和迈克尔孙干涉仪等就采用了这种方法.

上面讨论的是普通光源,对激光光源,所有发光的原子或分子都是步调一致的动作,所发出的光具有高度的相干稳定性.从激光束中任意两点引出的光都是相干的,可以方便地观察到干涉现象,因而不必采用上述获得相干光束的方法.

3. 相干光的干涉

光波是电磁波,在光波中,产生感光作用与生理作用的主要是电场强度 E,因此,一般我们将 E 称为**光矢量**.

如图 11.2 所示,光振幅为 E_1、E_2 的两束相干光,在空间叠加,按照波的干涉理论知,叠加后任一点 P 的合振幅为

$$E=\sqrt{E_1^2+E_2^2+2E_1E_2\cos\left(\phi_{20}-\phi_{10}-2\pi\frac{r_2-r_1}{\lambda}\right)}$$

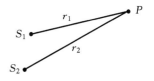

图 11.2　两相干光的叠加

在波动光学中,主要讨论的是光波所到之处的相对光强.由于光强(平均能流密度)$I\propto E^2$,因此可直接把光强表示为 $I=E^2$,所以由上式得

$$I = I_1 + I_2 + 2\sqrt{I_1I_2}\cos\left(\phi_{20}-\phi_{10}-2\pi\frac{r_2-r_1}{\lambda}\right) \tag{11.1}$$

I_1、I_2 分别为两束相干光的强度,I 为叠加后的强度.

可见,两束相干光叠加后,空间各点的光强取决于两束光波在该点的相位差

$$\Delta\phi = \phi_{20} - \phi_{10} - 2\pi\frac{r_2-r_1}{\lambda} \tag{11.2}$$

当 $\Delta\phi=\pm2k\pi(k=0,1,2,\cdots)$ 时,P 点的光强最大,即有

$$I_{\max} = I_1 + I_2 + 2\sqrt{I_1I_2} \tag{11.3}$$

当 $\Delta\phi=\pm(2k+1)\pi\ (k=0,1,2,\cdots)$ 时,P 点的光强最小,即有

$$I_{\min} = I_1 + I_2 - 2\sqrt{I_1I_2} \tag{11.4}$$

其他位置的光强介于两者之间,即

$$I_{\min} < I < I_{\max}$$

P 点的光强分布曲线如图 11.3 所示.

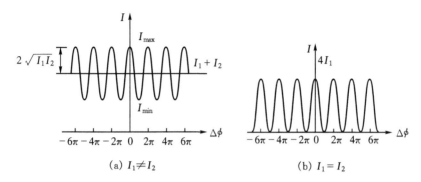

(a) $I_1 \neq I_2$ (b) $I_1 = I_2$

图 11.3 两相干光在相遇点的光强随相位差的分布曲线

如果两束相干光的光强相等,即 $I_1 = I_2 = I_0$,则干涉后

$$I_{\max} = 4I_0 , \ I_{\min} = 0$$

必须指出,对于两束相干光,只有在 $I_1 = I_2$ 或 $I_1 \approx I_2$ 的情况下,才能观察到清楚的明暗相间的干涉图样;当 I_1、I_2 相差甚大时,$I_{\max}$ 与 $I_{\min}$ 相差不大,干涉图样模糊不清.

对于两束相干光,在很多情况下初相相同,即 $\phi_{20} = \phi_{10}$,因此

$$\Delta\phi = 2\pi \frac{r_2 - r_1}{\lambda} = 2\pi \frac{\Delta r}{\lambda}$$

在这种情况下,干涉明暗点的位置决定于两束光到观察点的波程差 Δr

$$\Delta r = \begin{cases} \pm k\lambda & (亮点) \\ \pm(2k+1)\lambda/2 & (暗点) \end{cases} \quad (k = 0, 1, 2, \cdots) \quad (11.5)$$

三、光程　光程差

上面讨论了两束相干光在真空中传播时的干涉情况,现在讨论两束相干光在介质中传播时的干涉情况.

我们知道,光在真空中传播的速度为 c,在介质中传播的速度为 $v = c/n$;因此,光在介质中的波长为

$$\lambda' = \frac{v}{\nu} = \frac{c}{n\nu} = \frac{\lambda}{n}$$

λ 为光在真空中的波长.

如上所述,两束初相相同的相干光,在真空中传播时,到空间某观察点的波程

差为 Δr，则这两束光到该点的相位差为

$$\Delta\phi=\frac{2\pi\Delta r}{\lambda}$$

如果两束光在折射率为 n 的介质中传播，它们到观察点的相位差为

$$\Delta\phi=\frac{2\pi\Delta r}{\lambda'}=\frac{2\pi n\Delta r}{\lambda}$$

由此可见，两束光在真空中传播时，它们到某点的相位差决定于波程差 Δr；而两束

光在介质中传播时，它们到某点的相位差决定于波程差 Δr 与介质折射率 n 的乘积，这里 $n\Delta r$ 称为这两束光的**光程差**；一般把折射率 n 与波程 r 的乘积称为**光程**，用 L 表示，即 $L=nr$.

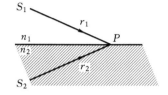

图 11.4　光程差的计算

普遍情况下，两束光的光程差 δ 表示两束光光程之差. 如图 11.4 所示.

$$\delta = L_2 - L_1 = n_2 r_2 - n_1 r_1 \qquad (11.6)$$

两相干光的干涉效果决定于相位差，而相位差决定于光程差；因此，光的干涉规律决定于光程差 δ. 可见，光程差是讨论光的干涉现象的非常重要的概念.

许多干涉装置都满足两束相干光初相相等的条件，因此相位差与光程差的关系是

$$\Delta\phi=\frac{2\pi}{\lambda}\delta$$

此时，干涉明、暗点的位置决定于光程差 δ

$$\delta = \begin{cases} \pm k\lambda & （亮点） \\ \pm(2k+1)\lambda/2 & （暗点） \end{cases} \quad (k=0,1,2,\cdots) \qquad (11.7)$$

注意式（11.5）与（11.7）实际上是一致的，前者适用于真空情况（$\delta=\Delta r$），而后者则适用一般情况，它是光的干涉中最基本的公式. 由它可知，要确定干涉图样的规律，就必须计算两束光的光程差 δ.

§11.2　分波振面干涉

一、杨氏双缝干涉实验

在 19 世纪初，英国科学家杨（T. Young）首先用实验方法研究了光的干涉现象，从而证实了光具有波动性. 如图 11.5（a）所示，在单色平行光的前方放有一狭缝 S，在 S 前又放有两条狭缝 S_1 和 S_2，均与 S 平行且等距. 这时 S_1 和 S_2 构成一对相干光源. 从 S 出发的光波波振面到达 S_1 和 S_2 处，通过 S_1、S_2 的光将发生衍射现

象而叠加在一起. 故从 S_1 和 S_2 发出的光就是从同一波振面分出的两束相干光. 它们在空间叠加, 将发生干涉现象. 这是采用分波振面法得到相干光束的. 如果在 S_1 和 S_2 前放一屏 EE', 屏幕上将出现一系列稳定的明暗相间的条纹, 称为**干涉条纹**. 如图 11.5(b) 所示, 这些条纹都与狭缝平行, 条纹间的距离彼此相等.

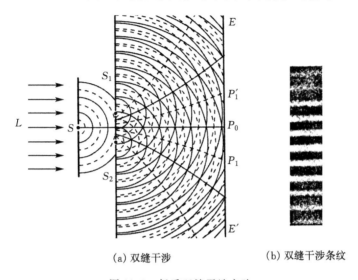

(a) 双缝干涉　　　　　　　　　　(b) 双缝干涉条纹

图 11.5　杨氏双缝干涉实验

下面我们来确定屏幕上干涉条纹的分布规律. 如图 11.6 所示, 设相干光源 S_1

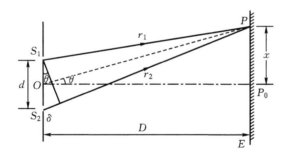

图 11.6　双缝干涉条纹的计算

和 S_2 之间的距离为 d, 到屏幕的距离为 D, 在屏上出现干涉条纹的区域内, 观察任意一点 P, 它距屏中心 P_0 的距离为 x, P 到 S_1 和 S_2 的距离分别为 r_1 和 r_2, S_1S_2 的中垂线 OP_0 与 OP 的夹角 θ, 称为 P 点的角位置. 考虑到 $D \gg d$, PO、PS_1 和 PS_2 可看作近似平行, 则 S_1 和 S_2 到达 P 点的光程差为

$$\delta = r_2 - r_1 \approx d\sin\theta$$

P 点光强为极大的条件为

$$\delta = d\sin\theta = \pm k\lambda \quad (k = 0, 1, 2, \cdots) \tag{11.8}$$

P 点光强为极小的条件为

$$\delta = d\sin\theta = \pm(2k+1)\frac{\lambda}{2} \quad (k = 0, 1, 2, \cdots) \tag{11.9}$$

我们可直接观察和测量到的是屏上的线位置 x,给出线位置所满足的关系,会使这一公式用起来更方便. 由图 11.6 可得角位置 θ 与线位置 x 的关系为 $\tan\theta = x/D$,实际可观察到的角范围很小,可取 $\sin\theta \approx \tan\theta$,代入式(11.8)和(11.9),可得杨氏双缝干涉明暗条纹满足的条件为
明纹中心

$$x = \pm k\frac{D}{d}\lambda \quad (k = 0, 1, 2, 3, \cdots) \tag{11.10a}$$

暗纹中心

$$x = \pm(2k+1)\frac{D}{d}\frac{\lambda}{2} \quad (k = 0, 1, 2, 3, \cdots) \tag{11.10b}$$

对应 $k=0$ 的明条纹,出现在屏幕中央 P_0 处,称为中央明条纹. 其他与 $k=1,2,\cdots$ 相对应的明条纹分别称为第一级明条纹、第二级明条纹…… x 可取正负,表明各级明条纹对称的分布在中央明纹的两侧. 同明条纹相似,暗条纹也是对称分布的.

任意相邻明纹(或暗纹)中心之间的距离 Δx,称为条纹间距.

$$\Delta x = x_{k+1} - x_k = \frac{D}{d}\lambda \tag{11.11}$$

由此分析可知:

(1)Δx 与干涉条纹级数无关,这说明在屏幕上所观察到的干涉条纹是等间距的. 如图 11.5(b)所示.

(2) 在 D 和 d 确定的情况下,通过测量干涉条纹间距 Δx,即可测量光波波长. 杨氏就是通过此法,第一次测量了光波的波长.

(3) 在 D 和 d 一定时,相邻明纹间的距离 Δx 与入射光的波长 λ 成正比,波长越小,条纹间距越小. 若用白光照射,则在中央明纹(白色)的两侧将出现彩色条纹.

杨氏双缝干涉的光强分布曲线见图 11.3(b).

二、缝宽对干涉条纹的影响　空间相干性

在双缝干涉实验中,如果逐渐增加光源狭缝 S 的宽度,则屏幕 EE' 上的条纹就会变得逐渐模糊起来,最后干涉条纹完全消失. 这是因为 S 内包含的各小部分 S'、S'' 等(见图 11.7)是非相干波源,它们互不相干;且 S' 发出的光与 S'' 发出的光通过双缝到达点 P 的波程差并不相等,即 S'、S'' 发出的光将各自满足不同的干涉条件.

比如,当 S' 发出的光经过双缝后恰在 P 点形成干涉极大的光强时,S'' 发出的光可能在 P 点形成干涉极小的光强.由于 S'、S'' 是非相干光源,它们在点 P 形成的合光强只是上述结果的简单相加,即非相干叠加.所以,缝 S 越宽,所包含的非相干子波波源越多,合光强的分布就越偏离图 11.3(b).结果是最暗的光强不为零,使最暗和最亮的差别缩小,从而造成干涉条纹的模糊甚至消失.只有当光源 S 的线度较小时,才能获得较清楚的干涉条纹.这特性称为**光场的空间相干性**.

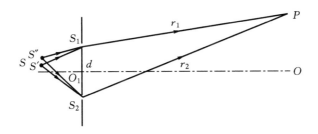

图 11.7　空间相干性

三、双缝型的其他干涉装置

在双缝干涉中,仅当缝 S、S_1、S_2 都很狭窄时,干涉条纹才较清楚.但这时通过狭缝的光又太弱.1918 年菲涅尔进行了双镜实验,其装置如图 11.8 所示.狭缝光源 S 的光射向以微小夹角装在一起的两平面镜 M_1 和 M_2,使从 M_1 和 M_2 反射的两束光交叠发生干涉.由于两束反射光好像是来自虚光源 S_1 和 S_2,所以双镜干涉是双缝干涉的变形.

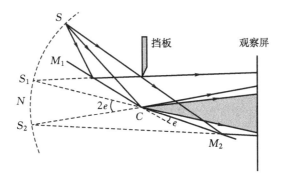

图 11.8　菲涅尔双镜实验

1834 年,劳埃德又作了劳埃德镜干涉(见图 11.9).图中 S_1 为一条狭缝光源,它发出的部分光直接射到屏上,另一部分光几乎与镜面平行地(入射角近于 $90°$)射向平面镜并被反射到屏上,从而产生光的干涉.显然,这两束光的干涉也好像是来自 S_1 的光与虚光源 S_2 的光之间的干涉.实验发现,若将屏 E 平移到紧靠镜 M 的一端 P' 时,屏与镜的接触点 P' 处为暗纹. P' 点相当于双缝实验的中央明纹位置,两相干光在 P' 点的光程差为零时, P' 点为何成了暗纹? 这是因为当光由光疏介质入射到光密介质在界面上发生反射时,反射光的相位发生相位 π 的突变的缘故.这种现象称为**半波损失**.半波损失在讨论薄膜干涉时十分重要.

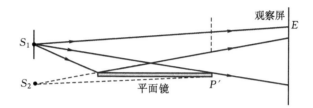

图 11.9　劳埃德镜实验

例 11.1　在杨氏实验中,双缝间距为 0.45 mm,使用波长为 540 nm 的光观测.(1) 要使光屏 E 上条纹间距为 1.2 mm,光屏应离双缝多远?(2) 若用折射率为 1.5、厚度为 9.0 μm 的薄玻璃片遮盖狭缝 S_2,光屏上干涉条纹将发生什么变化?

解　(1) 根据干涉条纹间距的表达式

$$\Delta x = \frac{D\lambda}{d}$$

得光屏与双缝的间距为

$$D = \frac{\Delta x d}{\lambda} = \frac{1.2 \times 10^{-3} \times 0.45 \times 10^{-3}}{540 \times 10^{-9}} = 1.0 \text{ (m)}$$

(2) 在 S_2 未被玻璃片遮盖时,中央亮条纹的中心应处于 $x = 0$ 的地方.遮盖玻璃片后,中央亮条纹的光程差应表示为

$$\delta = (r_2 - h + nh) - r_1 = h(n-1) + (r_2 - r_1)$$
$$= h(n-1) + \frac{d}{D}x$$

中央亮条纹应满足 $\delta = 0$ 的条件,于是可得

$$h(n-1) + \frac{d}{D}x = 0$$

由上式解得

$$x = -\frac{h(n-1)D}{d} = -\frac{9 \times 10^{-6}(1.5-1) \times 1.0}{0.45 \times 10^{-3}} = -1.0 \times 10^{-2} \text{(m)}$$

这表示当 S_2 被玻璃片遮盖后干涉条纹整体向下平移了 10 mm.

§11.3　分振幅干涉

当一束光入射到两种均匀透明介质的分界面上时,一部分光波透射,另一部分光波反射,透射波和反射波的振幅都小于入射波. 于是形象地说成是入射光的振幅被分割了. 薄膜可以看成是一种分振幅干涉装置. 当入射光到达薄膜的表面时,被分解为反射光和折射光,折射光经下表面的反射和上表面的折射,又回到上表面上方的空间,与上表面的反射光交叠而发生干涉. 日常生活中所见到的肥皂膜呈现的颜色,水面上油膜呈现的彩色花纹都是薄膜干涉的实例,对薄膜干涉现象的详细分析比较复杂,实际中有意义的是厚度不均匀薄膜在表面产生的等厚干涉条纹和厚度均匀薄膜在无穷远产生的等倾干涉条纹.

一、薄膜干涉——等倾干涉条纹

如图 11.10 所示,从单色扩展光源上一点 S 发出的光,以入射角 i 投射到两个表面相互平行的,厚度为 e,折射率为 n 的薄膜上,薄膜两侧的介质折射率分别为 n_1 和 n_2. 图中光线 1 是入射光经薄膜上表面反射后,返回至原介质中的,光线 2 是经薄膜下表面反射后,返回至原介质中的. 两光线相互平行,在无穷远处产生干涉,干涉的情况决定于两相干光线的光程差. 当 $n>n_1$ 且 $n>n_2$ 时,考虑到上表面存在半波损失,两相干光的光程差为

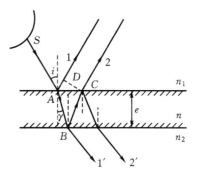

图 11.10　等倾干涉的光程差

$$\delta = n(AB + BC) - n_1 AD + \lambda/2 \tag{11.12}$$

式中 $\lambda/2$ 前面既可用加号,也可用减号,两种表示是一致的. 所不同的是在讨论各级条纹时 k 的取值不同. 设薄膜的厚度为 e,由图中的几何关系可得

$$AB = BC = \frac{e}{\cos\gamma}, \qquad AD = AC\sin i = 2e\tan\gamma\sin i$$

将其代入式(11.12)得

$$\delta = \frac{2e}{\cos\gamma}(n - n_1\sin\gamma\sin i) + \frac{\lambda}{2}$$

据折射定律 $n_1\sin i = n\sin\gamma$,上式可写成

$$\delta = 2e\sqrt{n^2 - n_1^2\sin^2 i} + \frac{\lambda}{2} \tag{11.13}$$

于是,干涉条件为

$$\delta = 2e\sqrt{n^2 - n_1^2\sin^2 i} + \frac{\lambda}{2}$$

$$= \begin{cases} k\lambda & (k = 1, 2, \cdots) \quad (\text{加强}) \\ (2k + 1)\frac{\lambda}{2} & (k = 0, 1, 2, \cdots) \quad (\text{减弱}) \end{cases}$$
(11.14)

　　透射光也有干涉现象.从图 11.10 可以看出,光线 $1'$ 是由 B 点直接透射到介质 n_2 中的,光线 $2'$ 是在 B 点和 C 点经两次反射后再透射到介质 n_2 中的.这两次反射都是光由光密介质入射到光疏介质界面而反射的($n > n_1$,$n > n_2$),所以无半波损失,这两束透射光的光程差是

$$\delta' = 2ne\cos\gamma = 2e\sqrt{n^2 - n_1^2\sin^2 i}$$

与反射光的光程差公式(11.13)比较,可知当反射光相互加强时,透射光将相互减弱,两者的干涉图样是互补的.通常我们只观察反射光的干涉图样,这是因为反射光的干涉图样更清晰.

　　如果用透镜观察,干涉条纹将形成在透镜的焦平面上.顺便提一下,由于物像之间具有等光程性.因此,透镜的使用不会引起附加的光程差.

　　由(11.14)式可知,对厚度均匀的薄膜,在 n、n_1、n_2 和 e 都确定的情况下,对于某一波长而言,两反射光的光程差只取决于入射角.因此,以同一倾角入射的一切光线,其反射相干光将有相同的光程差,并产生同一干涉条纹.换句话说,同一条纹都是由来自同一倾角的入射光形成的.这样的条纹称为**等倾干涉条纹**.它由一系列同心圆环所组成.

二、薄膜干涉——等厚干涉条纹

　　当平行光照射在厚度不均匀的薄膜上时,在薄膜的表面将产生干涉.这种干涉的特点是,膜的同一厚度处,对应的两相干光光程差相等,给出同一级干涉条纹,故称这种干涉为**等厚干涉**.常见的等厚干涉装置有劈形膜和牛顿环.

1. 劈形膜

　　如果两块平板玻璃的一端相接触,另一端夹一薄纸片,则在这两块平板玻璃之间就形成了空气劈形膜,如图 11.11(a)所示.两玻璃片的交线称为棱边,在平行于棱边的线上,劈形膜的厚度是相等的.

　　当平行单色光垂直($i = 0$)地投射到该劈形膜上时,空气膜上下两表面所引起的反射光线将形成干涉光.由于劈形膜的尖角 θ 很小,可以近似地认为入射光垂直于空气膜的上下表面,两反射光的方向与入射光相同.劈形膜在 C 点处的厚度为 e,在空气膜的上下表面反射的两束光的光程差为

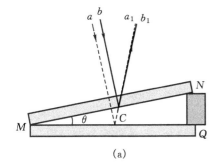
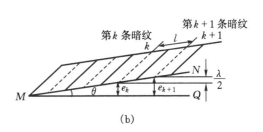

$$\delta = 2ne + \frac{\lambda}{2}$$

对于空气膜, $n=1$, 但为了讨论更一般的情形, 我们仍保留 n. 于是, 反射光的干涉条件为

$$\delta = 2ne + \frac{\lambda}{2} = \begin{cases} k\lambda & (明) \quad (k = 1, 2, \cdots) \\ (2k+1)\dfrac{\lambda}{2} & (暗) \quad (k = 0, 1, 2, \cdots) \end{cases} \tag{11.15}$$

上式表明, 厚度相等的地方, 两相干光光程差相等, 给出同一级条纹(与某一 k 相联系), 因此, 这些干涉条纹为等厚干涉条纹. 劈形膜的干涉条纹为平行于棱边的直线条纹, 如图 11.11(b)所示.

　　在两块玻璃片相接触处, $e=0$, 光程差等于 $\lambda/2$, 所以应看到暗条纹, 而事实正是这样的. 这是"半波损失"的有力证据.

　　由图 11.11(b)知, 任何两个相邻的明纹或暗纹之间的距离 l 由下式决定

$$l\sin\theta = e_{k+1} - e_k = \frac{1}{2n}(k+1)\lambda - \frac{1}{2n}k\lambda = \frac{\lambda}{2n} \tag{11.16}$$

式中 θ 为劈尖的夹角. 显然, 干涉条纹是等间距的, 而且 θ 愈小, 干涉条纹愈疏; θ 愈大, 干涉条纹愈密. 如果劈形膜的夹角 θ 相当大, 干涉条纹就将密得无法分开. 因此, 干涉条纹只能在很尖的劈形膜上看到.

　　在实际中常用劈形膜干涉原理测量薄片厚度、细丝直径等微小量, 还可利用劈形膜来检查光学表面的平整度. 用待测平面和标准光学平面形成空气劈形膜, 若待测平面非常平整, 则干涉条纹为平行且等距的直条纹; 若待测平面有缺陷, 则干涉条纹发生不规则弯曲. 这种检查方法能检查出不超过 $\lambda/4$ 的凹凸缺陷.

　　例 11.2　折射率 $n=1.4$ 的劈尖, 在单色光照射下, 测得干涉条纹间距 $l = 0.25 \times 10^{-2}$ m, 已知单色光的波长 $\lambda = 700$ nm, 求劈尖的夹角 θ.

　　解　由式(11.16)得

$$\sin\theta = \frac{\lambda}{2nl} = \frac{700\times10^{-9}}{2\times1.4\times0.25\times10^{-2}} = 1.0\times10^{-4}$$

因 $\sin\theta$ 很小,所以 $\theta \approx \sin\theta = 1.0\times10^{-4}$ rad.

2. 牛顿环

牛顿环的实验装置如图 11.12(a)所示,一个曲率半径较大(约为几米)的平凸透镜 A,放置在玻璃片 B 上,形成了牛顿环仪.从单色光源 S 发出的光,经过凸透镜 L 后成为平行光,再经过倾角为 $45°$ 的玻璃片 M 反射后,垂直照射到 A 上,通过显微镜 T,可以观察到明暗相间的圆环,这种干涉图样称为**牛顿环**,如图 11.12(b)所示.

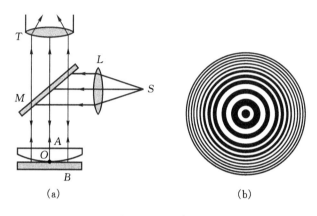

图 11.12　牛顿环

牛顿首先发现了这种实验现象,但他持有光的微粒性观点,无法解释这一现象.在一百年后,杨氏用光的干涉原理对牛顿环现象作了圆满的解释.

显然,在牛顿环仪的平凸透镜 A 和玻璃片 B 之间形成了空气薄膜.在 A 和 B 接触点 O 处,空气薄膜的厚度最小;由 O 向外,薄膜厚度逐渐增大.入射光在空气薄膜的上下界面都有反射,反射光的干涉形成了干涉图样.牛顿环的干涉与空气劈形膜一样,是薄膜的等厚干涉.由于牛顿环仪中空气薄膜的等厚点的轨迹是圆周.因此牛顿环的干涉条纹是一些同心圆环.

形成牛顿环处的空气薄膜厚度 e 满足下列条件

$$2ne + \frac{\lambda}{2} = k\lambda \qquad (k=1,2,3,\cdots) \quad \text{明环}$$

$$2ne + \frac{\lambda}{2} = (2k+1)\frac{\lambda}{2} \quad (k=0,1,2,\cdots) \quad \text{暗环}$$

(11.17)

在实验中直接测量的是牛顿环的半径 r,而不是膜的厚度 e,下面用几何关系计算环的半径与膜的厚度 e 的关系,由图 11.13 可得

$$R^2 = r^2 + (R-e)^2$$

考虑到 $R \gg e$，所以有

$$e = \frac{r^2}{2R} \qquad (11.18)$$

将(11.18)式代入(11.17)式，得明环和暗环的半径分别为

$$r_{\text{明}} = \sqrt{\frac{(2k-1)R\lambda}{2}} \quad (k = 1, 2, \cdots)$$

$$r_{\text{暗}} = \sqrt{Rk\lambda} \qquad (k = 0, 1, 2, \cdots)$$

$$(11.19)$$

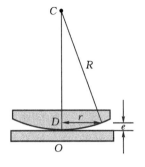

图 11.13　计算牛顿环的半径

可见，条纹半径与正整数 k 的平方根成正比. 随着 k 的增加，相邻明(或暗)环的半径之差越来越小，条纹分布越来越密.

牛顿环中心处相应的空气层厚度 $e=0$，而实验观察到是一暗斑，这是因为光从光疏介质到光密介质界面反射时有相位突变的缘故.

例 11.3　在牛顿环实验中，用波长为 589.3 nm 的钠黄光作光源，测得某级暗环的直径为 11.75 mm，此环以外的第 20 个暗环的直径为 14.96 mm，试求平凸透镜的曲率半径 R.

解　设第 k 级暗环的直径为 11.75 mm，由(11.19)式得

$$r_{k+20}^2 - r_k^2 = (k+20)R\lambda - kR\lambda = 20R\lambda$$

$$R = \frac{r_{k+20}^2 - r_k^2}{20\lambda} = \frac{(14.96/2)^2 - (11.75/2)^2}{20 \times 589.3 \times 10^{-6}} \ (\text{mm}) = 1.818 \ (\text{m})$$

三、薄膜干涉的应用

由于光从空气入射到玻璃片上大约有 4% 的光强被反射，而普通光学仪器常常包含有多个镜片，其反射损失经常要达到 20%～50% 左右，使进入仪器的透射光强度大为减弱，同时杂散的反射光还会影响观测的清晰度. 如果在透镜表面镀上一层透明介质薄膜就可以达到减少反射，增强透射的目的，这种介质薄膜称为**增透膜**. 平常我们看到照相机镜头上一层蓝紫色的膜就是增透膜. 现假定在折射率为 n_2 的玻璃上镀了一层透明薄膜，其折射率为 n，且有 $n_1 < n < n_2$，如图 11. 14 所示. 控制透明薄膜厚度 e，使其对于某波长的光，光线 1 和光线 2 产生相消干涉，即有

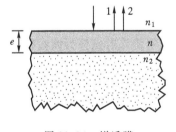

图 11.14　增透膜

$$2ne = (2k+1)\frac{\lambda}{2} \quad (k = 0, 1, 2, \cdots)$$

$$e = \frac{2k+1}{4n}\lambda \tag{11.20}$$

由上式可看出,一层增透膜只能使某种波长的反射光达到极小,对于其他相近波长的反射光也有不同程度的减弱.至于控制哪一种波长的反射光达到极小,视实际需要而定.对于一般的照相机和助视光学仪器,常选人眼最敏感的波长 $\lambda = 550$ nm 来消反射光,这一波长的光是呈黄绿色的,所以增透膜的反射光中呈现出互补的颜色,即蓝紫色.

实际工作中有时提出相反的要求,即尽量降低透射率提高反射率,这种薄膜称为高反射膜.例如,激光器中的**高反射镜**,对特定波长的光的反射率可达 99% 以上;宇航员头盔和面甲上都镀有对红外线具有高反射率的多层膜,以屏蔽宇宙空间中极强的红外线照射.

§11.4　迈克尔孙干涉仪　*时间相干性

一、迈克尔孙干涉仪

1881 年,美国物理学家迈克尔孙(Michelson)利用光的干涉原理,设计了具有很高测量精度的迈克尔孙干涉仪,它以确凿的实验事实否定了"以态"的存在,对近代相对论理论的发展产生了重大影响.

迈克尔孙干涉仪是用分振幅法产生双光束干涉.我们知道,薄膜干涉条纹的位置决定于光程差;光程差的微小变化会引起干涉条纹的明显移动.迈克尔孙干涉仪就是利用这个原理制成的精密仪器,图 11.15 即为其光路图.图中 M_1 和 M_2 是两平面反射镜,分别装在相互垂直的两臂上,M_1 固定,而 M_2 可通过精密丝杆沿臂长方向移动.G_1 和 G_2 是两块完全相同的玻璃板,在 G_1 的后表面上镀有半透明的银膜,能使入射光分为振幅相等的反射光和透射光,称为分光板.G_1 和 G_2 与 M_1 和 M_2 成 $45°$ 角倾斜安装.由光源发出的光束,通过分光板 G_1 分成透射光束 1 和反射光束 2,分别射向 M_1 和 M_2,并被反射回到 G_1,光束 1 从银膜反射的部分与光束 2 透过银膜的部分被目镜会聚于观察屏上,由于这两束光是按振幅法获得的相干光束.它们将发生等倾干涉或等厚干涉.干涉仪中 G_2 称为补偿板,是为了使光束 1 也同光束 2 一样,三次通过相同的玻璃板,不致引起额外的光程差.

银膜作为一个平面镜,对固定镜 M_1 所成的虚像应是 M_1',两相干光束可视为由 M_1' 和 M_2 反射,其干涉等效于由 M_1' 和 M_2 之间空气薄膜产生的干涉.如果

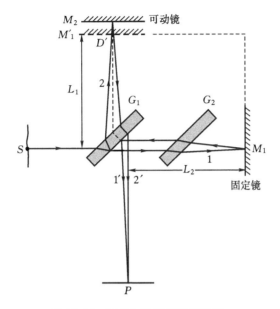

图 11.15　迈克尔孙干涉仪光路图

M_1 与 M_2 严格垂直,则 M'_1 与 M_2 严格平行,这时发生的干涉就是等倾干涉,观察到的干涉条纹应是一组亮暗相间的同心圆环. 如果 M_1 和 M_2 偏离相互垂直的方向,则 M'_1 和 M_2 之间形成一劈形空气膜,这时发生的干涉就是等厚干涉,观察到的干涉条纹应是一组明暗相间的直线或弧线.

干涉条纹的位置随动镜 M_2 的移动而变化. 当条纹为等倾条纹时,M_2 镜每移动 $\lambda/2$ 距离,视场中心就冒出一个环纹或漏失一个环纹;当条纹为等厚条纹时,M_2 镜每移动 $\lambda/2$ 距离,也有一个条纹从视场中移过. 视场中干涉条纹变化或移过的数目 N 与 M_2 移动距离 d 之间的关系是

$$d = N \frac{\lambda}{2} \tag{11.21}$$

根据这个公式就可以利用迈克尔逊干涉仪测量长度或长度的变化. 测量精度可达 $1/10$ 波长的数量级. 反过来,也可以用已知的长度来测量波长,迈克尔逊曾用迈克尔逊干涉仪精确地测定了红镉线的波长.

*二、时间相干性

一般认为单色的点光源发出的光经过干涉装置分束后,总是能够产生干涉效应的. 然而实际并不如此. 例如在迈克尔孙干涉仪中,如果 M_2 与 M'_1 之间的距离超过一定的限度,就观察不到干涉条纹. 这是因为光源实际发射的是一个个的波

列,每个波列有一定的长度.例如在迈克尔孙干涉仪的光路中,光源先后发出的两个波列 a 和 b,每个都被分束板分成 1,2 两波列,我们用 a_1、a_2、b_1、b_2 表示,当两路光程差不太大时,如图 11.16(a),由于一波列分解出来的 1,2 两波列如 a_1 和 a_2,b_1 和 b_2 等等可能重叠,这时能够发生干涉.但如果两光路的光程差太大,如图 11.16(b)所示,则由同一波列分解出来的两波列将不再重叠,而相互重叠的却是由前后两波列 a、b 分解出来的波列(譬如说 a_1 和 b_2),这时就不能发生干涉.显然,要保证同一原子光波列被分割的两部分能重新会合,两光路的光程差就不能超过原子光波列在真空中的长度,而此长度为

$$\Delta x = \frac{\lambda^2}{\Delta\lambda} \tag{11.22}$$

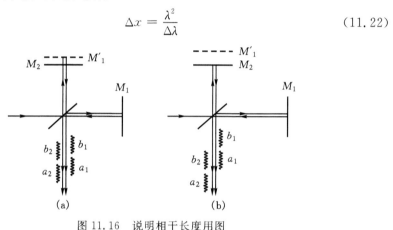

图 11.16　说明相干长度用图

或者说,来自两光路的同一原子光波列的两部分到达会合点的时间先后相差不能超过

$$\Delta t = \frac{\Delta x}{c} = \frac{\lambda^2}{c\Delta\lambda} \tag{11.23}$$

Δt 也就是发射一个原子光波列的时间.通常我们将 Δx 和 Δt 分别称为**相干长度**和**相干时间**,并将这类相干性称为**时间相干性**.显然,相干长度或相干时间越长代表时间相干性越好.可以看出,光的单色性越好(谱线宽度越小),Δx 与 Δt 就越大,这时光的时间相干性就越好.

联系前面所讨论的光的空间相干性,可以看出:空间相干性研究的是在垂直于光线的横向两空间点上光的相干性;时间相干性讨论的是沿光线纵向两空间点上光的相干性.前者的好坏决定于光源尺度,而后者的优劣则由光源的单色性决定.所以尺度较大或单色性差的光源都难以形成干涉.

对于迈克尔孙干涉仪,若采用激光作光源,因激光的相干长度一般达数十万米,所以 M_2 移动的距离实际上没有任何限制.若采用的是钠光灯,因其相干长度

只有数厘米,M_2 和 M_1' 间的距离超过这个长度就观察不到干涉. 如果用白光作光源,白光的相干长度只有微米数量级,这时要观察到干涉,M_2 与 M_1' 间的距离就不能超过微米级. 因此,在迈克尔孙干涉仪中采用普通光源时,必须加上补偿板 G_2 来消去多余的光程差. 最后应当指出,时间相干性问题不仅存在于迈克尔孙干涉仪中,它也存在于所有的干涉现象中.

§11.5　光的衍射现象和惠更斯-菲涅尔原理

一、光的衍射现象

波动在传播过程中,如果遇到障碍物就会发生偏离直线传播的现象,这种现象称为**波的衍射**. 在日常生活里,人们对水波、声波和无线电波的衍射现象是比较熟悉的. 例如,水波可以绕过闸口,声波可以绕过门窗,无线电波能越过高山等. 那么,光波有没有衍射现象呢? 实验表明,当光遇到普通大小的物体时,仅表现出直线传播的性质,这是因为光波波长很短的缘故. 但当光遇到比其波长大得不多的物体时,就有光进入阴影区域并且在阴影外的光强分布也与无障碍物时有所不同,出现明暗分布. 这就是**光的衍射现象**. 我们可以把它表述为:当光遇到障碍物时,它的波振面受到限制,光绕过障碍物偏离直线传播,且在观察屏上出现光强不均匀分布的现象. 如图 11.17 所示,图(a)为线光源时的单缝衍射图样,图(b)为点光源时的单缝衍射图样,图(c)为圆盘衍射图样. 大家看到,在圆盘几何阴影的中心处竟然出现一个亮斑(称菲涅尔或阿喇果斑),这些都是在光的直线传播理论中难以想象的.

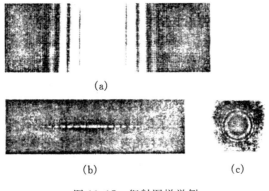

(a)

(b)　　　　　(c)

图 11.17　衍射图样举例

二、惠更斯-菲涅尔原理

惠更斯原理在波动学基础中讨论过. 即波振面上的各点都可以看成是发射球面子波的波源,这些子波的波振面在某一时刻的包络面,就是该时刻的波振面. 根据惠更斯原理可以定性地解释波的衍射,但它不能定量地给出衍射波在各个方向上的强度.

菲涅尔根据波的叠加和干涉原理,提出了"子波相干叠加"的思想发展了惠更斯原理:波振面上的每一个面元都可看成是发射子波的波源,这些子波是相干的,空间任一点的振动是这些子波在该点相干叠加的结果. 在图 11.18 中,dS 为某波振面 S 上的任一面元,是发出球面子波的子波源,而空间任一点 P 的光振动,则取决于波振面 S 上所有面元发出的子波在该点相互干涉的总效应. 菲涅尔具体提出,球面子波在点 P 的振幅正比于面元的面积 dS,反比于面元到点 P 的距离 r,与 r 和 dS 的法线方向 $\boldsymbol{n}$ 之间的夹角 θ 有关,θ 越大,在 P 处的振幅越小. 点 P 处光振动的相位,由 dS 到 P 点的光程确定. 由此可见,点 P 处光矢量 $\boldsymbol{E}$ 的大小应由下述积分决定,即

$$E = C\int \frac{k(\theta)}{r}\cos\left[2\pi\left(\frac{t}{T} - \frac{r}{\lambda}\right)\right]\mathrm{d}S \qquad (11.24)$$

式中 C 是与光源和所选波面有关的比例系数,$k(\theta)$ 是随 θ 增大而减小的倾斜因子. T 和 λ 分别是光波的周期和波长.

式(11.24)的积分一般是比较复杂的. 在这里我们将以惠更斯-菲涅尔原理为基础,用菲涅尔提出的一种简化的近似方法——半波带法,来讨论单缝及光栅的衍射. 值得一提的是当年光的微粒说拥护者泊松(S. D. Poisson)根据菲涅尔理论计算了小圆盘衍射,得出在几何阴影中央应有一亮斑(阿喇果斑),从而为惠更斯-菲涅尔原理奠定了实验基础.

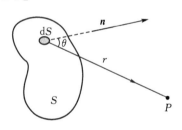

图 11.18　子波相干叠加

三、菲涅尔衍射和夫琅禾费衍射

根据光源和观察屏离障碍物的位置情况,可将光的衍射分为两类. 当光源与屏(或其中之一)离障碍物为有限远时所产生的衍射称为**菲涅尔衍射**,如图 11.19(a)所示. 当光源和屏离障碍物的距离都为无限远时所产生的衍射称为**夫琅禾费衍射**,如图 11.19(b)所示. 夫琅禾费衍射的特征是使用平行光,这种光可以利用透镜来获得,如图 11.19(c)所示. 本章仅讨论夫琅禾费衍射,它在实际应用中有很重要的意义.

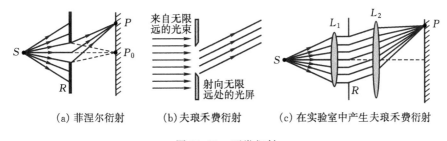

　　(a) 菲涅尔衍射　　　　(b) 夫琅禾费衍射　　　　(c) 在实验室中产生夫琅禾费衍射

图 11.19　两类衍射

§11.6　单缝夫琅禾费衍射

　　夫琅禾费衍射是平行光的衍射,在实验室中可借助于两个透镜来实现.如图 11.19(c)所示.当一束平行光垂直照射宽度可与光的波长相比较的狭缝时,会绕过缝的边缘向阴影区域衍射,衍射光通过透镜 L 会聚到焦平面处的屏幕 P 上,形成衍射条纹.这种条纹叫做单缝衍射条纹.如图 11.17(a)、(b),其中中央花纹为亮纹,且最宽、最亮,称为中央明纹;其他花纹则对称地分布于中央明纹的两侧.分析这种条纹形成的原因,不仅有助于理解夫琅禾费衍射的规律,而且也是理解其他一些衍射现象的基础.

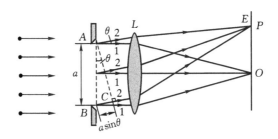

图 11.20　单缝衍射实验截面图

　　图 11.20 是单缝衍射的示意图,AB 为单缝的截面,其宽度为 a.当单色平行光垂直照射单缝时,根据惠更斯-菲涅尔原理,波面 AB 上的各点都是相干的子波源.这些子波向前传播,被透镜 L 会聚到屏上时,就会相互叠加,产生干涉,从而形成衍射条纹.图中 θ 为衍射光线与狭缝法线的夹角,称为**衍射角**.屏上任一点的干涉效应是相互加强还是相互减弱,即光强的分布规律要通过分析到达该点的光束中各衍射光线的光程差来确定.

　　先来考虑沿入射方向传播的各子波射线,它们被透镜 L 会聚于焦点 O,由于

AB 是同相面,而透镜又不会引起附加的光程差,所以它们到达点 O 时仍保持相同的相位而相互加强.这样,在正对狭缝中心的 O 处将是一条明纹的中心,这条明纹就是中央明纹.

　　下面来讨论衍射角为 θ 的一束平行光,经过透镜后,聚焦在屏幕上 P 点.需要注意的是,从波面 AB 上各点发出的子波到达点 P 的光程并不相等.其中两条边缘衍射线的光程差最大,为

$$BC = a\sin\theta$$

通过下面的分析我们将会看到,P 点条纹的明暗完全决定于光程差 BC 的值.菲涅尔在惠更斯-菲涅尔原理的基础上,提出将波振面分割成许多等面积的波带的方法.在单缝的例子中,可以作一些平行于 AC 的平面,使两相邻平面之间的距离等于入射光的半波长,即 $\lambda/2$.假定这些平面将单缝处的波振面 AB 分成 $AA_1,A_1A_2,\cdots$,A_kB 整数个波带(见图 11.21).由于各个波带的面积相等,所以各个波带在 P 点所引起的光振幅接近相等.而两相邻的波带上,任何两个对应点(如 AA_1 与 A_1A_2 的中点)所发出的子波的光程差总是 $\lambda/2$,亦即相位差是 π.结果任何两个相邻波带所发出的子波在 P 点引起的光振动将完全抵消.由此可见,BC 是半波长的偶数倍时,亦即对应于某给定角度 θ,单缝可分成偶数个波带时,波带的作用成对的相互抵消,在 P 点处将出现暗纹;如果 BC 是半波长的奇数倍,亦即单缝可分成奇数个波带时,相互抵消的结果,还留下一个波带的作用,在 P 点处将出现明纹.

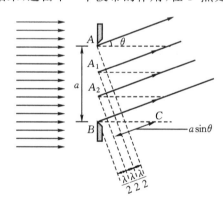

图 11.21　单缝的菲涅尔半波带

　　上述结果可用数学方式表述如下.当衍射角 θ 适合

$$a\sin\theta = \pm 2k\frac{\lambda}{2} \quad (k = 1, 2, \cdots) \tag{11.25}$$

时,点 P 处为暗条纹.对应于 $k=1,2,\cdots$ 分别叫做第一级暗条纹、第二级暗条纹……式中正、负号表示条纹对称分布于中央明纹的两侧.显然,在两个第一级暗

纹之间的区域,即 θ 适合

$$-\lambda < a\sin\theta < \lambda$$

的范围为中央明纹.而当衍射角 θ 适合

$$a\sin\theta = \pm(2k+1)\frac{\lambda}{2} \quad (k=1, 2, \cdots) \tag{11.26}$$

时,为明条纹.对应于 $k=1,2,\cdots$ 分别叫做第一级明条纹,第二级明条纹……

　　菲涅尔半波带法不但可以确定衍射图样中各级明、暗条纹的位置,而且可以定性地讨论各级明纹的亮度.第 k 级明条纹对应于 $(2k+1)$ 个半波带,其中相邻的 $2k$ 个半波带的衍射光干涉抵消.因此照射到明条纹上的能量是衍射光能量的 $1/(2k+1)$.可见 k 越大,照射到明条纹上的光能量越小,明条纹的亮度越小.于是,各级明条纹随着级次的增加,即衍射角的增大,亮度将变小,明暗条纹的分界越来越模糊,所以一般只能看到中央明纹附近少数几条清晰的明纹.图 11.22 表示单缝衍射的光强分布.从图中可以看出,中央明纹最宽、最亮;其他各级明纹分居中央明纹两侧,其光强随着级次的增大而减小.

　　由式(11.25)和(11.26)可知,对一定宽度的单缝来说,$\sin\theta$ 与波长 λ 成正比,而单色光的衍射条纹的位置是由 $\sin\theta$ 决定的.因此,如果入射光为白光,白光中各种波长的光抵达 O 点都没有光程差,所以中央是白色明纹.但在中央明纹两侧的各级条纹中,不同波长的单色光在屏幕上的衍射明纹将不完全重叠.各种单色光的明纹将随波长的不同而略微错开,最靠近的为紫色,最远的为红色.

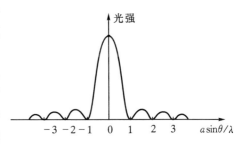

图 11.22　单缝衍射的光强分布

　　由式(11.25)和(11.26)还可看出,对给定波长 λ 的单色光来说,a 越小,与各级条纹相对应的 θ 角就越大,亦即衍射作用就越显著.反之,a 越大,与各级条纹相对应的 θ 角就越小,这些条纹都向中央明纹 O 靠近,逐渐分辨不清,衍射作用也就越不显著.如果 $a \gg \lambda$,各级衍射条纹全部并入 O 附近,形成单一的明条纹.它就是光源缝 S 经透镜 L_1 和 L_2 所成的几何光学的像.这是从单缝射出的平行光束直线传播所引起的作用.由此可见,通常所说的光的直线传播现象,只是光的波长较障碍物的线度很小,亦即衍射现象不显著时的情况.

　　例 11.4　水银灯发出的波长为 546 nm 的绿色平行光垂直入射于宽 0.437 mm 的单缝上,并用焦距为 40 cm 的透镜将衍射光会聚到屏幕上.求屏幕上中央明纹的宽度及第二、第三级暗纹间的距离.

解　中央明纹的宽度即为两个第一级暗纹的间距.由式(11.25)知,第一、第二、第三级暗纹的衍射角分别满足

$$\sin\theta_1 = \frac{\lambda}{a}, \ \sin\theta_2 = 2\frac{\lambda}{a}, \ \sin\theta_3 = 3\frac{\lambda}{a}$$

由于 θ 值很小,所以有 $\sin\theta \approx \tan\theta$. 于是,中央明纹的宽度

$$d = 2f\tan\theta_1 \approx 2f\sin\theta_1 = 2f\frac{\lambda}{a}$$

代入数据得

$$d = \frac{2 \times 0.4 \times 546 \times 10^{-9}}{0.437 \times 10^{-3}} = 1.0 \times 10^{-3}(\text{m}) = 1.0 \ (\text{mm})$$

第二、第三级明纹之间的距离

$$\Delta x = f\tan\theta_3 - f\tan\theta_2 \approx f(\sin\theta_3 - \sin\theta_2)$$

$$= f\left(\frac{3\lambda}{a} - \frac{2\lambda}{a}\right) = f\frac{\lambda}{a} = \frac{d}{2} = 0.5 \ (\text{mm})$$

从上述计算可以看出,当 θ 很小时,中央明纹两侧的明纹角宽度和线宽度均与级次无关.其值分别为 λ/a 及 $f\lambda/a$;且中央明纹的宽度为其他明纹宽度的两倍.

§11.7　圆孔的夫琅禾费衍射　光学仪器的分辨本领

一、圆孔的夫琅禾费衍射

在观察单缝夫琅禾费衍射的实验装置中,用小圆孔代替狭缝,当平行单色光垂直照射到圆孔上,光通过圆孔后被透镜 L_2 会聚.按照几何光学,在光屏上只能出现一个亮点.但是实际上在光屏上看到的是圆孔的衍射图样,如图11.23所示.它的中央为一亮斑,称为艾里斑,其外围为明暗相间的圆环.由理论计算可知,艾里斑上分布的光能占通过圆孔的总光能的 83.78%,可以算得,第一级暗环的角位置,亦即艾里斑所对应的角半径 θ 满足的关系式为

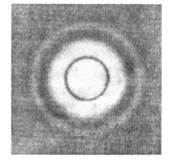

$$\theta \approx \sin\theta = 0.61\frac{\lambda}{r} = 1.22\frac{\lambda}{D} \quad (11.27)$$

图11.23　圆孔夫琅禾费衍射图样

上式与单缝衍射第一级暗纹的条件($\sin\theta_1 = \frac{\lambda}{a}$)在形式上很相似,只是由于几何形状不同,系数因子不同.当圆孔直径 D 越小时,艾

里斑越大,衍射现象越明显;反之,D 越大,艾里斑越小,衍射现象越不明显.当 $D \gg \lambda$ 时,各级斑纹向中心靠拢,艾里斑缩成一亮点,这正是几何光学的结果.由于大多数光学仪器中所用透镜的边缘是圆形的,而且大多数是通过平行光或近似平行光成像的,所以,研究圆孔夫琅禾费衍射,对分析成象质量有着重要意义.

*二、光学仪器的分辨本领

光学仪器中的透镜、光阑等都相当于一个透光的小圆孔.从几何光学的观点来说,物体通过光学仪器成像时,每一物点就有一对应的像点.但由于光的衍射,像点已不是一个几何的点,而是有一定大小的艾里斑.因此对相距很近的两个物点,其相对应的两个艾里斑就会互相重叠甚至无法分辨出两个物点的像.我们将两个最靠近的可分辨的物点对透镜 L 的张角 θ_0 称为**光学仪器的最小分辨角**,其倒数 $1/\theta_0$ 称为**光学仪器的分辨本领**.下面以透镜 L 为例,说明光学仪器的分辨能力与哪些因素有关.

在图 11.24 中,从两点光源 S_1、S_2 发出的光通过 L 后,在透镜的焦平面上将呈现两个衍射花样.若 S_1、S_2 相距不太近,两个物点对 L 的张角 $\theta > \theta_0$,这时,两个物点的衍射图样虽然有一部分重叠,但仍然是可以分辨的(见图 11.24(a)).

若 S_1、S_2 靠得很近,张角 $\theta < \theta_0$,这时两个物点的衍射图像则因重叠过多就变得不能分辨了(见图 11.24(c)).

如果 S_1、S_2 接近到某一距离,使张角 $\theta = \theta_0$.这时,S_1 的衍射花样的第一级暗环恰好与 S_2 的衍射花样的中央亮斑中心重合,而 S_2 的衍射花样的第一级暗环则恰好同 S_1 的衍射花样的中央亮斑中心重合,两个衍射花样中心之间的光强约为艾里斑中央光强的 80%,大多数人的视觉都能分辨出这样两个物点的像.也就是说,若一个物点的艾里斑中心恰好落在另一物点的艾里斑边缘时,这两个物点恰好能分辨.这一规则称为**瑞利判据**.由图 11.24(b)可以看出,这时两艾里斑的中心距离恰为一个艾里斑的半径,即光学仪器的最小分辨角正是圆孔衍射的第一级暗环的衍射角.所以由式(11.27)可得

$$\theta_0 = 1.22 \frac{\lambda}{D} \tag{11.28}$$

即

$$\frac{1}{\theta_0} = \frac{D}{1.22\lambda} \tag{11.29}$$

上式说明,提高光学仪器的分辨本领有两条途径:一条是加大透镜的透光孔径,例如光学天文望远镜的镜头直径已达到 5 m,射电天文望远镜的接收天线直径已达到 300~500 m;另一条是减小观测光波的波长.例如用紫外线照明等,近代电

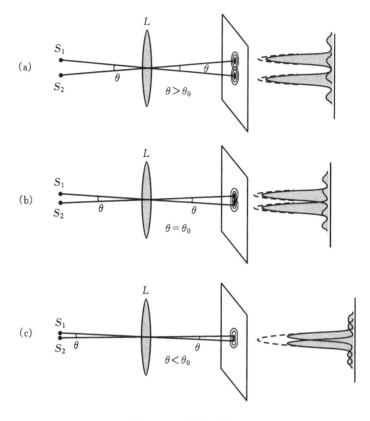

图 11.24 瑞利判据

子显微镜利用电子束的波动性来成像,与运动电子相应的物质波波长,比可见光的波长要小三四个数量级.所以电子显微镜的分辨率要比普通光学显微镜的分辨率大数千倍.

例 11.5 照相机物镜的分辨本领以底片上每毫米能分辨的线条数 N 来量度.现有一架照相机,其物镜直径 D 为 5.0 cm,物镜焦距 f 为 17.5 cm,取波长 λ 为 550 nm,问这架照相机的分辨本领为多少?

解 在底片上能分辨的最小距离

$$\Delta l = \theta_0 f = 1.22 \frac{\lambda}{D} f$$

每毫米能分辨的线条数 N(即照相机的分辨本领)为最小距离的倒数,所以

$$N = \frac{1}{\Delta l} = \frac{D}{1.22 \lambda f} = \frac{5.0 \times 10}{1.22 \times 550 \times 10^{-6} \times 17.5 \times 10}$$

$$= 425.8 \, (\text{条} / \text{毫米})$$

§11.8 光栅的衍射

在单缝衍射中,若缝较宽,明纹亮度虽较强,但相邻明条纹的间隔很窄而不易分辨;若缝很窄,间隔虽可加宽,但明纹的亮度却显著减小.在这两种情况下,都很难精确地测定条纹宽度,所以用单缝衍射并不能精确地测定光波波长.那么,我们是否可以使获得的明纹本身既亮又窄,且相邻明纹分得很开呢?利用光栅可以获得这样的衍射条纹.

由大量等宽等间距的平行狭缝所组成的光学元件称为**光栅**.在透明的玻璃片上等宽度,等间隔地刻划一系列平行刻线即得一实际光栅.由于刻痕相当于毛玻璃,不透光.相邻两刻痕之间的光滑部分可以透光,与缝相当.精制的光栅,在 1 cm 内,刻痕可以多达一万条以上.所以刻划光栅是件较难的技术.光栅中每个狭缝的宽度 a 与两相邻缝间不透光部分的宽度 b 之和(亦即相邻两缝对应点之间的距离) $a+b$ 称为**光栅常数**,其数量级约为 $10^{-5} \sim 10^{-6}$ m.

一、光栅的衍射花样

当一束平行单色光照射到光栅上时,每一狭缝都要产生衍射,而缝与缝之间透过的光又要发生干涉.用透镜 L 把光束会聚到屏幕上,便形成一组光栅衍射花样.该花样是单缝衍射与各单缝的光线相互干涉的总效果,即在单缝衍射的明纹区域内(见图 11.25 中的虚线所示),光强的分布是不均匀的,存在着干涉条纹,各干涉

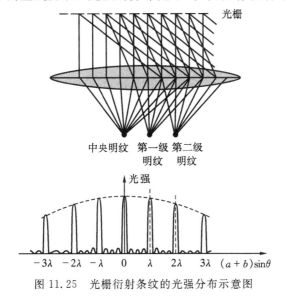

图 11.25　光栅衍射条纹的光强分布示意图

条纹的光强要受单缝衍射条纹的调制,从而形成如图 11.25 所示的光栅衍射的光强分布.

二、光栅方程

下面简单讨论一下,在屏上某处出现光栅衍射明条纹所应满足的条件.从图 11.26 可以看出,两相邻狭缝发出的沿 θ 角衍射的平行光,当它们会聚于屏上 P 点时,其光程差为 $(a+b)\sin\theta$. 若此光程差恰为入射光波长 λ 的整数倍,则这两束光线为相互加强.显然,其他任意相邻两缝沿 θ 方向的衍射光也将会聚于相同点 P,且光程差亦为 λ 的整数倍,它们的干涉效果也都是相互加强的.所以总起来看,光栅衍射明条纹的条件是衍射角 θ 必须满足下列关系式

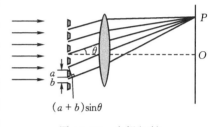

图 11.26 　光栅衍射

$$(a+b)\sin\theta = \pm k\lambda \quad (k = 0, 1, 2, \cdots) \tag{11.30}$$

上式通常称为**光栅方程**.式中对应于 $k=0$ 的条纹叫中央明纹,$k=1,2\cdots$ 时的明纹分别叫第一级明纹、第二级明纹……正、负号表示各级明条纹对称分布在中央明纹两侧.

这里,还应指出,如果满足式(11.30)的 θ 角,还同时适合条件

$$a\sin\theta = \pm 2k'\frac{\lambda}{2} \quad (k' = 1, 2, \cdots)$$

时,因为由各个狭缝所射出的光波都已各自满足暗条纹的条件,当然也就谈不上缝与缝之间的干涉加强作用了.所以虽然按式(11.30)应出现明条纹,但实际上却并不可能.这称为**缺级现象**.

对给定入射单色光波来说,光栅上每单位长度的狭缝条数越多,亦即光栅常数 $a+b$ 越小,按式(11.30)可知,各级明条纹的位置将分的越开;光栅上狭缝总数越多,透射光束越强,因此所得条纹也越亮.由于这些优点,通常用衍射光栅可以准确地测量波长.

三、光栅光谱

对于一个确定的光栅,光栅常数 $(a+b)$ 确定,于是由光栅方程(11.30)知,同一级谱线的衍射角 θ 的大小与入射光的波长有关.用白色光照射光栅时,由于白色光中包含的不同波长的单色光产生衍射角各不相同的明条纹,因此除了中央明条纹外,将形成彩色的光栅条纹,叫做**光栅光谱**.因为各波长的中央明条纹的衍射角都

为零,是重叠的,所以光栅光谱的中央仍是白色明条纹.中央明纹的两侧,对称地排列着第一级光谱、第二级光谱……如图 11.27 所示(图中只画了中央明纹一侧的光谱).各级光谱中,都包含了几条波长由小到大的彩色明条纹.由于各谱线间的距离随光谱的级数而增加.所以高级数的光谱彼此将有所重叠.

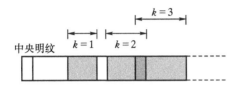

图 11.27　光栅光谱及其重叠

　　观察光栅光谱的实验装置称为**光栅光谱仪**.探测的结果发现,不同元素的物质有不同的光谱.测定光谱中各谱线的波长和相对强度,可以确定发光物质的成分及其含量.而通过测定物质中原子或分子的光谱,又可以揭示原子或分子的内部结构和运动规律.

　　例 11.6　某单色光垂直入射到每厘米 6000 条刻痕的光栅上,测得第一级谱线的衍射角 $\theta_1=20°$,求入射光的波长.若用焦距为 0.2 m 的透镜将光谱会聚到屏上,则第一级谱线与第二级谱线的距离为多少?

　　解　由光栅方程可知,入射光的波长

$$\lambda=(a+b)\sin\theta_1=\frac{\sin20°}{6000\times10^2}=5.7\times10^{-7}\,(\text{m})$$

设 x_1、x_2 分别为第一、第二级谱线到零级谱线中央的距离,则 $x_1=f\tan\theta_1$,$x_2=f\tan\theta_2$,由光栅方程可得

$$\theta_2=\arcsin\left(\frac{2\lambda}{a+b}\right)=\arcsin(2\times\sin\theta_1)=\arcsin(2\sin20°)=43°9'$$

故屏上第一、第二级谱线间的距离

$$\Delta x=x_2-x_1=f(\tan\theta_2-\tan\theta_1)$$
$$=0.2(\tan43°9'-\tan20°)=0.116\,(\text{m})$$

*§11.9　X 射线衍射

　　X 射线又称伦琴射线,是伦琴(W. C. Rontgen,1845—1923)于 1895 年发现的,它是在高速电子流轰击金属靶的过程中产生的一种穿透能力很强的电磁波.它的波长极短,范围在 0.01~10 nm 之间.对这个波长范围的电磁波,采用普通的光栅(一般光栅常数在几千纳米左右)显然是观测不到它的衍射现象的.

1912 年德国物理学家劳厄(M. Von Laue)提出,晶体内的点阵粒子是有规则排列的,粒子之间的距离与 X 射线的波长同数量级,可以把晶体作为 X 射线的天然光栅.这种设想得到了实验验证.如图 11.28 为 X 射线衍射实验示意图.让一束 X 射线射到单晶体上,结果便在晶体后面的屏上发现了有规则的斑点,称为**劳厄斑点**,这是 X 射线通过晶体后的衍射结果.对劳厄斑的定量研究,涉及空间光栅的衍射原理,这里不作介绍.

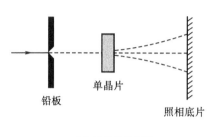

(a) 单晶片的衍射

(b) 劳厄斑点

图 11.28　X 射线的衍射实验

1913 年,英国布拉格父子(W. H. Bragg,W. L. Bragg)提出一种简明方法,解释 X 射线的衍射,并作了定量的计算,它们把晶体看成是由一系列彼此相互平行的原子层所组成的,如图 11.29 所示,小圆点表示晶体点阵中的原子(或粒子).当 X 射线照射到晶体上时,按照惠更斯原理,组成晶体的每个

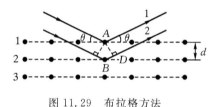

图 11.29　布拉格方法

原子都可看成是发射子波的波源,向各个方向发出衍射线,它们的叠加可以分为:同一晶面上不同子波波源所发出的子波的叠加,以及不同晶面所发出的子波的叠加.对同一晶面而言,各原子所发出的子波相互干涉的结果是,只有在符合反射定律的衍射方向上的衍射强度最大.对不同晶面而言,在上述反射方向上的总的衍射强度,则取决于各晶面的反射线相互叠加的结果.在图 11.29 中,X 射线以掠射角 θ 射到一组晶面上,晶面间距为 d,来自相邻晶面的二相干光线 1 和 2 的光程差 $\delta = 2d\sin\theta$,干涉加强的条件为

$$2d\sin\theta = k\lambda \quad (k = 1, 2, 3, \cdots) \tag{11.31}$$

这就是晶体衍射的**布拉格公式**.

在晶体中有许多取向不同的面族,对同一块晶体的空间点阵而言,从不同方向看去,会看到取向不同、间距不同的晶面族,当 X 射线入射到晶体表面时,对于不

同的晶面族,掠射角 θ 是不同的,晶面间距也是不同的.凡是在相应晶面的反射方向相干光线的光程差满足(11.31)式的,都能在该方向上得到相干加强的结果.

利用晶体衍射的布拉格公式,可以测定 X 射线的波长(晶面间距已知时)和晶体的晶面间距(X 射线的波长已知时).这为研究金属靶的原子结构和晶体结构提供了重要依据.

§11.10　光的偏振态

光的干涉和衍射现象表明了光是一种波动,光的偏振现象进一步证实了光是横波.所谓偏振,是指振动方向对于传播方向的不对称性.偏振现象是横波所特有的,是横波区别于纵波的最明显的标志.光波是横波,光矢量的振动方向与光的传播方向垂直.在垂直于光的传播方向的平面内,光矢量可以有各种不同的振动状态,称为**光的偏振态**.光的偏振态大致可分为五种:自然光、线偏振光、部分偏振光、椭圆偏振光和圆偏振光.

一、自然光　线偏振光和部分偏振光

由于普通光源中各原子或分子发出的波列的初相位和振动方向是随机分布、互不相关的.平均而言,在垂直于光的传播方向的平面内,沿各个方向振动的光矢量都有,且各个方向光振动的振幅相同,这种光称为**自然光**.如图 11.30 所示.

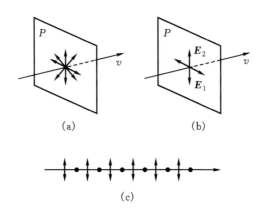

图 11.30　自然光及其表示法

任何一束自然光,在垂直于传播方向的平面内,我们总可以将各个方向的光矢量都分解到两个互相垂直的方向上,从而得到两个互相垂直、振幅相等、彼此独立的振动.也就是说,自然光的光振动可以用振动方向相互垂直振幅相同的两个分振

动来表示,如图 11.30(b)中的 E_1 和 E_2.值得注意的是,由于自然光中各矢量之间无固定的相位关系,因而表示自然光的两个分振动之间也无固定的相位关系,并且在用图表示时 E_1 和 E_2 可以任意取向,只要求它们相互垂直、长度相等就可以了.正因为 E_1 和 E_2 的幅度相等,所以这两个光振动各自都占自然光总光强的一半.通常用 11.30(c)表示自然光,其中短线表示平行于纸面的光振动,黑点表示垂直于纸面的光振动,画成均等分布以表示两者振幅相等,能量相同.

若在垂直于光的传播方向的平面内光矢量只沿某一方向振动时,则称这种光为**线偏振光**(见图 11.31(a)).光矢量的振动方向与光的传播方向构成的平面称为**振动面**,线偏振光的振动面是固定不动的,所以又称线偏振光为**平面偏振光**.通常用图 11.31(b)表示.

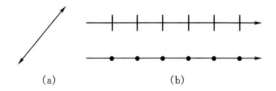

(a)　　　　　　　　(b)

图 11.31　线偏振光及其表示法

部分偏振光是振动状态介于自然光和线偏振光之间的光.与自然光相似之处是部分偏振光也包含了与光的传播方向相垂直的,无固定相位关系的各个方向的光矢量.但与自然光不同之处是在与光的传播方向相垂直的平面内各个方向光振动的振幅不同,振幅最大的方向与振幅最小的方向相垂直,如图 11.32(a)所示.与前面对自然光的光矢量相类似的分解方法,部分偏振光的光振动可看成是由两个振动方向相互垂直、振幅不等、无固定相位关系的分振动组成.一般用图 11.32(b)表示部分偏振光.

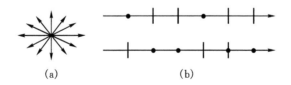

(a)　　　　　　　　(b)

图 11.32　部分偏振光及其表示法

*二、椭圆偏振光和圆偏振光

在垂直于光的传播方向的平面内,光矢量以一定角速度(即光的圆频率)旋转,

若光矢量端点的轨迹是一个椭圆,则称这种光为**椭圆偏振光**,如图 11.33 所示.若
光矢量端点的轨迹是一个圆,则称为**圆偏振光**,如图

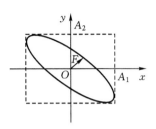

11.34 所示.椭圆(或圆)偏振光按光矢量旋转方向不同
分为右旋和左旋两种.我们规定,迎着光的传播方向看
时,光矢量顺时针旋转的,称为**右旋椭圆(或圆)偏振光**;
迎着光的传播方向看时,光矢量逆时针旋转的,称为**左
旋椭圆(或圆)偏振光**.

图 11.33　椭圆偏振光

根据垂直振动的合成理论,我们知道,两个频率相
同、互相垂直的简谐振动,当它们的相位差不等于 0 或
$\pm\pi$ 时,其合成的振动就是椭圆运动.所以椭圆偏振光
可以看成是两个互相垂直的线偏振光的合成,这两个
互相垂直的线偏振光可以表示为

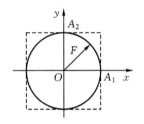

$$E_x = A_1\cos\omega t \qquad (11.32a)$$
$$E_y = A_2\cos(\omega t + \phi) \qquad (11.32b)$$

式中 $\phi\neq 0$ 或 $\pm\pi$,当 $\phi>0$ 时,为右旋椭圆偏振光;当 ϕ
<0 时,为左旋椭圆偏振光;当 $\phi=0$ 或 $\pm\pi$ 时,椭圆偏
振光退化为线偏振光.

图 11.34　圆偏振光

在式(11.32)中,如果 $A_1=A_2$,并且 $\phi=\pm\pi/2$,则
光矢量 E 的端点的轨迹呈圆形,即为圆偏振光.所以圆偏振光可以看成是两个互
相垂直、振幅相等、相位差为 $\pm\pi/2$ 的线偏振光的合成,这两个线偏振光可以表示
为

$$E_x = A\cos\omega t \qquad (11.33a)$$
$$E_y = A\cos(\omega t \pm \frac{\pi}{2}) \qquad (11.33b)$$

式中 $\pi/2$ 前取正号,对应于右旋圆偏振光,取负号,对应于左旋圆偏振光.

§11.11　偏振片的起偏和检偏　马吕斯定律

除了激光器等特殊光源外,一般光源(如太阳光、日光灯、烛光等)发出的光都
是自然光,即非偏振光.从自然光获得线偏振光通常有三种方法:(1)利用二相色
性;(2)利用反射(散射)和折射;(3)利用晶体的双折射现象.

利用二相色性制造的偏振片做获得偏振光的实验和检验偏振光的实验,最简
便也最容易理解.

一、二相色性

有些晶体对不同振动方向的光具有选择吸收的性质.它能吸收某一方向的光振动,而只让与这个方向垂直的光振动通过,这种性质称为**二相色性**.例如天然的电气石是六角形的片状晶体(见图 11.35),长对角线方向称为它的**光轴**.当光线射在这种晶体表面上时,振动方向与光轴平行的光振动被吸收的较少,光可以较多的通过,如图 11.35(a)所示;振动方向与光轴垂直的光振动被吸收的较多,光通过的较少,如图 11.35(b)所示.但天然的二相色性晶体太小,实用价值不大.人们常用一种具有二相色性的有机化合物,例如,碘化硫酸奎宁小晶体,通过特殊加工,将小晶体有序地排列在透明的塑料薄膜上,晶粒的光轴定向排列,这就制成了偏振片.偏振片只允许某一方向的光振动通过,这一方向称为**偏振片的偏振化方向**或**透振方向**.另外,还可以将聚乙烯醇加热,沿一个方向拉伸,使其分子在拉伸方向排列成长链,再侵入到碘溶液中形成碘链,这种薄膜也能选择性地吸收某一方向的光振动,这是目前常用的一种偏振片.

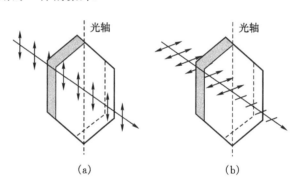

图 11.35　二相色性

二、偏振片的起偏和检偏

通常把能使自然光变成线偏振光的光学元件称为**起偏器**.用来检验光的偏振态的光学元件称为**检偏器**.如图 11.36 所示,两个平行放置的偏振片 P_1 和 P_2,它们的偏振化方向分别用一组平行线表示.当自然光垂直入射于偏振片 P_1 时,由于垂直于 P_1 的偏振化方向的光振动被吸收,透射光为振动方向平行于 P_1 偏振化方向的线偏振光,且透射光的强度为入射光强度的一半(因为自然光中两垂直振动的振幅相等).这里,偏振片 P_1 即可称为起偏器.透过 P_1 的线偏振光再入射到偏振片 P_2 上,如果 P_2 的偏振化方向与 P_1 的偏振化方向平行,则透过 P_2 的光强最强;

如果两者的偏振化方向相互垂直,则光强最弱,称为消光.将 P_2 绕光的传播方向慢慢转动,可以看到透过 P_2 的光强将随 P_2 的转动而变化,例如由亮逐渐变暗,再由暗逐渐变亮,旋转一周将出现两次最亮和两次最暗.这种现象只有在线偏振光入射到 P_2 上时,才会发生,可见此处偏振片 P_2 的作用是检验入射光是否线偏振光.这时 P_2 即可称做为**检偏器**.

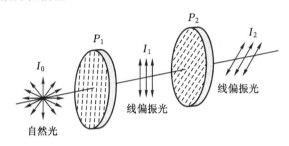

图 11.36　起偏和检偏

三、马吕斯定律

马吕斯(E. L. Malus)在研究线偏振光透过检偏器后透射光的光强时发现:光强为 I_0 的线偏振光,透过检偏器后的光强 I 为

$$I = I_0 \cos^2 \alpha \tag{11.34}$$

式中 α 是检振器的偏振化方向与入射线偏振光的振动方向之间的夹角.这就是**马吕斯定律**.现证明如下.

如图 11.37 所示,P_1 表示入射线偏振光的光振动方向,P_2 表示检偏器的偏振化方向,α 为两者之间的夹角.设 A_0 为入射线偏振光的振幅,I_0 为相应的光强.将入射到检偏器上的线偏振光的光振动分解为两个相互垂直的分振动,一个分振动平行于 P_2,其振幅为 $A_0 \cos\alpha$,另一个分振动垂直于 P_2,其振幅为 $A_0 \sin\alpha$.只有平行于 P_2 的

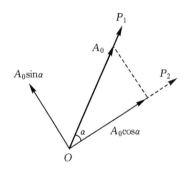

图 11.37　马吕斯定律的证明

分振动能通过检偏器,所以透过检偏器的光的振幅为 $A_0 \cos\alpha$,相应的光强为

$$I = (A_0 \cos\alpha)^2 = A_0^2 \cos^2 \alpha = I_0 \cos^2 \alpha$$

这便是马吕斯定律.

由马吕斯定律可知,$\alpha = 0$ 或 π 时,$I = I_0$,透射光强最大;$\alpha = \pi/2$ 或 $3\pi/2$ 时,$I = 0$,透射光强最小,这恰好解释了图 11.36 的实验结果.

例 11.7 用两偏振片平行放置作为起偏器和检偏器. 当它们的偏振化方向之间的夹角为 30°时,一束单色自然光穿过它们,出射光强为 I'_1;当它们的偏振化方向之间的夹角为 60°时,另一束单色自然光穿过它们,出射光强为 I'_2,且 $I'_1 = I'_2$. 求两束单色自然光的强度之比.

解 令 I_1 和 I_2 分别为两光源照到起偏器上的光强. 透过起偏器后,光的强度分别为 $\frac{1}{2}I_1$ 和 $\frac{1}{2}I_2$. 按马吕斯定律,透过检偏器的光强分别是

$$I'_1 = \frac{1}{2}I_1\cos^2 30°, \quad I'_2 = \frac{1}{2}I_2\cos^2 60°$$

按题意 $I'_1 = I'_2$,所以有

$$\frac{1}{2}I_1\cos^2 30° = \frac{1}{2}I_2\cos^2 60°$$

由此得

$$\frac{I_1}{I_2} = \frac{\cos^2 60°}{\cos^2 30°} = \frac{1}{3}$$

§11.12 反射、折射和散射时的偏振现象

让自然光通过偏振片就能使之偏振. 但是在某些天然情况下同样也会出现偏振. 例如,当自然光被玻璃或水之类的透明物质反射时,反射光和折射光就部分地被偏振了. 还有,太阳光被大气中空气分子散射之后,散射光也部分地被偏振了. 对此下面作具体讨论.

一、反射光和折射光的偏振

自然光在两种各向同性介质界面上反射和折射,反射光和折射光一般都是部分偏振光. 通常把入射光线与界面法线所构成的平面称为入射面. 在反射光中,垂直于入射面的光振动多于在入射面内的光振动;而在折射光中,平行于入射面的光振动多于垂直于入射面的光振动,如图 11.38 所示. 在特殊情况下,反射光将成为线偏振光. 这一偏振现象为我们提供了产生线偏振光的又一种方法.

实验表明,当入射角为某一特定的 i_0 时,反射光成为振动方向垂直于入射面的线偏振光,如图 11.38(b)所示,此时平行振动完全不被反射. 这个特定的入射角 i_0 称为**布儒斯特角**或**起偏角**,它由下式决定

$$\tan i_0 = \frac{n_2}{n_1} \tag{11.35}$$

这个规律称为**布儒斯特定律**. 式中 n_1、n_2 是两介质的折射率.

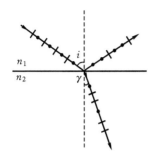
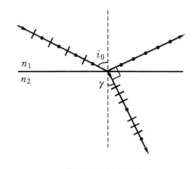

(a) 反射和折射产生部分偏振光　　　　　　　(b) 布儒斯特定律

图 11.38　反射光和折射光的偏振

当入射角为 i_0 时,折射角为 γ_0,根据折射定律,则有

$$\frac{\sin i_0}{\sin \gamma_0} = \frac{n_2}{n_1}$$

将这个关系代入式(11.35)得 $\sin \gamma_0 = \cos i_0$,即

$$i_0 + \gamma_0 = \frac{\pi}{2}$$

这表示,当入射角为起偏角时,反射光和折射光相互垂直,如图 11.38(b)所示.

当自然光以起偏角从一种介质入射到第二种介质的表面上,反射光成为线偏振光,而如果第二种介质没有特殊的吸收作用,那么折射光将成为部分偏振光,并且在入射面内的光振动成分将大于垂直入射面的光振动的成分.假若让这样的部分偏振光连续几次作同样的反射和折射,最后获得的折射光也必定是线偏振光.

*二、由散射产生的偏振光

假如让自然光射入悬浮有微粒的空气、水或其他透明液体介质中时,这些微粒上的电荷将随着光矢量振动而发射出次级光,也就是说微粒吸收了部分入射光,再向四周发射出球面光波,产生散射.实验发现这些散射光也是部分偏振光.如图 11.39 所示,当自然光入射到处于坐标原点的微粒上,微粒上的电荷振动产生的辐射类似于振荡电偶极子的辐射.在沿 z 轴传播的自然光光矢量作用下,电荷就会在 Oxy 平面上振动,振动电荷沿 Oxy 平面上各个方向发射出的是平行

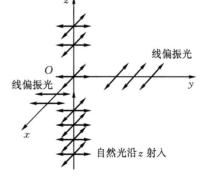

图 11.39　通过散射使光偏振

于 Oxy 平面振动的线偏振光,而向其他角度发射的则是部分偏振光.例如,当太阳光 90°散射时(见图 11.40),偏振效应特别强.在晴天的早晨或傍晚,阳光接近于水平方向,如果空气中有水蒸气或尘埃,则被它们向下散射的光中就包含了 70% 或 80% 的线偏振光.

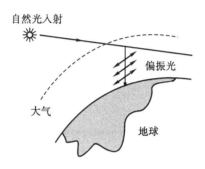

图 11.40　从太阳来的自然光被散射

　　人的眼睛对光的偏振状态是不能分辨的,但某些昆虫的眼睛对偏振光却很敏感.例如,蜜蜂飞行的主要参考物是太阳,它在飞行时正是利用散射阳光的偏振来指导飞行的.

§11.13　双折射现象与光的偏振

一、晶体的双折射现象

　　1669 年荷兰人巴托莱纳(E. Bartholinus)无意将一块很大的方解石(又称冰洲石,化学成分是 $CaCO_3$),放在书上,他惊奇地发现,书上每一个字都变成了两个字.他将此现象记载下来.十年后,惠更斯研究了这一现象,他认为一个字有两个像,表明一束光通过方解石后变成了两束光.一束光在各向异性介质中折射成两束光的现象,称为**双折射现象**.

　　双折射现象的出现是由于晶体的各向异性.具体来说,在某些透明晶体中光沿不同的方向具有不同的传播速度.具有这种性质的晶体,称为**双折射晶体**.我们设想在各向同性的均匀介质中有一点光源 S,在任意瞬间光波的波面总是球面.而在均匀的双折射晶体中,点光源 S 发出的光波波面却有两组,一组是球面,另一组是旋转椭球面.如图 11.41 所示.这两组波面在某一方向上彼此相切,如图中 QQ' 的方向,这个方向称为**晶体的光轴**.

　　在一般情况下,当平行自然光垂直入射到晶体的表面时,根据惠更斯原理,被

照射的晶体表面上各点都是发射子波的波源，
而子波的波面有球面和椭球面两种，所以子波
波面的包络面也应有两种，即球面的包络面和
椭球面的包络面. 于是折射光将分成两束，如图
11.42(a) 所示. 由球面的包络面形成的折射光，
称为**寻常光**，用 o 表示；由椭球面的包络面形成
的折射光，称为**非常光**，用 e 表示. 寻常光 o 是
遵从折射定律的，而非常光 e 不遵从折射定律.
如果晶体表面的法线恰好与光轴重合，使垂直

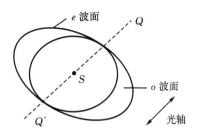

图 11.41　o 光和 e 光的波面

入射的自然光正好沿光轴方向，这时两种波面的包络面相重合，o 光和 e 光相重
合，即不发生双折射现象，如图 11.42(b) 所示.

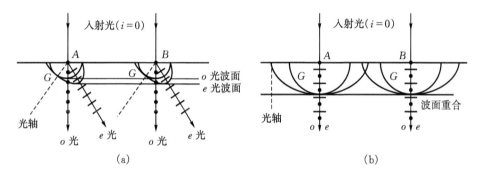

图 11.42　惠更斯作图法解释双折射现象

　　实验表明，当自然光射入双折射晶体时，两束折射光 o 和 e 都是线偏振光. 在
图 11.42 的情况下，o 光和 e 光的振动方向互相垂直. 所以，如果能将寻常光与非常
光分开，那么就可以利用双折射晶体由自然光获得线偏振光.

二、尼科尔棱镜

　　虽然利用晶体的双折射可以从自然光获得 o 光和 e 光两种线偏振光，但两束
光的分开程度决定于晶体厚度. 纯净晶体的厚度一般较小，所以两束光靠得很近，
使用不方便. 通常采用的一种方法是使 o 光或 e 光经过全反射而偏转到一侧，另一
束则无偏折地由晶体出射. 历史上最著名的尼科尔棱镜就是利用这个道理获得线
偏振光的.

　　图 11.43 表示了一个尼科尔棱镜的示意图. 它是由两块方解石直角棱镜（图中
ABD 和 ACD）用加拿大胶粘合而成的. 光轴 QQ' 与端面成 48° 角. 当自然光沿平行
于棱 AC 的方向入射到端面 AB 后，折射成两束，即寻常光 o 和非常光 e，o 光的振

动方向与截面 $ABCD$ 垂直,e 光的振动方向与截面 $ABCD$ 平行.对于寻常光,方解石的折射率为 1.658,加拿大胶的折射率为 1.550,因此 o 光在方解石与加拿大胶的界面上发生全反射(入射角为 76°,全反射的临界角为 69°).对于非常光 e,在此入射方向上方解石的折射率为 1.516,加拿大胶的折射率仍为 1.550,不会发生全反射,而进入第二个直角棱镜,并从端面 CD 出射,这样就得到了线偏振光.

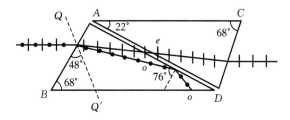

图 11.43　尼科尔棱镜

三、波片

波片是从单轴晶体上切割下来的光轴平行于晶面的晶体薄片.如图 11.44 所示,当平行光垂直射到波片上,将被分解为寻常光 o 和非常光 e 两种振动,它们的振动方向分别垂直于光轴和平行于光轴,虽然它们在波片中传播方向相同,但传播速率却不同,因此彼此产生了附加的相位差 $\Delta\phi$.

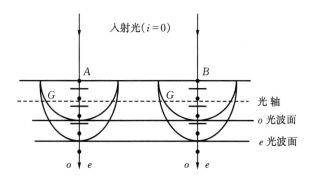

图 11.44　光轴平行于晶面时的双折射

设波片的厚度为 d,e 光和 o 光的折射率分别为 n_e 和 n_o,则两光束从波片射出后的相位差为 $\Delta\phi=(2\pi/\lambda)(n_o-n_e)d$,当 λ 一定时,不同厚度 d 对应于不同的相位差(或光程差).如果波片的厚度正好使某一波长的光产生 $\pi/2$ 的相位差,这样的波片称为 **1/4 波片**,椭圆偏振光和圆偏振光都可以利用 1/4 波片获得.除 1/4 波片外,还有半波片,它能使两种振动产生 π 的附加相位差.

如果让线偏振光垂直入射到 1/4 波片,那么从波片另一表面出射的光是椭圆偏振光;如果线偏振光的振动方向与 1/4 波片的光轴成 45°角,如图 11.45 所示,那么分解后的 o 光和 e 光振幅相等,从晶片的另一表面出射的光则是圆偏振光.

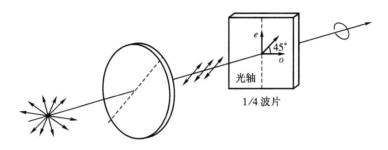

图 11.45 由 1/4 波片获得圆偏振光

*四、克尔电光效应

某些各向同性的媒质本来并不产生双折射现象,但受到外界作用(如机械力、电场或磁场等)时,可以变为各向异性媒质,从而显示双折射现象,这种在人为的条件下产生的双折射,称**人为双折射**.下面以克尔电光效应为例,介绍人为双折射现象及其应用.

各向同性的液体(如硝基苯 $C_6H_5NO_2$)在强电场作用下会出现双折射,这种现象称为**克尔电光效应**.实验表明,这时液体类似于光轴沿电场方向的晶体.可以设想,这些各向同性的液体的分子是不规则排列的,在足够强的电场作用下,分子作有序排列,致使整体呈现各向异性.光轴与电场方向一致.图 11.46 是观测克尔效应的示意图.图中 K 是盛有硝基苯液体的克尔盒,被放置在两个透振方向正交的偏振片之间,K 的两端为透明窗口以便光线通过,盒中在与光的传播方向相垂直的方向上装有两块平行金属板作为电极.单色平行自然光通过起偏振器 M 后变为线偏振光.电源未接时,各向同性的液体样品无双折射现象,所以没有光从偏振片 N 射出.当电源接通后,克尔盒中处于电极之间的液体受到电场作用而变成各向异性的,使进入其中的线偏振光发生双折射分解为 o 光和 e 光.实验表明,o 光和 e 光之间的相位差正比于电场强度 E 的大小的平方,正比于光在各向异性液体中通过的距离 l,即

$$\delta = 2\pi k l E^2 \tag{11.36}$$

式中 k 为克尔系数.克尔效应的特点是可以利用外加电场的变化来调节偏振光的输出,特别是可以制成反应极为灵敏的电光开关.这种开关在 10^{-9} s 内能作出响应.可用于高速摄影、激光测距、激光通信等设备中.

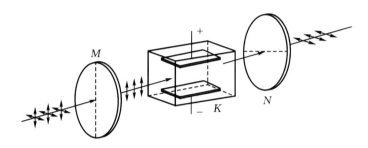

图 11.46　观测克尔效应示意图

如在图 11.46 的装置中用磁场代替电场.同样能产生双折射现象,此时液体则类似于光轴沿磁场方向的晶体.其分解的 o 光和 e 光的相位差与磁感强度成正比.这现象称为**科顿-穆顿(Cotton - Monton)磁光效应**.

五、偏振光的检测

前已述及,利用偏振片可以检测线偏振光、部分偏振光和自然光.将被检测的光投射到偏振片上,以入射光线为轴旋转偏振片.对于线偏振光,则当其振动方向与偏振片的透振方向的夹角为 90°时,透射光强为零,这种现象称为消光.而当 α 为 0°或 180°时,透射光强为最大.如果被测光是自然光,在旋转偏振片的过程中透射光强不变.如果被测光是部分偏振光,在某个 α 值时,透射光强为最大,而当偏振片的透振方向旋转到与该方向垂直时,透射光强为最小,但不等于零,即无消光现象.

如果被测的光包括椭圆偏振光和圆偏振光,我们将无法用一个偏振片鉴别自然光和圆偏振光,也无法区分部分偏振光和椭圆偏振光,而只能根据消光现象把线偏振光从这些光中辩认出来.

因为椭圆偏振光和圆偏振光通常是让线偏振光通过 1/4 波片后产生的,所以鉴别它们也必须借助于 1/4 波片.圆偏振光通过 1/4 波片后变为线偏振光,然后通过偏振片,改变偏振片的透振方向可以观察到消光现象.椭圆偏振光通过 1/4 波片后一般仍为椭圆偏振光,只有当波片的光轴与椭圆的主轴平行时,才变为线偏振光,然后用偏振片加以鉴别.

§11.14　旋光现象

当线偏振光沿某些晶体(如石英)的光轴传播时,透射光虽然仍是线偏振光,但它的振动面却旋转了一个角度.这种现象称为**旋光现象**.除了石英晶体外,许多有机液体和溶液也能产生旋光现象.把物质的这种使线偏振光的振动面发生旋转的性质,称为**旋光性**.具有旋光性的物质,称为**旋光物质**.旋光现象可用图 11.47 所示的装置进行观测.图中 M 和 N 是两个透振方向正交的偏振片,R 是旋光物质.未插入旋光物质时,单色自然光通过 M 和 N 后由于消光视场是暗的,而插入 R 后,视场由暗变亮.若将 N 以光的传播方向为轴旋转某一角度 θ,视场又重新变暗,这说明线偏振光通过旋光物质 R 后仍为线偏振光,只是振动面旋转了 θ 角.

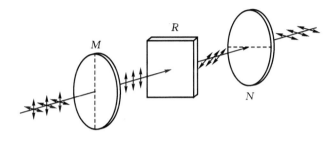

图 11.47　观测旋光现象示意图

　　实验表明,旋光物质为晶体时,振动面转过的角度 ϕ 与光在旋光物质中通过的距离 l 成正比,即

$$\phi = \alpha l \tag{11.37}$$

其中比例系数 α 称为**晶体的旋光率**,它与晶体的性质及入射光的波长等有关.旋光率随波长而改变的现象称为**旋光色散**.对于液体旋光物质,振动面转过的角度 ϕ 除了与光在液体中通过的距离 l 有关外,还与溶液的浓度 c 成正比,即

$$\phi = \alpha c l \tag{11.38}$$

　　在化学、化工和生物学研究中,常利用上式来测定溶液的浓度 c,糖量计就是利用这个道理来测定糖溶液浓度的仪器.

　　实验还表明,线偏振光振动面的旋转分为右旋和左旋两种.振动面向左旋还是向右旋与旋光物质的结构有关.如葡萄糖为右旋物质,而果糖为左旋物质,两种糖的分子式相同,但分子结构互为镜像对称.石英晶体也有右旋和左旋两种晶体,它们的结构也是镜像对称的.一个有趣的现象是,化学成分和化学性质相同的右旋物质和左旋物质,所引起的生物效应却完全不同.例如,人体需要右旋糖,而左旋糖对人体却是无用的.

　　利用人为方法也可以产生旋光性,其中最重要的是**磁致旋光**,又称**法拉第旋转效应**.当线偏振光通过磁性物质时,如果沿光的传播方向加磁场,就能发现偏振光的振动面也转了一个角度.利用材料的这种性质可以制成光隔离器,控制光的传播.

章后结束语

一、本章小结

1. 光的干涉条件

同频率、同振动方向、相位差恒定.

2. 获得相干光的方法

把光源上同一点发出的光分成两部分. 具体方法有分波振面法和分振幅法.

3. 光程与光程差

光程就是把光在介质中传播的路程(r)折合为光在真空中传播的相应路程 (nr);而两束光的光程之差即为光程差. 相位差与光程差的关系为

$$\Delta\varphi = \frac{2\pi}{\lambda}\delta$$

4. 杨氏双缝干涉实验是一种用分波振面法获得相干光的典型实验,其干涉条纹是等间距的明暗相间的直条纹. 出现干涉明暗条纹的条件为

$$x_k = \begin{cases} \pm k \dfrac{D}{d}\lambda & （明纹） \\ \pm(2k+1)\dfrac{D}{2d}\lambda & （暗纹） \end{cases} \quad (k=0,1,2,\cdots)$$

5. 薄膜干涉是利用分振幅法获得相干光而产生干涉的. 其干涉加强与减弱的条件为(有半波损失)

$$\delta = 2d \sqrt{n_2^2 - n_1^2\sin^2 i} + \lambda/2 = \begin{cases} k\lambda & k=1,2,3,\cdots（加强） \\ (2k+1)\lambda/2 & k=0,1,2,\cdots（减弱） \end{cases}$$

(1) 等倾干涉条纹. 薄膜厚度均匀,同一级干涉条纹对应入射光的倾角相同,干涉条纹是同心圆环.

(2) 等厚干涉条纹. 光线垂直入射,同一级条纹对应薄膜的厚度相等. 反射光的干涉条件为

$$\delta = 2en + \frac{\lambda}{2} = \begin{cases} k\lambda & k=1,2,3,\cdots（加强） \\ (2k+1)\lambda/2 & k=0,1,2,\cdots（减弱） \end{cases}$$

典型的等厚干涉有劈尖干涉和牛顿环干涉. 前者是等间距直条纹,后者是密度不等的同心圆环. 牛顿环明暗纹半径为

$$r = \begin{cases} \sqrt{(2k-1)R\lambda/2} & k=1,2,3,\cdots（明环） \\ \sqrt{Rk\lambda} & k=0,1,2,\cdots（暗环） \end{cases}$$

6. 迈克尔孙干涉仪

利用分振幅法使两个相互垂直的平面镜形成一等效的空气薄膜,产生双光束干涉.干涉条纹移动一条相当于空气薄膜厚度改变 $\lambda/2$.利用迈克尔孙干涉仪可测量长度的改变或光波的波长.

7. 惠更斯-菲涅尔原理

波振面上的每一个面元都可看成是发射子波的波源,这些子波是相干的,空间任一点的振动是这些子波在该点相干叠加的结果.

8. 单缝夫琅禾费衍射(利用半波带法计算)

单色光垂直入射时,明暗条纹中心的衍射角满足

$$\delta = a\sin\theta = \begin{cases} 2k\lambda/2 & (\text{暗}) \\ (2k+1)\lambda/2 & (\text{明}) \end{cases} \quad (k=1,\ 2,\ 3,\ \cdots)$$

9. 在圆孔的夫琅禾费衍射中,艾里斑所对应的角半径 θ 满足的关系式为

$$\theta \approx \sin\theta = 0.61\lambda/r = 1.22\lambda/D$$

由此可得光学仪器的最小分辨角为(瑞利判据): $\theta_0 = 1.22\lambda/D$

10. 光栅衍射

光栅方程 $(a+b)\sin\theta = \pm k\lambda \quad (k=0,\ 1,\ 2\cdots)$

缺级条件 $a\sin\theta = \pm k'\lambda \quad (k=1,\ 2,\ 3,\ \cdots)$

11. X 射线衍射

布拉格公式 $2d\sin\theta = k\lambda \quad (k=1,\ 2,\ 3,\ \cdots)$

12. 光的偏振

光是横波,光的偏振是横波特有的现象.光有自然光、线偏振光、部分偏振光、椭圆偏振光和圆偏振光五种偏振状态.偏振光通常利用偏振片、折射反射和双折射等来产生.

13. 马吕斯定理 $I = I_0\cos^2\alpha$

14. 布儒斯特定律 $\tan i_0 = \dfrac{n_2}{n_1}$, $i_0 + \gamma_0 = \pi/2$

15. 双折射现象

一束光在各向异性介质中折射成两束光的现象,称为双折射现象.尼科尔棱镜是利用 o 光和 e 光之一经全反射从而获得线偏振光的一种方法.

波片是从单轴晶体上切割下来的光轴平行于晶面的晶体薄片.

16. 当线偏振光沿某些晶体(如石英)的光轴传播时,线偏振光的振动面发生旋转的现象称为旋光现象.振动面旋转的角度决定于旋光物质的性质、浓度及入射光的波长等.

二、应用及前沿发展

　　光是人类以及各种生物生活不可缺少的最普通的要素,但对它的规律和本性的认识却经历了漫长的过程.最早也是最容易观察到的规律是光的直线传播.在机械观的基础上,人们认为光是一些微粒组成的,光线就是这些"光微粒"的运动路径.牛顿被尊为是光的微粒说的创始人和坚持者,但并没有确凿的证据.实际上牛顿已觉察到许多光现象可能需要用波动来解释,牛顿环就是一例.不过他当时未能作出这种解释.他的同代人惠更斯倒是明确的提出了光是一种波动,但是并没有建立起系统的有说服力的理论.直到进入19世纪,才由托马斯·杨和菲涅尔从实验和理论上建立起一套比较完整的光的波动理论,使人们正确的认识到光就是一种波动,而光的沿直线前进只是光的传播过程的特殊情形.托马斯·杨和菲涅尔对光波的理解还持有机械论的观点,即光是一种在介质中传播的波.关于传播光的介质是什么的问题,虽然对光波的传播规律的描述甚至实验观测并无直接的影响,但终究是波动理论的一个"要害"问题.19世纪中叶光的电磁理论的建立使人们对光波的认识更深入了一步,但关于"介质"的问题还是矛盾重重,有待解决.最终解决这个问题的是19世纪末迈克尔孙的实验以及随后爱因斯坦建立的相对论理论.它们的结论是电磁波(包括光波)是一种可独立存在的物质,它的传播不需要任何介质.

　　到了19世纪末期和20世纪初期,人们对光的认识深入到发光原理、光与物质的相互作用的微观机制中.通过对黑体辐射、光电效应和康普顿效应的研究,又无可怀疑地证实了光的量子性,形成了一套具有崭新内涵的微粒学说.面对这两种各有坚实实验基础的波动说和微粒说,人们对光的本性的认识又向前迈进了一步,即光具有波-粒二象性.由于光具有波-粒二象性,所以对光的全面描述需运用量子力学的理论.根据光的量子性从微观过程上研究光与物质相互作用的学科叫做量子光学.

　　20世纪60年代激光的发展,使光学的发展又获得了新的活力,激光技术与相关学科相结合,导致了光全息技术、光信息处理技术、光纤技术等的飞速发展,非线性光学、傅里叶光学等现代光学分支逐渐形成,带动了物理学及其相关学科的不断发展.

习题与思考

11.1　若把杨氏双缝干涉装置浸入水中,干涉条纹将如何变化?

11.2　为什么在日常生活中,声波的衍射比光波的衍射更加显著?

11.3　光栅衍射和单缝衍射有何区别? 为何光栅衍射的明纹特别的亮而暗区

很宽?

11.4　一束光入射到两种透明介质的分界面时,发现只有透射光而无反射光,试说明,这束光是怎样入射的? 其偏振状态如何?

11.5　在一对正交的偏振片之间放一块 1/4 波片,用自然光入射.

(1) 转动 1/4 波片光轴方向,出射光的强度怎样变化?

(2) 如果有强度极大和消光现象,那么 1/4 波片的光轴应处于什么方向? 这时从 1/4 波片射出的光的偏振状态如何?

*　*　*　*　*　*　*

11.6　在杨氏双缝干涉装置中,从氦氖激光器发出的激光束($\lambda = 632.8$ nm)直接照射双缝,双缝的间距为 0.5 mm,屏幕距双缝 2 m,求条纹间距,它是激光波长的多少倍?

11.7　在杨氏双缝干涉装置中,入射光的波长为 550 nm. 用一很薄的云母片($n = 1.58$)覆盖双缝中的一条狭缝,这时屏幕上的第九级明纹恰好移到屏幕中央原零级明纹的位置,问这云母片的厚度应为多少?

11.8　白光垂直照射到空气中一厚度为 380 nm 的肥皂膜上,设肥皂膜的折射率为 1.33,试问该膜的正面呈现什么颜色? 背面呈现什么颜色?

11.9　在棱镜($n_1 = 1.52$)表面涂一层增透膜($n_2 = 1.30$). 为使此增透膜适用于 550 nm 波长的光,膜的厚度应取何值?

11.10　有一劈形膜,折射率 $n = 1.4$,尖角 $\theta = 10^{-4}$ rad. 在某一单色光的垂直照射下,可测得两相邻明条纹之间的距离为 0.25 cm. 试求:

(1) 此单色光在空气中的波长.

(2) 如果劈形膜长为 3.5 cm,那么总共可出现多少条明条纹.

11.11　为了测量金属细丝的直径,把金属丝加在两块平玻璃之间,使空气层形成劈形膜(如图 11.48 所示). 如用单色光垂直照射,就得到等厚干涉条纹,测出干涉条纹之间的距离,就可以算出金属丝的直径. 某次的测量结果为:单色光的波长 $\lambda = 589.3$ nm,金属丝与劈形膜顶点间的距离 $L = 28.880$ mm,30 条明纹间的距离为 4.295 mm,求金属丝的直径 D.

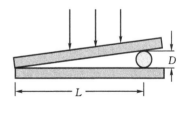

图 11.48　题 11.11 图

11.12　用波长为 589 nm 的钠黄光观察牛顿环. 在透镜和平板接触良好的情况下,测得第 20 级暗环的直径为 0.687 cm. 当透镜向上移动 5.00×10^{-4} cm 时,同一暗环的直径变为多少?

11.13　当牛顿环装置中透镜与平面玻璃之间充以某种液体时,某一级干涉条纹的直径由 1.40 cm 变为 1.27 cm,求该液体的折射率.

11.14 (1)迈克尔孙干涉仪可用来测量单色光的波长.当 M_2 移动距离 $\Delta d = 0.3220$ mm 时,测得某单色光的干涉条纹移过 $\Delta n = 1204$ 条,试求该单色光的波长.

(2)在迈克尔孙干涉仪的 M_2 镜前,当插入一薄玻璃片时,可观察到有 150 条干涉条纹向一方移过.若玻璃片的折射率 $n = 1.632$,所用的单色光波长 $\lambda = 500$ nm,试求玻璃片的厚度.

11.15 如图 11.49 所示,狭缝的宽度 $b = 0.60$ mm,透镜焦距 $f = 0.40$ m,有一与狭缝平行的屏放置在透镜的焦平面上.若以单色平面光垂直照射狭缝,则在屏上离点 O 为 $x = 1.4$ mm 的点 P 看到衍射明条纹.试求:

(1)该入射光的波长;

(2)点 P 条纹的级数;

(3)从点 P 看,对该光波而言,狭缝处的波振面可分半波带的数目.

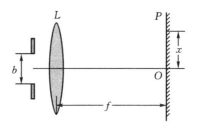

图 11.49　题 11.15 图

11.16 一单色平行光垂直照射于一单缝上,若其第三条明纹位置正好和波长为 600 nm 的单色光入射时的第二级明纹位置一样,求前一种单色光的波长.

11.17 在通常的亮度下,人眼瞳孔直径约为 3 mm,问人眼的最小分辨角是多大?如果黑板上画有两条平行直线,相距 1 cm,问离开多远处能恰能分辨?

11.18 已知天空中两颗星相对于一望远镜的角距离为 4.84×10^{-6} rad,它们都发射出波长 $\lambda = 5.50 \times 10^{-5}$ cm 的光.试问:望远镜的口径至少要多大,才能分辨出这两颗星?

11.19 衍射光栅公式:$(a+b)\sin\phi = \pm 2k\dfrac{\lambda}{2}$,当 $k = 0, 1, 2, 3, \cdots$ 等整数值时,两相邻的狭缝沿 ϕ 角所射出的光线能够相互加强.试问:

(1)当满足上述条件时,任意两个狭缝沿 ϕ 角射出的光线能否互相加强?

(2)在上式中,当 $k = 2$ 时,第一条缝与第二条缝沿 ϕ 角射出的光线,在屏上会聚(在第二级明纹处),两者的光程差是多少?第一条缝与第 n 条缝的光程差又如何?

11.20 波长为 600 nm 的单色光垂直入射在一光栅上,第二级明条纹出现在 $\sin\theta = 0.20$ 处,第四级是缺级,试问:

(1) 光栅上相邻两缝的间距 $(a+b)$ 有多大?

(2) 光栅上狭缝可能的最小宽度 a 有多大?

(3) 按上述选定的 a、b 值,试问在光屏上可能观察到的全部级数是多少?

11.21 利用一个每厘米刻有 4000 条缝的光栅,在白光垂直照射下,可以产生多少完整的光谱? 问哪一级光谱中的哪个波长的光开始与其他谱线重叠?

11.22 如果图 11.50 中入射的 X 射线束不是单色的,而是含有由 0.095 nm 到 0.130 nm 这一波带中的各种波长.晶体的晶格常量 $d = 0.275$ nm,试问对图中所示的晶面族能否产生强反射?

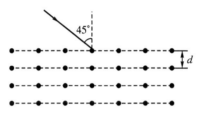

图 11.50　题 11.22 图

11.23 自然光通过两个偏振化方向成 60° 角的偏振片,透射光强为 I_1,若在这两个偏振片之间再插入另一个偏振片,它的偏振化方向与前两个偏振片的偏振化方向均成 30° 角,则透射光强为多少?

11.24 一束线偏振光和自然光的混合光,当它垂直入射在一理想的旋转偏振片上时,测得透射光强的最大值是最小值的 5 倍,求入射光束中线偏振光与自然光的光强之比.

11.25 将偏振化方向相互平行的两块偏振片 M 和 N 共轴平行放置,并在它们之间平行地插入另一偏振片 B,B 与 M 的偏振化方向之间的夹角为 θ,若用强度为 I_0 的单色自然光垂直入射到偏振片 M 上,问透过偏振片 N 的出射光强将随 θ 如何变化?

11.26 测得从一池静水的表面反射出来的太阳光是线偏振光,求此时太阳处在地平线的多大仰角处?(水的折射率为 1.33)

11.27 在如图 11.51 所示的各种情况中,以非偏振光和偏振光入射于两种介质的分界面,图中 i_0 为布儒斯特角,$i \neq i_0$,试画出折射线和反射线,并用点和短线表示出它们的偏振状态.

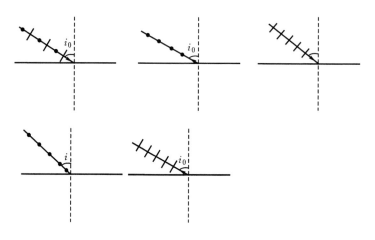

图 11.51   题 11.27 图

11.28 一未知浓度的葡萄糖水溶液装满在 12.0 cm 长的玻璃管中,当一单色线偏振光垂直于管端面,沿管的中心轴线通过时,从检偏器测得光的振动面旋转 31.23°.已知葡萄糖溶液的旋光率为 20.5 cm³/(dm·g),求该葡萄糖溶液的浓度.

阅读材料 E:光学信息处理

由光路构成的成像系统是用来接收、传递、改变和输出图像的,而图像一般是在二维空间内随空间改变的光信号.这种情形与由电路构成的通讯系统是极其相似的,只不过通讯系统所传输的是随时间而改变的电信号,成像系统传输的是随空间而改变的光信号罢了.由于这种相似性,可以将通讯系统的一系列概念和方法应用于成像系统,从而形成近代光学的一个重要分支,即信息光学,而光学信息处理是其重要组成部分.现仅就光学信息处理的基本内容作简要介绍.

E.1   阿贝-波特实验

用平行相干光照射一张放置在凸透镜前方的用细丝织成的正交网格(二维光栅),则在透镜后方处于像平面的接收屏上将出现网格的像,如图 E.1 所示.如果在透镜的像方焦面上放置一块毛玻璃,会发现毛玻璃上显示出规则排列的许多亮点,中央的亮点的亮度最大,越向外亮点的亮度越小.显然毛玻璃上出现的这些亮点就是网格的夫琅禾费衍射图样,阿贝把它称为网格的空间频谱.阿贝认为,像平面出现的网格的像,是组成空间频谱的这些亮点作为子波波源所发出的光在像平面进行相干叠加的结果,这便是阿贝二次衍射成像原理.所谓二次衍射成像,就是从物(网格)到空间频谱是第一次衍射过程,从空间频谱到像是第二次衍射过程.

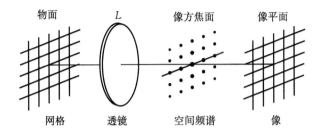

图 E.1　阿贝-波特实验示意图

如果用一维透射光栅代替上述网格,那么在透镜的像方焦面上得到的空间频谱是沿垂直于缝长方向排列的一系列亮点,零级在中央,正负各级分别排列在两侧,级次越高的离开中心越远.若让各级光谱经第二次衍射,则会在像平面上得到一维光栅的像.

根据惠更斯-菲涅尔原理可以证明,空间频谱上的复振幅分布是物面透射光的复振幅分布的傅里叶变换,也就是说,空间频谱反映了物面透射光波的傅里叶展式中各分量的频率和强度.例如,一个矩形波可以用傅里叶分析分解为一系列频率为 $f,3f,5f,7f,\cdots$ 的简谐波,一维透射光栅的透射光波就是这样的矩形波,透光部分的透射光振幅等于 1,不透光部分的透射光振幅等于 0.经傅里叶变换后得到频率为 f 的基波分量和频率分别为 $3f,5f,7f,\cdots$ 的高次谐波分量,而每一种频率的分量分别对应于空间频谱中的一个亮点,这个亮点的亮度则决定于这种频谱分量的振幅.这样看来,透镜就是一个傅里叶变换转换器.

在一般情况下的物面,其振幅分布不再是周期性函数,其傅里叶变换则由许多不同频率分量组成,其空间频谱的花样也不再像正交光栅和一维光栅那样表现为分立的光点(可称为分立谱),而呈现为连续的复杂谱图(可称为连续谱).

E.2　空间滤波和 $4f$ 系统

从上面的分析可见,在空间频谱面上越接近中心的区域,对应物面上透射光波的分量的频率越低,中心所对应的频率最低,甚至为零;在空间频谱面上离开中心越远的区域,对应物面上透射光波的分量的频率越高,边缘所对应的频率最高.

如果物面透射光所形成的全部空间频谱都参与在像平面上的成像,那么像面的复振幅分布与物面完全相同,像与物在几何上完全相似.但由于透镜的孔径总是有限的,空间频谱所包含的频率上限是受到透镜孔径的限制.从这个意义上说,由图 E.1 所示的成像系统就是一个低通滤波器,高于透镜孔径所对应的频率分量不能呈现在空间频谱上,因而也就不能参与像平面上的成像.

既然图 E.1 所示的成像系统如同滤波器,那么我们一定可以用诸如狭缝、直棒、小圆孔或小圆盘等栏截物放置在空间频谱面上,人为地遮挡空间频谱中的某些频率的分量,以改变像方平面上像的性质.这种改变像的性质的操作,称为**空间滤波**,用于遮挡空间频谱的某些频率分量的器具,称为**空间滤波器**.

为了说明空间滤波器,让我们再回到图 E.1 所示的情况中来.如果将作为空间滤波器的狭缝放置在空间频谱面上,只让中间的一行水平方向的亮点通过,那么在像平面上将得到一个沿水平方向排列的一维光栅(光栅狭缝沿竖直方向),如图 E.2(a)所示.若将狭缝旋转 90°,只让中间的一列竖直方向的亮点通过,则在像平面上将得到一个沿竖直方向排列的一维光栅(光栅狭缝沿水平方向),如图 E.2(b)所示.如果空间滤波器是个小孔,只让中心的那个亮点通过,像平面上又重新得到二维光栅的像,不过这个像不像原物(网格)那样棱角锐利、边缘明晰,而是处处圆滑、亮暗渐变.如果空间滤波器是一个小圆盘,正好将中心的亮点遮挡住而让其他亮点全部通过,这时像平面上网格的像是亮暗颠倒的,即网格之间的透光部分是暗的,而丝网却成了亮线.

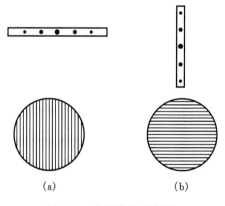

(a)   (b)

图 E.2 空间滤波示意图

可见,空间滤波给我们带来了十分诱人的奇特效果,光学信息处理正是由此发展起来的.

近代光学信息处理系统是采用了一种被称为 4f 系统的装置,这种装置可以借助于图 E.3 来说明.如图中表示,用平行激光照射放置于透镜 L_1 物方焦面的物,则在 L_1 的像方焦面(也是透镜 L_2 的物方焦面)上形成物的空间频谱,各种空间滤波器也是设置在此面上,经修饰的空间频谱图在透镜 L_2 的像方焦面上形成所需要的像.

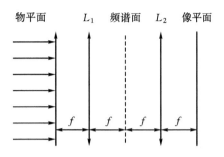

图 E.3　4f 系统示意图

　　近代光学信息处理有广泛的应用,应用范围大致可分为两类,一类是对光学图像信息的处理,被处理的是照片、底片和画面等光学图形.用上述系统可以改变图形的衬比度,改善图形的清晰度,消除图形中的杂影,遥感图像处理,特征识别(如指纹等),对黑白图像进行假彩色编码以及集成电路板的缺陷检测等.另一类应用是对非光学信息的处理,被处理的可以是电信号、机械信号(重量、长度、角度、速度和应力应变等)、语言信号或热信号等,不过这类信号必须先转变为光学信号或光学图像后,才能用上述系统处理.

第五篇　近代物理基础

　　19 世纪末，正当经典物理学发展的相当完善之时，在物理学晴朗的天空中出现了两朵小小的乌云——迈克尔孙-末雷实验的零结果和黑体辐射实验，它们用经典物理学理论无法解释，此外还有光电效应、原子光谱实验等等. 为了说明这些实验结果，人们不得不突破经典物理学的束缚，提出一些新的假设和概念，并在实践中不断修正和完善，最后发展为相对论和量子理论.

　　相对论与量子理论是近代物理的两大支柱，它们分别建立于 1905 年和 1926 年. 以后又在此基础上，深入研究各种凝聚态物质的微观结构，原子、原子核、基本粒子内部结构以及它们的相互作用和运动变化规律等，所有这些都属近代物理学范围. 相对论和量子理论对现代工程技术和其他相关学科也都有着深远的影响.

　　本书近代物理基础部分包括：相对论基础、量子力学基础两章.

第 12 章 　 相对论基础

自从 17 世纪,牛顿的经典理论形成以后,直到 20 世纪前,它在物理学界一直处于统治地位.历史步入 20 世纪时,物理学开始深入扩展到微观高速领域,这时发现牛顿力学在这些领域不再适用.物理学的发展要求对牛顿力学以及某些长期认为是不言自明的基本概念作出根本性的改革.从而出现了相对论和量子理论.本章介绍相对论的基本知识,在下一章中将介绍量子理论的基本知识.

§12.1 　 狭义相对论产生的历史背景

一、力学相对性原理和经典时空观

力学是研究物体运动的.物体的运动就是它的位置随时间的变化.为了定量研究这种变化,必须选择适当的参考系,而力学概念以及力学规律都是对一定的参考系才有意义的.在处理实际问题时,视问题的方便,我们可以选择不同的参考系.相对于任一参考系分析研究物体的运动时,都要应用基本的力学规律,这就要问对于不同的参考系,基本力学定律的形式是完全一样的吗?同时运动既然是物体位置随时间的变化,那么无论是运动的描述或是运动定律的说明,都离不开长度和时间的测量.因此与上述问题紧密联系而又更根本的问题是:相对于不同的参考系,长度和时间的测量结果是一样的吗?物理学对于这些根本性问题的解答,经历了从牛顿力学到相对论的发展.

在牛顿的经典理论中,对第一个问题的回答,早在 1632 年伽利略曾在封闭的船舱里仔细地观察了力学现象,发现在船舱中觉察不到物体的运动规律和地面上有任何不同.他写到:"在这里(只要船的运动是等速的),你在一切现象中观察不出丝毫的改变,你也不能根据任何现象来判断船是在运动还是停止,当你在地板上跳跃的时候,你所通过的距离和你在一条静止的船上跳跃时通过的距离完全相同,你向船尾跳时并不比你向船头跳时——由于船的迅速运动——跳得更远些,虽然当你跳在空中时,在你下面的地板是在向着和你跳跃相反的方向奔驰着.当你抛一件东西给你的朋友时,如果你的朋友在船头而你在船尾时,你所费的力并不比你们俩站在相反的位置时所费的力更大.从挂在天花板下的装着水的酒杯里滴下的水滴,将竖直地落在地板上,没有任何一滴水偏向船尾方向滴落,虽然当水滴尚在空中时,船在向前走".据此现象伽利略得到如下结论:在彼此作匀速直线运动的所有惯性系中,物体运动所遵循的力学规律是完全相同的,应具有完全相同的数学表达式.也就是说,对于描述力学现象的规律而言,所有惯性系都是等价的,这称为**力学相对性原理**.

对第二个问题的回答,牛顿理论认为,时间和空间都是绝对的,可以脱离物质运动而存在,并且时间和空间也没有任何联系.这就是经典的时空观,也称为绝对时空观.这种观点表现在对时间间隔和空间间隔的测量上,则认为对所有的参考系中的观察者,对于任意两个事件的时间间隔和空间距离的测量结果都应该相同.显然这种观点符合人们的日常经验.

依据绝对时空观,伽利略得到反映经典力学规律的伽利略变换.并在此基础上,得出不同惯性参考系中物体的加速度是相同的.在经典力学中,物体的质量 m 又被认为是不变的,据此,牛顿运动定律在这两个惯性系中的形式也就成为相同的了,这表明牛顿第二定律具有伽利略变换下的不变性.可以证明,经典力学的其他规律在伽利略变换下也是不变的.所以说,伽利略变换是力学相对性原理的数学表述,它是经典时空观念的集中体现.

二、狭义相对论产生的历史背景和条件

19 世纪后期,随着电磁学的发展,电磁技术得到了越来越广泛的应用,同时对电磁规律更加深入的探索成了物理学研究的中心,终于导致了麦克斯韦电磁理论的建立.麦克斯韦方程组是这一理论的概括和总结,它完整地反映了电磁运动的普遍规律,而且预言了电磁波的存在,揭示了光的电磁本质.这是继牛顿之后经典理论的又一伟大成就.

光是电磁波,由麦克斯韦方程组可知,光在真空中传播的速率为

$$c = \frac{1}{\sqrt{\varepsilon_0 \mu_0}} = 2.998 \times 10^8 \text{ m/s}$$

它是一个恒量,这说明光在真空中传播的速率与光传播的方向无关.

按照伽利略变换关系,不同惯性参考系中的观察者测定同一光束的传播速度时,所得结果应各不相同.由此必将得到一个结论:只有在一个特殊的惯性系中,麦克斯韦方程组才严格成立,即在不同的惯性系中,宏观电磁现象所遵循的规律是不同的.这样以来,对于不可能通过力学实验找到的特殊参考系,现在似乎可以通过电磁学、光学实验找到,例如若能测出地球上各方向光速的差异,就可以确定地球相对于上述特殊惯性系的运动.

为了说明不同惯性系中各方向上光速的差异,人们不仅重新研究了早期的一些实验和天文观察,还设计了许多新的实验.迈克尔孙-莫雷实验就是最早设计用

来测量地球上各方向光速差异的著名实验. 然而在各种不同条件下多次反复进行测量都表明,在所有惯性系中,真空中光沿各个方向上传播的速率都相同,即都等于 c.

这是个与伽利略变换乃至整个经典力学不相容的实验结果,它曾使当时的物理学界大为震动. 为了在绝对时空观的基础上统一地说明这个实验和其他实验结果,一些物理学家,如洛伦兹等,曾提出各种各样的假设,但都未能成功.

1905 年,26 岁的爱因斯坦另辟蹊径. 他不固守绝对时空观和经典力学的观念,而是在对实验结果和前人工作进行仔细分析研究的基础上,从全新的角度来考虑所有问题. 首先,他认为自然界是对称的,包括电磁现象在内的一切物理现象和力学现象一样,都应满足相对性原理,即在所有的惯性系中物理定律及其数学表达式都是相同的,因而用任何方法都不能确定特殊的参考系;此外,他还指出,许多实验都已表明,在所有的惯性系中测量,真空中的光速都是相同的. 于是爱因斯坦提出了两个基本假设,并在此基础上建立了新的时空理论——狭义相对论.

§12.2　狭义相对论的基本原理

一、狭义相对论的两个基本假设

爱因斯坦在对实验结果和前人工作进行仔细分析研究的基础上,提出了狭义相对论的如下两个基本假设.

(1) **相对性原理**:基本物理定律在所有惯性系中都保持相同形式的数学表达式,即一切惯性系都是等价的. 它是力学相对性原理的推广和发展.

(2) **光速不变原理**:在一切惯性系中,光在真空中沿各个方向传播的速率都等于同一个恒量 c,且与光源的运动状态无关.

狭义相对论的这两个基本假设虽然非常简单,但却与人们已经习以为常的经典时空观及经典力学体系不相容. 确认两个基本假设,就必须彻底摒弃绝对时空观念,修改伽利略坐标变换关系和牛顿力学定律等,使之符合狭义相对论两个基本原理的要求. 另一方面应注意到,伽利略变换关系和牛顿力学定律是在长期的实践中证明是正确的,因此它们应该是新的坐标变换式和新的力学定律在一定条件下的近似. 即狭义相对论应包含牛顿力学理论在内,牛顿的经典力学理论是狭义相对论在一定条件(低速运动情况)下的近似.

尽管狭义相对论的某些结论可能会使初学者感到难于理解,但是一百多年来大量实验事实表明,依据上述两个基本假设建立起来的狭义相对论,确实比经典理论更真实、更全面、更深刻地反映了客观世界的规律性.

二、洛伦兹变换

为简单起见,如图 12.1 所示,设惯性系 $S'(O'\ x'y'\ z')$ 以速度 v 相对于惯性系 $S(Oxyz)$ 沿 $x(x')$ 轴正向作匀速直线运动,x' 轴与 x 轴重合,y' 和 z' 轴分别与 y 和 z 轴平行,S 系原点 O 与 S' 系原点 O' 重合时两惯性坐标系在原点处的时钟都指示零点.设 P 为观察的某一事件,在 S 系观察者看来,它是在 t 时刻发生在 (x,y,z) 处的,而在 S' 系观察者看来,它却在 t' 时刻发生在 $(x',y',\ z')$ 处.下面我们就来推导这同一事件在这两惯性系之间的时空坐标变换关系.

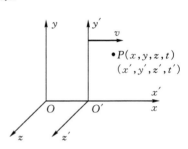

在 y (y')方向和 $z(z')$ 方向上,S 系和 S' 系没有相对运动,则有:$y'=y$,$z'=z$,下面仅考察 $(x、t)$ 和 $(x'、t')$ 之间的变换.由于时间和空间的均匀性,变换应是线性的,在考虑 $t=t'=0$ 时两个坐标系的原点重合,则 x 和 $(x'+vt')$ 只能相差一个常数因子,即

$$x = \gamma(x' + vt') \tag{12.1}$$

由相对性原理知,所有惯性系都是等价的,对 S' 系来说,S 系是以速度 v 沿 x' 的负方向运动,因

图 12.1　洛伦兹坐标变换

此,x' 和 $(x-vt)$ 也只能相差一个常数因子,且应该是相同的常数,即有

$$x' = \gamma(x - vt) \tag{12.2}$$

为确定常数 γ,考虑在两惯性系原点重合时 $(t=t'=0)$,在共同的原点处有一点光源发出一光脉冲,在 S 系和 S' 系都观察到光脉冲以速率 c 向各个方向传播.所以有

$$x = ct \tag{12.3}$$

$$x' = ct' \tag{12.4}$$

将式(12.3)、式(12.4)代入式(12.1)和式(12.2)并消去 t 和 t' 后得

$$\gamma = \frac{1}{\sqrt{1 - v^2/c^2}} \tag{12.5}$$

将上式中的 γ 代入式(12.2)得

$$x' = \frac{x - vt}{\sqrt{1 - v^2/c^2}} \tag{12.6}$$

另由式(12.1)和(12.2)求出 t' 并代入 γ 的值得

$$t = \gamma t + \left(\frac{1-\gamma^2}{\gamma v}\right)x = \frac{t - vx/c^2}{\sqrt{1 - v^2/c^2}}$$

于是得到如下的坐标变换关系

$$\left.\begin{array}{l} x' = \dfrac{x - vt}{\sqrt{1 - v^2/c^2}} \\[3mm] y' = y \\[1mm] z' = z \\[1mm] t' = \dfrac{t - vx/c^2}{\sqrt{1 - v^2/c^2}} \end{array}\right\} \qquad (12.7)$$

这种新的坐标变换关系称为**洛伦兹**(H. A. Lorentz, 1853—1928)**变换**. 显然, 在 $v \ll c$ 的情况下, 洛伦兹变换就过渡到伽利略变换.

据相对性原理, 在式(12.7)中, 将带撇的量与不带撇的量互换, 并将 v 换成 $-v$, 就得到洛伦兹变换的逆变换, 即

$$\left.\begin{array}{l} x = \dfrac{x' + vt'}{\sqrt{1 - v^2/c^2}} \\[3mm] y = y' \\[1mm] z = z' \\[1mm] t = \dfrac{t' + vx'/c^2}{\sqrt{1 - v^2/c^2}} \end{array}\right\} \qquad (12.8)$$

从洛伦兹变换中可以看出, 不仅 x' 是 x、t 的函数, 而且 t' 也是 x、t 的函数, 并且还都与两个惯性系之间的相对运动速度有关, 这样洛伦兹变换就集中地反映了相对论关于时间、空间和物体运动三者紧密联系的新观念. 这是与牛顿理论的时间、空间与物体运动无关的绝对时空观截然不同的.

另外, 洛伦兹变换中, x' 和 t' 都必须是实数, 所以速率 v 必须满足 $v \leqslant c$. 于是我们就得到了一个十分重要的结论: 一切物体的运动速度都不能超过真空中的光速 c, 或者说真空中的光速 c 是物体运动的极限速度.

例 12.1　北京与上海直线相距 1000 km, 在某一时刻从两地同时各开出一列火车. 现有一艘飞船沿从北京到上海的方向在高空掠过, 速率恒为 $v = 9$ km/s. 求宇航员测得的两列火车开出时刻的间隔, 哪一列先开出?

解　取地面为 S 系, 坐标原点在北京, 以北京到上海的方向为 x 轴正方向, 北京和上海的位置坐标分别为 x_1 和 x_2. 取飞船为 S' 系.

现已知在 S 系, 两地距离为

$$\Delta x = x_2 - x_1 = 10^6 \text{ m}$$

而两列火车开出时刻的间隔是

$$\Delta t = t_2 - t_1 = 0$$

以 t'_1 和 t'_2 分别表示在飞船上测得的从北京发车的时刻和从上海发车的时刻, 则由洛伦兹变换可得

$$t'_2 - t'_1 = \frac{(t_2 - t_1) - \dfrac{v}{c^2}(x_2 - x_1)}{\sqrt{1 - v^2/c^2}}$$

$$= \frac{-\dfrac{9 \times 10^3}{(3 \times 10^8)^2} \times 10^6}{\sqrt{1 - \left(\dfrac{9 \times 10^3}{3 \times 10^8}\right)^2}} \approx -10^{-7}\,(\text{s})$$

这一负的结果表示:宇航员发现从上海发车的时刻比从北京发车的时刻早 10^{-7} s.

三、洛伦兹速度变换关系

洛伦兹速度变换关系讨论的是同一运动质点在 S 系和 S' 系中速度的变换关系. 在 S 系的观察者测得该物体速度的三个分量为

$$u_x = \frac{\mathrm{d}x}{\mathrm{d}t},\ u_y = \frac{\mathrm{d}y}{\mathrm{d}t},\ u_z = \frac{\mathrm{d}z}{\mathrm{d}t} \qquad (12.9)$$

在 S' 系的观察者测得该物体速度的三个分量为

$$u'_x = \frac{\mathrm{d}x'}{\mathrm{d}t'},\ u'_y = \frac{\mathrm{d}y'}{\mathrm{d}t'},\ u'_z = \frac{\mathrm{d}z'}{\mathrm{d}t'} \qquad (12.10)$$

为了求得上述不同惯性系速度各分量之间的变化关系,我们对洛伦兹变换式 (12.7)中各式求微分,得

$$\left.\begin{aligned} \mathrm{d}x' &= \frac{\mathrm{d}x - v\mathrm{d}t}{\sqrt{1 - v^2/c^2}} \\ \mathrm{d}y' &= \mathrm{d}y \\ \mathrm{d}z' &= \mathrm{d}z \\ \mathrm{d}t' &= \frac{\mathrm{d}t - v\mathrm{d}x/c^2}{\sqrt{1 - v^2/c^2}} \end{aligned}\right\} \qquad (12.11)$$

由上式中的第一、第二、第三各式分别除以第四式便可得到从 S 惯性系到 S' 惯性系的速度变换公式为

$$\left.\begin{aligned} u'_x &= \frac{u_x - v}{1 - vu_x/c^2} \\ u'_y &= \frac{u_y\sqrt{1 - v^2/c^2}}{1 - vu_x/c^2} \\ u'_z &= \frac{u_z\sqrt{1 - v^2/c^2}}{1 - vu_x/c^2} \end{aligned}\right\} \qquad (12.12)$$

这便是**洛伦兹速度变换关系**. 据相对性原理,在式(12.12)中将带撇的量与不带撇的量互换,并将 v 换成 $-v$,就得到速度变换的逆变换

$$u_x = \frac{u'_x + v}{1 + vu'_x/c^2}$$

$$u_y = \frac{u'_y \sqrt{1 - v^2/c^2}}{1 + vu'_x/c^2} \left.\right\} \qquad (12.13)$$

$$u_z = \frac{u'_z \sqrt{1 - v^2/c^2}}{1 + vu'_x/c^2}$$

例 12.2　π⁰ 介子在高速运动中衰变,衰变时辐射出光子.如果 π⁰ 介子的运动速度为 $0.99975c$,求它向运动的正前方辐射的光子的速度.

解　设实验室参考系为 S 系,随同 π⁰ 介子一起运动的惯性系为 S′ 系,取 π⁰ 介子和光子运动的方向为 x 轴,由题意,$v = 0.99975c$, $u'_x = c$.据相对论速度变换的逆变换公式得

$$u_x = \frac{u'_x + v}{1 + vu'_x/c^2} = \frac{c + v}{1 + v/c} = c$$

可见光子的速度仍为 c,这已为实验所证实,洛伦兹速度变换关系能够保证光速不变性.若按照伽利略变换,光子相对于实验室参考系的速度是 $1.99975c$,这显然是错误的.

§12.3　狭义相对论的时空观

一、同时的相对性

按照洛伦兹变换,时间是与参考系有关的,而不是绝对的.下面就来讨论两个事件的时间间隔在不同惯性系间的关系,假设这两个惯性系仍然是上节所取的 S 系和 S′ 系.如果在 S 系的两个不同地点同时分别发出一光脉冲信号 A 和 B,它们的时空坐标为 (x_1, y_1, z_1, t_1) 和 (x_2, y_2, z_2, t_2),因为是同时发生的,所以,其中 $t_1 = t_2$.为了确保这两个光脉冲是同时发出的,可以在这两个地点连线的中点处安放一光脉冲接收装置,若该接收装置同时接收到两光脉冲信号,就表示这两个信号是同时发出的.而在 S′ 系观察,这两个光脉冲信号发出的时间分别是

$$t'_1 = \frac{t_1 - vx_1/c^2}{\sqrt{1 - v^2/c^2}}, \qquad t'_2 = \frac{t_2 - vx_2/c^2}{\sqrt{1 - v^2/c^2}}$$

考虑到 $t_1 = t_2$,S′ 系的时间间隔为

$$\Delta t' = t'_2 - t'_1 = \frac{v(x_1 - x_2)/c^2}{\sqrt{1 - v^2/c^2}} \neq 0 \qquad (12.14)$$

上式表明,在 S 系中两个不同地点同时发生的事件,在 S′ 系看来不是同时发生的,

这就是**同时的相对性**. 因为运动是相对的,所以这种效应是互逆的,即在 S' 系中两个不同地点同时发生的事件,在 S 系看来也不是同时发生的. 当 $x_1 = x_2$ 时,即两个事件发生在同一地点,则同时发生的事件在不同的惯性系看来才是同时的. 从这里也可以得到,在狭义相对论中,时间和空间是相互联系的.

二、时间延缓效应

若在一惯性系中,某两个事件发生在同一地点,则在该惯性系中测得它们的时间间隔称为**固有时**,用 τ 表示. 现在讨论在其他惯性系中所测得的这两个事件的时间间隔 Δt 与固有时 τ 的关系.

某两个事件在 S 系中的时空坐标分别为 (x_1, t_1) 和 (x_2, t_2),在 S' 系中为 (x'_1, t'_1),(x'_2, t'_2). 假设在 S' 系中观测,这两个事件发生在同一地点,即有 $x'_1 = x'_2$,则 $\tau = t'_2 - t'_1$ 即为固有时. 据洛伦兹反变换得

$$\Delta t = t_2 - t_1 = \frac{t'_2 - t'_1 + v(x_2 - x_1)/c^2}{\sqrt{1 - v^2/c^2}} = \frac{\tau}{\sqrt{1 - v^2/c^2}}$$

即
$$\Delta t = \frac{\tau}{\sqrt{1 - v^2/c^2}} \tag{12.15}$$

这结果表明,如果在 S' 系中同一地点相继发生的两个事件的时间间隔是 τ,那么在 S 系中测得同样这两个事件的时间间隔 Δt 总是比 τ 长,或者说运动时钟变慢了,这就是狭义相对论的**时间延缓效应**. 由于运动是相对的,所以时间延缓效应是可逆的,即如果在 S 系中同一地点相继发生的两个事件的时间间隔为 Δt,那么在 S' 系中测得的 $\Delta t'$ 总比 Δt 长.

三、长度收缩效应

在 S' 系沿 x' 轴放置一长杆,其两边的坐标分别为 x'_1 和 x'_2,它的静止长度为 $\Delta L_0 = \Delta L' = x'_2 - x'_1$,静止长度也称为**固有长度**. 当在 S 系中测量这同一杆的长度时,则必须同时测出杆两端的坐标 x_1 和 x_2,才能得到杆长的正确值 $\Delta L = x_2 - x_1$. 根据洛伦兹变换,应有

$$x'_1 = \frac{x_1 - vt_1}{\sqrt{1 - v^2/c^2}}, \quad x'_2 = \frac{x_2 - vt_2}{\sqrt{1 - v^2/c^2}}$$

考虑到在 S 系测量运动杆两端的坐标必须同时这一要求,即 $t_1 = t_2$,杆的静止长度可以表示为

$$\Delta L_0 = \frac{(x_2 - x_1) - v(t_2 - t_1)}{\sqrt{1 - v^2/c^2}} = \frac{\Delta L}{\sqrt{1 - v^2/c^2}}$$

即
$$\Delta L = \Delta L_0 \sqrt{1 - v^2/c^2} \tag{12.16}$$

这结果表明,在 S 系观察到运动着的杆的长度比它的静止长度缩短了,这就是狭义相对论的长度收缩效应. 由于运动的相对性,长度收缩效应也是互逆的,放置在 S 系的杆,在 S' 系观测同样会得到收缩的结论.

例 12.3 $\pi^{\pm}$ 介子是不稳定的粒子,其固有寿命为 2.603×10^{-8} s. 如果 $\pi^{\pm}$ 介子产生后立即以 $0.9200c$ 的速度作匀速直线运动,问它能否在衰变前通过 17 m 路程?

解 设实验室参考系为 S 系,随同 $\pi^{\pm}$ 介子一起运动的惯性系为 S' 系,据题意有

$$v = 0.9200c, \quad \tau = 2.603 \times 10^{-8} (\text{s})$$

解法一 利用时间延缓效应得从实验室坐标系观测 $\pi^{\pm}$ 介子的寿命为

$$\Delta t = \frac{\tau}{\sqrt{1 - v^2/c^2}} = \frac{2.603 \times 10^{-8}}{\sqrt{1 - (0.9200)^2}} = 6.642 \times 10^{-8} (\text{s})$$

在衰变前可以通过的路程为

$$L = v\Delta t = 0.9200c \times 6.642 \times 10^{-8} = 18.32 \ (\text{m}) > 17 \ (\text{m})$$

所以 $\pi^{\pm}$ 介子在衰变前可以通过 17 m 的路程.

解法二 利用长度收缩效应. 在 $\pi^{\pm}$ 介子参考系 $(S'$ 系) 观测,$\pi^{\pm}$ 介子在固有寿命期间实验室运动的距离为

$$l' = v\tau = 0.9200c \times 2.603 \times 10^{-8} = 7.179 \ (\text{m})$$

但由长度收缩效应得空间路程 $l_0 (=17 \text{ m})$ 要收缩为

$$l = l_0 \sqrt{1 - v^2/c^2} = 6.663 \ (\text{m})$$

实验室运动的距离 $l' (=7.179 \text{ m})$ 大于 6.663 m,所以 $\pi^{\pm}$ 介子在衰变前可以通过 17 m 的路程,与解法一的结论一致.

从上述讨论可见,相对论时间延缓总是与长度收缩密切联系在一起的. 它们都是由时空的基本属性所决定的,相对论的时间和空间与物体的运动有关,这与牛顿的绝对时空观是完全不相容的. 但在低速情况 $(v \ll c)$ 下,相对论的时空转变为牛顿的绝对时空.

§12.4 狭义相对论动力学基础

经典力学对伽利略变换来说是协变的,在旧时空概念下,牛顿定律对任意惯性系成立. 由于时空观的发展,洛伦兹变换代替了伽利略变换,经典力学的原有形式不再满足相对性原理. 爱因斯坦认为,应该对经典力学进行改造或修正,以使它满足洛伦兹变换和洛伦兹变换下的相对性原理. 经这种改造的力学就是相对论力学. 当然,在低速 $(v \ll c)$ 情况下,相对论力学应该合理地过渡到经典力学.

一、相对论质量和动量

在经典力学中,根据动能定理,做功会使质点的动能增加,质点的运动速率将增大,速率增大到多大,原则上没有上限.而实验证明这是错误的.例如,在真空管的两个电极之间施加电压,用以对其中的电子加速.实验发现,当电子速率越高时加速就越困难,并且无论施加多大的电压,电子的速度都不能达到光速.这一事实意味着物体的质量不是绝对不变量,可能是速率的函数,随速率的增加而增大.下面就让我们来探求质量与速率的具体函数关系.

如图 12.2 所示,S' 系相对于 S 系以速度 v 沿 x 轴正向运动,在 S 系有一静止在 x_0 处的粒子,由于内力的作用而分裂为质量相等的两部分(A 和 B),并且,分裂后 M_A 以速度 v 沿 x 轴正向运动,而 M_B 以速度 $-v$ 沿 x 轴负向运动.在 S' 系看来,M_A 是静止不动的,而 M_B 相对于 S' 系的运动速度可由洛伦兹速度变换公式求得

$$v'_B = \frac{-v-v}{1-(-v)v/c^2} = \frac{-2v}{1+v^2/c^2} \tag{12.17}$$

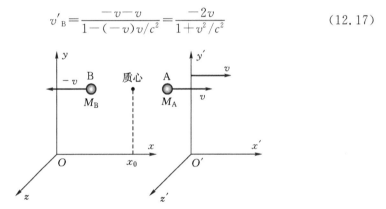

图 12.2　质速关系用图

从 S 系看,粒子分裂后其质心仍在 x_0 处不动,但从 S' 系看,质心是以速率 v 沿 x 轴负向运动.根据质心定义则有

$$-v = \frac{M_A v'_A + M_B v'_B}{M_A + M_B} = \frac{M_B}{M_A + M_B} v'_B$$

在上式中考虑了 $v'_A = 0$.从上式可解得

$$\frac{M_B}{M_A} = \frac{-v}{v'_B + v} \tag{12.18}$$

由式 (12.17)解出 v 后代入(12.18)得

$$\frac{M_B}{M_A} = \frac{1}{\sqrt{1-(v'_B/c)^2}}$$

即

$$M_B = \frac{M_A}{\sqrt{1 - (v'_B/c)^2}} \qquad (12.19)$$

由上式可以看到,在 S 系观测,粒子分裂后的两部分以相同的速率运动,质量相等,但从 S' 系观测,由于它们运动速率不同,质量也不相等. M_A 静止,可看作静质量,用 m_0 表示;M_B 以速率 v'_B 运动,可视为运动质量,称为相对论性质量,用 m 表示.去掉 v'_B 的上下标,于是就得到运动物体的质量与它的静质量的一般关系

$$m = \frac{m_0}{\sqrt{1 - v^2/c^2}} \qquad (12.20)$$

上式便是**相对论质速关系**,这个关系改变了人们在经典力学中认为质量是不变量的观念.从上式还可以看出,当物体的运动速率无限接近光速时,其相对论性质量将无限增大,其惯性也将无限增大.所以,施以任何有限大的力都不可能将静质量不为零的物体加速到光速.可见,用任何动力学手段都无法获得超光速运动.这就从另一个角度说明了在相对论中光速是物体运动的极限速度.

1966 年在美国斯坦福投入运行的电子直线加速器,全长 3×10^3 m,加速电势差为 7×10^6 V·m^{-1},可将电子加速到 $0.9999999997c$,接近光速但不能超过光速.这有力地证明了相对论质速关系的正确性.

有了上面的相对论质量,可以证明,若定义动量

$$\boldsymbol{p} = m\boldsymbol{v} = \frac{m_0 \boldsymbol{v}}{\sqrt{1 - v^2/c^2}} \qquad (12.21)$$

便可使动量守恒定律在洛伦兹变换下保持数学形式不变.式(12.21)表示的就是**相对论动量**,它并不正比于物体运动的速度 $\boldsymbol{v}$,但在低速情况下,相对论动量将过渡到经典力学中的形式.

二、相对论动力学基本方程

在经典力学中,质点动量的时间变化率等于作用于质点的合力.在相对论中这一关系仍然成立,不过其中的动量应是式(12.21)表示的相对论动量,即

$$\boldsymbol{F} = \frac{\mathrm{d}\boldsymbol{p}}{\mathrm{d}t} = \frac{\mathrm{d}}{\mathrm{d}t}\left(\frac{m_0 \boldsymbol{v}}{\sqrt{1 - v^2/c^2}}\right) \qquad (12.22)$$

这就是**相对论动力学基本方程**.显然,当质点的运动速度 $v \ll c$ 时,上式将回到牛顿第二定律.可见,牛顿第二定律是物体在低速运动情况下相对论动力学方程的近似.

三、质能关系

在经典力学中,质点动能的增量等于合外力所做的功,我们将这一规律应用于

相对论力学中,并取初速为零,相应的初动能为零,则在合外力 $\boldsymbol{F}$ 的作用下,质点速率由零增大到 v 时,其动能为

$$E_{\mathrm{k}} = \int \boldsymbol{F} \cdot \mathrm{d}\boldsymbol{r} = \int \mathrm{d}(m\boldsymbol{v}) \cdot \boldsymbol{v} = \int v^2 \mathrm{d}m + mv\,\mathrm{d}v \qquad (12.23)$$

又由质速关系式(12.20)得

$$m^2 v^2 = m^2 c^2 - m_0^2 c^2$$

对上式两边取微分得

$$v^2 \mathrm{d}m + mv\mathrm{d}v = c^2 \mathrm{d}m$$

将此结果代入式(12.23)得

$$E_{\mathrm{k}} = \int_{m_0}^{m} c^2 \mathrm{d}m = mc^2 - m_0 c^2 \qquad (12.24)$$

这就是相对论中质点动能的表达式.初看起来,它与经典的动能表达式全然不同,但当 $v \ll c$ 时有

$$\left[1 - \left(\frac{v}{c}\right)^2\right]^{-\frac{1}{2}} \approx 1 + \frac{1}{2}\left(\frac{v}{c}\right)^2$$

代入式(12.24)即得质点在低速运动时的动能为

$$E_{\mathrm{k}} = \frac{1}{2} m_0 v^2$$

这正是经典力学中动能的表达式.

式(12.24)可改写为

$$mc^2 = E_{\mathrm{k}} + m_0 c^2 \qquad (12.25)$$

爱因斯坦认为上式中的 $m_0 c^2$ 是物体静止时的能量,称为**物体的静能**,而 mc^2 是**物体的总能量**,它等于静能与动能之和.物体的总能量若用 E 表示,可写为

$$E = mc^2 = \frac{m_0 c^2}{\sqrt{1 - v^2/c^2}} \qquad (12.26)$$

这就是著名的**相对论质能关系**.它揭示出质量和能量这两个物质基本属性之间的内在联系,即一定质量 m 相应的联系着一定的能量 $E = mc^2$,即使处于静止状态的物体也具有能量 $E_0 = m_0 c^2$.

质能关系式在原子核反应等过程中得到证实.在某些原子核反应,如重核裂变和轻核聚变过程中,会发生静止质量减小的现象,称为**质量亏损**.由质能关系式可知,这时静止能量也相应地减少.但在任何过程中,总质量和总能量又是守恒的,因此这意味着,有一部分静止能量转化为反应后粒子所具有的动能.而后者又可以通过适当方式转变为其他形式能量释放出来,这就是某些核裂变和核聚变反应能够释放出巨大能量的原因.原子弹、核电站等的能量来源于裂变反应,氢弹和恒星能量来源于聚变反应.

质能关系式为人类利用核能奠定了理论基础,它是狭义相对论对人类的最重要的贡献之一.

四、能量-动量关系

由动量的表示式(12.21)和能量表示式(12.26)联立消去 v 可得

$$E^2 = p^2 c^2 + m_0^2 c^4 \tag{12.27}$$

这就是**相对论能量-动量关系**.

对于静止质量为零的粒子,如光子,能量-动量关系变为

$$E = pc \tag{12.28}$$

或者进一步化为

$$p = \frac{E}{c} = \frac{mc^2}{c} = mc \tag{12.29}$$

由此得到一个重要的结论:静止质量为零的粒子总是以光速 c 运动的.

例 12.4　在热核反应

$$^2_1\text{H} + {}^3_1\text{H} \longrightarrow {}^4_2\text{He} + {}^1_0 n$$

过程中,如果反应前粒子动能相对较小,试计算反应后粒子所具有的总动能.已知各粒子静止质量分别为

$$m_0(^2_1\text{H}) = 3.3437 \times 10^{-27}(\text{kg}), \ m_0(^3_1\text{H}) = 5.0049 \times 10^{-27}(\text{kg})$$

$$m_0(^4_2\text{He}) = 6.6425 \times 10^{-27}(\text{kg}), \ m_0(^1_0 n) = 1.6750 \times 10^{-27}(\text{kg})$$

解　反应前、后的粒子静止质量之和 m_{10}、m_{20} 分别为

$$m_{10} = m_0(^2_1\text{H}) + m_0(^3_1\text{H}) = 8.3486 \times 10^{-27}(\text{kg})$$

$$m_{20} = m_0(^4_2\text{He}) + m_0(^1_0 n) = 8.3175 \times 10^{-27}(\text{kg})$$

与质量亏损所对应的静止能量减少量即为动量增量,也就是反应后粒子所具有的总动能

$$\begin{aligned}
\Delta E_{\text{k}} &= (m_{10} - m_{20})c^2 = 0.0311 \times 10^{-27} \times 9 \times 10^{16} \\
&= 2.80 \times 10^{-12}(\text{J}) = 17.5(\text{MeV})
\end{aligned}$$

这也就是上述反应过程中能够释放出来的能量.

章后结束语

一、本章小结

狭义相对论是局限于惯性系间描述高速运动物体的时空理论.

1. 狭义相对论的两个基本假设

（1）相对性原理：基本物理定律在所有惯性系中都保持相同形式的数学表达式，即一切惯性系都是等价的.

（2）光速不变原理：在一切惯性系中，光在真空中沿各个方向传播的速率都等于同一个恒量 c，且与光源的运动状态无关.

2. 洛伦兹变换

$$\left.\begin{array}{l} x' = \dfrac{x - vt}{\sqrt{1 - v^2/c^2}} \\[2mm] y = y \\[1mm] z' = z \\[2mm] t' = \dfrac{t - vx/c^2}{\sqrt{1 - v^2/c^2}} \end{array}\right\}$$

洛伦兹变换集中反映了狭义相对论关于时间、空间和物质运动三者紧密联系的新概念. 另外还得到真空中的光速 c 是物体运动的极限速度的结论.

3. 洛伦兹速度变换关系

$$\left.\begin{array}{l} u'_x = \dfrac{u_x - v}{1 - vu_x/c^2} \\[3mm] u'_y = \dfrac{u_y\ \sqrt{1 - v^2/c^2}}{1 - vu_x/c^2} \\[3mm] u'_z = \dfrac{u_z\ \sqrt{1 - v^2/c^2}}{1 - uv_x/c^2} \end{array}\right\}$$

4. 同时的相对性

在一惯性系中两个不同地点同时发生的事件，在另一与之相对运动的惯性系看来则不是同时发生的.

5. 时钟延缓效应

$$\Delta t = \dfrac{\tau}{\sqrt{1 - v^2/c^2}} \quad （\tau\text{ 为固有时}）$$

6. 长度收缩效应

$$\Delta L = \Delta L_0\ \sqrt{1 - v^2/c^2} \quad （\Delta L_0\text{ 为固有长度}）$$

7. 相对论质量和动量

$$m = \dfrac{m_0}{\sqrt{1 - v^2/c^2}} \quad （m_0\text{ 为静止质量}），\quad \boldsymbol{p} = m\boldsymbol{v} = \dfrac{m_0\ \boldsymbol{v}}{\sqrt{1 - v^2/c^2}}$$

8. 相对论的力学方程

$$\boldsymbol{F} = \dfrac{\mathrm{d}\boldsymbol{p}}{\mathrm{d}t} = \dfrac{\mathrm{d}}{\mathrm{d}t}\left(\dfrac{m_0\ \boldsymbol{v}}{\sqrt{1 - v^2/c^2}}\right)$$

9. 相对论能量

$$E = mc^2 = \frac{m_0 c^2}{\sqrt{1 - v^2/c^2}}$$

静止能量 $E_0 = m_0 c^2$

相对论动能　$E_k = E - E_0 = mc^2 - m_0 c^2$

10. 相对论动量-能量关系

$$E^2 = p^2 c^2 + m_0^2 c^4$$

二、应用及前沿发展

在高速运动情形,经典理论不再适用,这时就必须采用相对论理论,相对论是现代物理学的两大支柱之一. 它在许多物理分支及高科技中均有广泛的应用.

狭义相对论是局限于惯性系间描述高速运动物体的时空理论. 它在关于物质存在方式及其形态,时间、空间,实物和场以及质量和能量等一系列问题上,改变了原有的观念,使人类对物质世界的认识发生了巨大的飞跃. 关于静止能量的利用,在近代原子能利用中已获得实现. 质能关系式在近代物理研究中非常重要,对高能物理、原子核物理以及原子能利用等方面,具有指导意义,是一项重要的理论支柱. 如在重核的裂变反应和轻核的聚变反应中,由于质量亏损,总都伴随着巨大能量的释放.

尽管狭义相对论的创建具有重要的意义,应用前景也非常广泛. 但在某些问题的实质上还未冲破经典时空观的束缚. 首先,在狭义相对论中时空的性质与物质的多少和分布的情况无关,总是一成不变的;其次,狭义相对论仅仅适用于惯性系. 它仍然具有与一般参考系不同的绝对的性质,但却根本不知道哪里才能精确地找到这些参考系;狭义相对论没有解决引力作用问题,不能成为研究引力相互作用的合适工具.

于是,爱因斯坦又于 1915 年创建了适用于非惯性系的广义相对论. 广义相对论是包括引力场在内的、研究引力本质和时空理论的科学. 它是用来研究宇观物质运动规律的. 引力与加速度等效的等效原理是广义相对论的理论基础. 广义相对论告诉我们,在引力物质的近旁,空间和时间要被弯曲,即形成弯曲时空. 广义相对论对研究宇宙的演化、黑洞的形成等具有重要的指导意义. 在天文观察及研究等方面有着广泛的应用. 有资料报导黑洞可能成为进入另一个时空区的通道.

近些年来,有资料报导,通过激光冷凝术可使光子的速度降为零,进而可催生光子计算机. 还有资料报导,爱因斯坦关于狭义相对论的基本假设——光速不变理论可能有误,甚至光速可达 $10c$. 这对爱因斯坦的狭义相对论是一个很大的冲击. 现有狭义相对论的正确性还有待进一步的实验来检验.

习题与思考

12.1　确认狭义相对论两个基本假设,为什么必须修改伽利略变换?

12.2　同时的相对性是什么意思? 为什么会有这种相对性? 如果光速是无限大,是否还有同时的相对性.

12.3　相对论中,在垂直于两个参考系的相对运动方向上,长度的量度与参考系无关,而为什么在这个方向上的速度分量却又和参考系有关?

12.4　能把一个粒子加速到光速吗? 为什么?

12.5　如果我们说,在一个惯性系中测得某两个事件的时间间隔是它们的固有时间,这就意味着,在该惯性系中观测,这两个事件发生在_____地点,若在其他惯性系中观测,它们发生在_____地点,时间间隔_____于固有时间.

＊　＊　＊　＊　＊　＊　＊　＊　＊

12.6　一短跑选手以 10 s 的时间跑完 100 m. 一飞船沿同一方向以速度 $u=0.98c$ 飞行. 问在飞船上的观察者看来,这位选手跑了多长时间和多长距离?

12.7　一艘飞船和一颗彗星相对于地面分别以 0.6 c 和 0.8 c 的速度相向运动,在地面上观测,再有 5 s 两者就要相撞,试求从飞船上的钟看再过多少时间两者将相撞.

12.8　一空间站发射两个飞船,它们的运动路径相互垂直. 设一观察者位于空间站内,他测得第一个飞船和第二个飞船相对空间站的速率分别为 0.60c 和 0.80c,试求第一个飞船的观察者测得第二个飞船的速度.

12.9　在以 0.50c 相对于地球飞行的宇宙飞船上进行某实验,实验时仪器向飞船的正前方发射电子束,同时又向飞船的正后方发射光子束. 已知电子相对于飞船的速率为 0.70c. 试求:

(1) 电子相对于地球的速率;

(2) 光子相对于地球的速率;

(3) 从地球上看电子相对于飞船的速率;

(4) 从地球上看电子相对于光子的速率;

(5) 从地球上看光子相对于飞船的速率.

12.10　宇宙射线与大气相互作用时能产生 π 介子衰变,此衰变在大气上层放出叫做 μ 子的基本粒子. 这些 μ 子的速度接近光速($v=0.998c$). 由实验室内测得的静止 μ 子的平均寿命等于 2.2×10^{-6} s,试问在 8000 m 高空由 π 介子衰变放出的 μ 子能否飞到地面.

12.11 宇宙飞船以 $0.8c$ 的速度离开地球,并先后发出两个光信号.若地球上的观测者接收到这两个光信号的时间间隔为 10 s,试求宇航员以自己的时钟计时,发出这两个信号的时间间隔.

12.12 一把米尺沿其纵向相对于实验室运动时,测得的长度为 0.63 m,求该尺的运动速率.

12.13 在 S' 坐标系中有一根长度为 l' 的静止棒,它与 x' 轴的夹角为 θ',S' 系相对于 S 系以速度 v 沿 x 轴方向运动.(1)从 S 系观测时,棒的长度 l 是多少?它与 x 轴的夹角 θ 是多少?(2)若 $\theta' = 30°$,$\theta = 45°$,求两坐标系的相对速度的大小.

12.14 求火箭以 $0.15c$ 和 $0.85c$ 的速率运动时,其运动质量与静止质量之比.

12.15 在什么速度下粒子的动量等于非相对论动量的两倍? 又在什么速度下粒子的动能等于非相对论动能的两倍.

12.16 要使电子的速率从 1.2×10^8 m/s 增加到 2.4×10^8 m/s,必须做多少功?

12.17 一个质子的静质量为 $m_p = 1.67265 \times 10^{-27}$ kg,一个中子的静质量为 $m_n = 1.67495 \times 10^{-27}$ kg,一个质子和一个中子结合成的氘核的静质量为 $m_D = 3.34365 \times 10^{-27}$ kg.求结合过程中放出的能量是多少 MeV? 这能量称为氘核的结合能,它是氘核静能量的百分之几?

一个电子和一个质子结合成一个氢原子,结合能是 13.58 eV,这一结合能是氢原子静能量的百分之几?已知氢原子的静质量为 $m_H = 1.67323 \times 10^{-27}$ kg.

12.18 假设有一静止质量为 m_0,动能为 $2m_0c^2$ 的粒子与一个静止质量为 $2m_0$,处于静止状态的粒子相碰撞并结合在一起,试求碰撞后的复合粒子的静止质量.

科学家简介——爱因斯坦

(Albert Einstein,1879—1955)

《论动体的电动力学》一文首页

爱因斯坦,犹太人,1879 年出生于德国符腾堡的乌尔姆市.智育发展很迟,小学和中学学习成绩都很差.1896 年进入瑞士苏黎世工业大学学习并于 1900 年毕业.大学期间在学习上就表现出"离经叛道"的性格,颇受教授们责难.毕业后即失业.1902 年到瑞士专利局工作,直到 1909 年开始当教授.他早期一系列最有创造性的具有历史意义的研究工作,如相对论的创立等,都是在专利局工作时利用业余时间进行的.从 1914 年起,任德国威廉皇家学会物理研究所所长兼柏林大学教授.

由于希特勒法西斯的迫害,他于1933年到美国定居,任普林斯顿高级研究院研究员,直到1955年逝世.

爱因斯坦的主要科学成就有以下几方面:

(1)创立了狭义相对论.他在1905年发表了题为《论动体的电动力学》的论文(载德国《物理学杂志》第4篇,17卷,1905年),完整地提出了狭义相对论,揭示了空间和时间的联系,引起了物理学的革命.同年又提出了质能相当关系,在理论上为原子能时代开辟了道路.

(2)发展了量子理论.他在1905年同一本杂志上发表了题为《关于光的产生和转化的一个启发性观点》的论文,提出了光的量子性.正是由于这篇论文的观点使他获得了1921年的诺贝尔物理学奖.以后他又陆续发表文章提出受激辐射理论(1916年)并发展了量子统计理论(1924年).前者成为20世纪60年代崛起的激光技术的理论基础.

(3)建立了广义相对论.他在1915年建立了广义相对论,揭示了空间、时间、物质、运动的统一性,几何学和物理学的统一性,解释了引力的本质,从而为现代天体物理学和宇宙学的发展打下了重要的基础.

此外,他对布朗运动的研究(1905年)曾为气体动理论的最后胜利作出了贡献.他还开创了现代宇宙学,他努力探索的统一场论的思想,指出了现代物理学发展的一个重要方向.20世纪60至70年代在这方面已取得了可喜的成果.

爱因斯坦所以能取得这样伟大的科学成就,归因于他的勤奋、刻苦的工作态度与求实、严谨的科学作风,更重要地应归因于他那对一切传统和现成的知识所采取的独立的批判精神.他不因循守旧,别人都认为一目了然的结论,他会觉得大有问题,于是深入研究,非彻底搞清楚不可.他不迷信权威,敢于离经叛道,敢于创新.他提出科学假设的胆略之大,令人惊奇,但这些假设又都是他的科学作风和创新精神的结晶.除了他的非凡的科学理论贡献之外,这种伟大革新家的革命精神也是他为人类留下的一份宝贵的财富.

爱因斯坦的精神境界高尚.在巨大的荣誉面前,他从不把自己的成就全部归功于自己,总是强调前人的工作为他创造了条件.例如关于相对论的创立,他曾讲过:"我想到的是牛顿给我们的物体运动和引力理论,以及法拉第和麦克斯韦借以把物理学放到新基础上的电磁场概念.相对论实在可以说是对麦克斯韦和洛伦兹的伟大构思画了最后一笔."他还谦逊地说:"我们在这里并没有革命行动,而不过是一条可以回溯几世纪的路线的自然继续."

爱因斯坦不但对自己的科学成就这么看,而且对人与人的一般关系也有类似的看法.他曾说过:"人是为别人而生存的.""人只有献身于社会,才能找出那实际上是短暂而有风险的生命的意义.""一个获得成功的人,从他的同胞那里所获得的总无可比拟地超过他对他们所做的贡献. 然而看一个人的价值, 应当看他贡献什么, 而不应当看他取得什么. "

爱因斯坦是这样说, 也是这样做的. 在他的一生中, 除了孜孜不倦地从事科学研究外, 他还积极参加正义的社会斗争. 他旗帜鲜明地反对德国法西斯政权和它发动的侵略战争. 战后, 在美国他又积极参加了反对扩军备战政策和保卫民主权利的斗争.

爱因斯坦关心青年, 关心教育, 在《论教育》一文中, 他根据自己的经验说出了十分有见解的话: "学校的目标应当是培养有独立行动和独立思考的个人, 不过他们要把为社会服务看作是自己人生的最高目标. ""学校的目标始终应当是: 青年人在离开学校时, 是作为一个和谐的人, 而不是作为一个专家. ……发展独立思考和独立判断的一般能力, 应当始终放在首位. 如果一个人掌握了他的科学的基础理论, 并且学会了独立思考和工作, 他必定会找到自己的道路, 而且比起那种主要以获得细节知识为其培训内容的人来, 他一定会更好地适应进步和变化. "

爱因斯坦于 1922 年年底赴日本讲学的来回旅途中, 曾两次在上海停留. 第一次, 北京大学曾邀请他讲学, 但正式邀请信为邮程所阻, 他以为邀请已被取消而未能成功. 第二次适逢元旦, 他曾做了一次有关相对论的演讲. 巧合的是, 正是在上海他得到了瑞典领事关于他获得了 1921 年诺贝尔物理学奖的正式通知.

第 13 章 量子力学基础

人们用经典物理解释黑体辐射、光电效应、氢原子光谱等实验规律时,遇到了不可克服的困难.经过不断的探索和研究,终于突破了经典物理的传统观念,建立起量子理论.量子理论和相对论是现代物理学的两大支柱.

量子理论的诞生,对研究原子、电子、质子、光子等微观粒子的运动规律提供了正确的导向.从此使物理学发生了一次历史性的飞跃,促进了原子能、激光、超导、半导体等众多新技术的产生和发展.本章前部分,分别介绍黑体辐射、光电效应、氢原子光谱等实验规律及为解释这些实验规律而提出的量子假设,即早期的量子论.本章的后部分简要介绍量子力学的基本概念及原理,并通过几个具体事例的讨论说明量子力学处理问题的一般方法.

§13.1 黑体辐射与普朗克的量子假设

一、黑体辐射的基本规律

1. 热辐射

组成物体的分子中都包含着带电粒子,当分子作热运动时物体将会向外辐射电磁波,由于这种电磁波辐射与物体的温度有关,故称其为**热辐射**.实验表明,热辐射能谱是连续谱,发射的能量及其按波长的分布是随物体的温度而变化的.随着温度的升高,不仅辐射能在增大,而且辐射能的波长范围向短波区移动.

物体在辐射电磁波的同时,也吸收投射到物体表面的电磁波.理论和实验表明,物体的辐射本领越大,其吸收本领也越大,反之亦然.当辐射和吸收达到平衡时,物体的温度不再变化而处于热平衡状态,这时的热辐射称为**平衡热辐射**.

为描述物体热辐射能按波长的分布规律,引入**单色辐射出射度**(简称**单色辐出度**)这一物理量,其定义为:物体单位表面积在单位时间内发射的波长在 $\lambda \to \lambda + \mathrm{d}\lambda$ 范围内的辐射能 $\mathrm{d}M_\lambda$ 与波长间隔 $\mathrm{d}\lambda$ 的比值,用 $M_\lambda(T)$ 表示,即

$$M_\lambda(T) = \frac{\mathrm{d}M_\lambda}{\mathrm{d}\lambda} \tag{13.1}$$

而辐出度定义为

$$M(T) = \int_0^\infty M_\lambda(T)\mathrm{d}\lambda \qquad (13.2)$$

2. 黑体辐射的基本规律

投射到物体表面的电磁波,可能被物体吸收,也可能被物体反射和透射.能够全部吸收各种波长的辐射能而完全不发生反射和透射的物体称为**绝对黑体**,简称**黑体**.绝对黑体是一种理想模型,实验室中用不透明材料制成带有小孔的空腔物体可近似看作黑体.图 13.1 为用实验方法测得的黑体单色辐出度 $M_{B\lambda}(T)$按波长和温度分布的曲线.

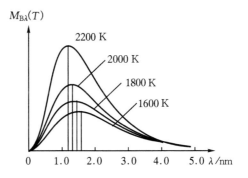

图 13.1　黑体单色辐出度按波长和温度分布的曲线

关于黑体辐射,有两个基本定律:一个是斯特藩–玻耳兹曼定律($M_B(T)=\sigma T^4$,即黑体的辐出度与其热力学温度的四次方成正比,其中 $\sigma=5.6705\times10^{-8}\,\mathrm{W \cdot m^{-2} \cdot K^{-4}}$ 称为斯特藩–玻耳兹曼常数);另一个是维恩位移定律($\lambda_m T=b$,即黑体单色辐出度的最大值对应的波长 λ_m 与其绝对温度 T 成反比,其中 $b=2.8978\times10^{-3}\,\mathrm{m \cdot K}$ 为与温度无关的常数).这两个定律在现代科学技术中有广泛的应用.通常用于测量高温物体(如冶炼炉、钢水、太阳或其他发光体等)温度的光测高温法就是在这两个定律的基础上建立起来的,同时,这两个定律也是遥感技术和红外跟踪技术的理论依据.

从理论上导出绝对黑体单色辐出度与波长和温度的函数关系,即 $M_{B\lambda}=f(\lambda,T)$,是 19 世纪末期理论物理学面临的重大课题.

维恩(W. Wien,1864—1928)假定带电谐振子的能量按频率的分布类似于麦克斯韦速率分布率,然后用经典统计物理学方法导出了黑体辐射的下述公式

$$M(T) = \frac{c_1}{\lambda^5}\mathrm{e}^{-c_2/\lambda T} \qquad (13.3)$$

其中 c_1 和 c_2 是两个由实验确定的参数.上式称为**维恩公式**.维恩公式只是在短波波段与实验曲线相符,而在长波波段明显偏离实验曲线,如图 13.2 所示.

瑞利(J. W. S. Rayleigh,1842—1919)和金斯(J. H. Jeans,1877—1946)根据经典电动力学和经典统计物理学导出了另一个力图反映绝对黑体单色辐出度与波长和温度关系的函数

$$M_{B\lambda}(T) = \frac{2\pi ckT}{\lambda^4} \qquad (13.4)$$

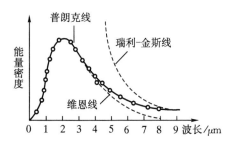

图 13.2　黑体辐射理论与实验的偏离

式中 c 是真空中的光速,k 是玻耳兹曼常数.上式称为**瑞利-金斯公式**.该公式在长波波段与实验相符,但在短波波段与实验曲线有明显差异,如图 13.2 所示.这在物理学史上曾称为"紫外灾难".

二、普朗克的量子假设

1900 年普朗克(M. Planck,1858—1947)在综合了维恩公式和瑞利-金斯公式各自的成功之处以后,得到黑体的单色辐出度为

$$M_{B\lambda}(T) = \frac{2\pi hc^2}{\lambda^5}\left(\frac{1}{e^{hc/\lambda kT} - 1}\right) \tag{13.5}$$

这就是普朗克公式,式中 h 为普朗克常数,1998 年的推荐值为 $h = 6.62606876 \times 10^{-34}$ J·s.普朗克公式与实验结果的惊人符合预示了其中包含着深刻的物理思想.普朗克指出,如果作下述假定,就可以从理论上导出他的黑体辐射公式:物体若发射或吸收频率为 ν 的电磁辐射,其能量只能以 $\varepsilon = h\nu$ 为单位进行,这个最小能量单位就是**能量子**,物体所发射或吸收的电磁辐射能量总是这个能量子的整数倍,即

$$E = n\varepsilon = nh\nu \qquad (n = 1, 2, 3, \cdots) \tag{13.6}$$

普朗克的能量子思想是与经典物理学理论不相容的,也正是这一新思想,使物理学发生了划时代的变化,宣告了量子物理的诞生.普朗克也因此荣获 1918 年的诺贝尔物理学奖.

§13.2　光电效应与爱因斯坦的光量子假设

普朗克的量子假设提出后的最初几年中,并未受到人们的重视,甚至普朗克本人也总是试图回到经典物理的轨道上去.最早认识普朗克假设重要意义的是爱因斯坦,他在 1905 年发展了普朗克的思想,提出了光子假设,成功地解释了光电效应的实验规律.

一、光电效应的实验规律

金属在光的照射下,有电子从表面逸出,这种现象
称为**光电效应**.光电效应中逸出金属表面的电子称为
光电子.光电子在电场的作用下所形成的电流叫**光电
流**.研究光电效应的实验装置如图 13.3 所示.在一个
抽空的玻璃泡内装有金属电极 K(阴极)和 A(阳极),
当用适当频率的光从石英窗口射入照在阴极 K 上时,
便有光电子自其表面逸出,经电场加速后为阳极 A 所
吸收,形成光电流.改变电位差 U_{AK},测得光电流 i,可
得光电效应的伏安特性曲线,如图 13.4 所示.

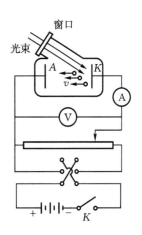

图 13.3　光电效应的实验装置

实验研究表明,光电效应有如下规律:

(1)阴极 K 在单位时间内所发射的光电子数与照
射光的强度成正比.

从图 13.4 可以看出,光电流 i 开始时随 U_{AK} 增大
而增大,而后就趋于一个饱和值 i_S,它与单位时间内从
阴极 K 发射的光子数成正比.由图中进
一步看到,照射光强大时饱和电流 i_S
大,所以单位时间内从阴极 K 发射的光
电子数与照射光强成正比.

(2)存在截止频率.

实验表明,对一定的金属阴极,当照
射光频率 ν 小于某个最小值 ν_0 时,不管
光强多大,都没有光电子逸出,这个最小
频率 ν_0 称为该种金属的光电效应**截止
频率**,也叫**红限**,对应的波长 λ_0 称为**截
止波长**.每一种金属都有自己的红限.

(3)光电子的初动能与照射光的强
度无关,而与其频率成线性关系.

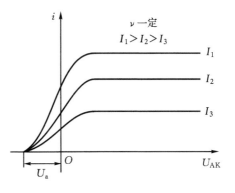

图 13.4　光电效应的 $U-i$ 曲线

在保持光照射不变的情况下,改变电位差 U_{AK},发现当 $U_{AK}=0$ 时,仍有光电
流.这显然是因为光电子逸出时就具有一定的初动能.改变电位差极性,使 $U_{AK}<0$,当
反向电位差增大到一定值时,光电流才降为零,如图 13.4 所示.此时反向电位差的
绝对值称为**遏止电压**,用 U_a 表示.不难看出,遏止电压与光电子的初动能间有如
下关系

$$\frac{1}{2}mv_0^2 = eU_a \tag{13.7}$$

式中 m 和 e 分别是电子的静质量和电量，v_0 是光电子逸出金属表面的最大速率.

实验还表明，遏止电压 U_a 与光强 I 无关，而与照射光的频率 ν 成线性关系，即

$$U_a = K\nu - V_0 \tag{13.8}$$

式中 K 和 V_0 都是正值，其中 K 为普适恒量，对一切金属材料都是相同的，而 $V_0 = K\nu_0$ 对同一种金属为一恒量，但对于不同的金属具有不同的数值. 将式 (13.8) 代入式 (13.7) 得

$$\frac{1}{2}mv_0^2 = eK\nu - eV_0 = eK(\nu - \nu_0) \tag{13.9}$$

上式表明，光电子的初动能与入射光的频率成线性关系，与入射光强无关.

(4) 光电子是即时发射的，滞后时间不超过 10^{-9} s.

实验表明，只要入射光的频率大于该金属的红限，当光照射这种金属表面时，几乎立即产生光电子，而无论光强多大.

二、爱因斯坦光子假设和光电效应方程

对于上述实验事实，经典物理学理论无法解释.

按照光的波动理论，光波的能量由光强决定，在光照射下，束缚在金属内的"自由电子"将从入射光波中吸收能量而逸出表面，因而逸出光电子的初动能应由光强决定，但光电效应中光电子的初动能与光强无关；另外，如果光波供给金属中"自由电子"逸出表面所需的足够能量，光电效应对各种频率的光都能发生，不应该存在红限，而且，光电子从光波中吸收能量应有一个积累过程，光强越弱，发射光子所需要的时间就越长，这都与光电效应的实验事实相矛盾. 由此可见，光的波动理论无法解释光电效应的实验规律.

为了克服光的波动理论所遇到的困难，从理论上解释光电效应，爱因斯坦发展了普朗克能量子的假设，于 1905 年提出了如下的光子假设：一束光就是一束以光速运动的粒子流，这些粒子称为**光量子**（简称**光子**）；频率为 ν 的光子所具有的能量为 $h\nu$，它不能再分割，而只能整个地被吸收或产生出来.

按照光子理论，当频率为 ν 的光照射金属表面时，金属中的电子将吸收光子，获得 $h\nu$ 的能量，此能量的一部分用于电子逸出金属表面所需要的功（此功称为逸出功 A）；另一部分则转变为逸出电子的初动能 $1/2mv_0^2$. 据能量守恒定律有

$$h\nu = \frac{1}{2}mv_0^2 + A \tag{13.10}$$

这就是爱因斯坦的光电效应方程.

将式(13.10)与式(13.9)比较可得

$$h = eK,\ A = eV_0 \tag{13.11}$$

由实验可测量 K 和 V_0，算出普朗克常数 h 和逸出功 A，进而还可由 $\nu_0 = V_0/K = A/h$ 求出金属的红限.

按照光子理论,照射光的光强就是单位时间到达被照物单位垂直表面积的能量,它是由单位时间到达单位垂直面积的光子数 N 决定的.因此光强越大,光子数越多,逸出的光电子数就越多.所以饱和光电流与光强成正比;由于每一个电子从光波中得到的能量只与单个光子的能量 $h\nu$ 有关,所以光电子的初动能与入射光的频率成线性关系,与光强无关.当光子的能量 $h\nu$ 小于逸出功 A,即入射光的频率 ν 小于红限 ν_0 时,电子就不能从金属表面逸出;另外,光子与电子作用时,光子一次性将能量 $h\nu$ 全部传给电子,因而不需要时间积累,即光电效应是瞬时的.这样光子理论便成功地解释了光电效应的实验规律,爱因斯坦也因此获得 1921 年的诺贝尔物理学奖.

例 13.1　用波长为 400 nm 的紫光去照射某种金属,观察到光电效应,同时测得遏止电压为 1.24 V,试求该金属的红限和逸出功.

解　由光电效应方程得逸出功为

$$A = h\nu - \frac{1}{2}mv_0^2 = h\,\frac{c}{\lambda} - eU_a$$

代入数据得

$$A = 6.626 \times 10^{-34} \times \frac{3 \times 10^8}{400 \times 10^{-9}} - 1.6 \times 10^{-19} \times 1.24$$

$$= 2.99 \times 10^{-19}(\text{J}) = 1.87\ (\text{eV})$$

根据红限与逸出功的关系,得红限为

$$\nu_0 = \frac{A}{h} = \frac{2.99 \times 10^{-19}}{6.626 \times 10^{-34}} = 4.51 \times 10^{14}\ (\text{Hz})$$

三、光(电磁波)的波-粒二象性

一个理论若被实验证实,它必定具有一定的正确性.光子论被黑体辐射、光电效应以及其他实验所证实,说明它具有一定的正确性.而早已被大量实验证实了的光的波动论以及其他经典物理理论的正确性,也是无可非议的.因此,在对光的本性的解释上,不应该在光子论和波动论之间进行取舍,而应该把它们同样地看作是光的本性的不同侧面的描述.这就是说,光具有波和粒子这两方面的特性,这称为**光的波-粒二象性**.

既是粒子,也是波,这在人们的经典观念中是很难接受的.实际上,光已不是经典意义下的波,也不是经典意义下的粒子,而是波和粒子的统一.光是由具有一定能量、动量和质量的粒子组成的,在它们运动的过程中,在空间某处发现它们的几率却遵从波动的规律.描述光的粒子特征的能量与描述其波动特征的频率之间的关系为

$$E = h\nu \tag{13.12}$$

由狭义相对论能量-动量关系并考虑光子的静质量为零得光子动量与波长的关系为

$$\lambda = \frac{c}{\nu} = \frac{c}{E/h} = \frac{c}{pc/h} = \frac{h}{p}$$

即

$$p = \frac{h}{\lambda} \tag{13.13}$$

它们通过普朗克常数紧密联系起来.通过质能关系还可得光子的质量为

$$m = \frac{E}{c^2} = \frac{h\nu}{c^2} = \frac{p}{c}$$

§13.3 氢原子光谱与玻尔的量子论

经典物理学不仅在说明电磁辐射与物质相互作用方面遇到了如前所述的困难,而且在说明原子光谱的线状结构及原子本身的稳定性方面也遇到了不可克服的困难.丹麦物理学家玻尔发展了普朗克的量子假设和爱因斯坦的光子假设等,创立了关于氢原子结构的半经典量子理论,相当成功地说明了氢原子光谱的实验规律.

一、氢原子光谱的实验规律

实验发现,各种元素的原子光谱都由分立的谱线所组成,并且谱线的分布具有确定的规律.氢原子是最简单的原子,其光谱也是最简单的.对氢原子光谱的研究是进一步学习原子、分子光谱的基础,而后者在研究原子、分子结构及物质分析等方面有重要的意义.

在可见光范围内容易观察到氢原子光谱的四条谱线,这四条谱线分别用 H_α、H_β、H_γ 和 H_δ 表示,如图 13.5 所示.1885 年巴尔末(J. J. Balmer,1825—1898)发现可以用简单的整数关系表示这四条谱线的波长

$$\lambda = B \frac{n^2}{n^2 - 2^2}, \quad n = 3, 4, 5, 6 \tag{13.14}$$

式中 B 是常数,其值等于 364.57 nm.后来实验上还观察到相当于 n 为其他正整数的谱线,这些谱线连同上面的四条谱线,统称为**氢原子的巴尔末系**.

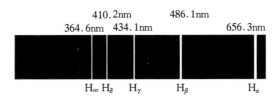

图 13.5　氢原子光谱

光谱学上经常用波数 $\tilde{\nu}$ 表示光谱线,它被定义为波长的倒数,即

$$\tilde{\nu} = \frac{1}{\lambda} \tag{13.15}$$

引入波数后,式(13.14)可改写为

$$\tilde{\nu} = R\left(\frac{1}{2^2} - \frac{1}{n^2}\right), \quad n = 3, 4, 5, \cdots \tag{13.16}$$

式中 $R = 2^2/B = 1.096776 \times 10^7$ m^{-1},称为里德伯(J. R. Rydberg,1854—1919)常数.

在氢原子光谱中,除了可见光范围的巴尔末线系以外,在紫外区、红外区和远红外区分别有赖曼(T. Lyman)系、帕邢(F. Paschen)系、布拉开(F. S. Brackett)系和普丰德(A. H. Pfund)系. 这些线系中谱线的波数也都可以用与式(13.16)相似的形式表示. 将其综合起来可表为

$$\tilde{\nu}_{kn} = T(k) - T(n) = R\left(\frac{1}{k^2} - \frac{1}{n^2}\right) \tag{13.17}$$

式中 k 和 n 取一系列有顺序的正整数,k 取 1,2,3,4,5 分别对应于赖曼线系、巴尔末线系、帕邢线系、布拉开线系和普丰德线系;一旦 k 值取定后,n 将从 $k+1$ 开始取 $k+1$,$k+2$,$k+3$ 等分别代表同一线系中的不同谱线. $T(n) = R/n^2$ 称为氢的**光谱项**.式(13.17)称为**里德伯-里兹并合原理**.实验表明,并合原理不仅适用于氢原子光谱,也适用于其他元素的原子光谱,只是光谱项的表示式要复杂一些.

并合原理所表示的原子光谱的规律性,是原子结构性质的反映,但经典物理学理论无法予以解释.

按照原子的有核模型,根据经典电磁理论,绕核运动的电子将辐射与其运动频率相同的电磁波,因而原子系统的能量将逐渐减少.随着能量的减少,电子运动轨道半径将不断减小;与此同时,电子运动的频率(因而辐射频率)将连续增大.因此原子光谱应是连续的带状光谱,并且最终电子将落到原子核上,因此不可能存在稳定的原子.这些结论显然与实验事实相矛盾,从而表明依据经典理论无法说明原子光谱规律等.

二、玻尔的量子论

玻尔(N. H. D. Bohr,1885—1962)把卢瑟福关于原子的有核模型、普朗克量子假设、里德伯-里兹并合原理等结合起来,于 1913 年创立了氢原子结构的半经典量子理论,使人们对于原子结构的认识向前推进了一大步. 玻尔理论的基本假设如下.

(1)原子只能处在一系列具有不连续能量的稳定状态,简称**定态**,相应于定态,核外电子在一系列不连续的稳定圆轨道上运动,但并不辐射电磁波;

(2)作定态轨道运动的电子的角动量 L 的数值只能是 $\hbar(h/2\pi)$ 的整数倍,即

$$L = mvr = n\hbar, \quad n = 1, 2, 3, \cdots \tag{13.18}$$

这称为**角动量子化条件**,n 称为主量子数,m 是电子的质量;

(3)当原子从一个能量为 E_k 的定态跃迁到另一个能量为 E_n 的定态时,会发射或吸收一个频率为 ν_{kn} 的光子

$$\nu_{kn} = \frac{E_k - E_n}{h} \tag{13.19}$$

上式称为**辐射频率公式**,$\nu_{kn} > 0$ 表示向外辐射光子,$\nu_{kn} < 0$ 表示吸收光子.

玻尔还认为,电子在半径为 r 的定态圆轨道上以速率 v 绕核作圆周运动时,向心力就是库仑力,因而有

$$m\frac{v^2}{r} = \frac{1}{4\pi\varepsilon_0}\frac{e^2}{r^2} \tag{13.20}$$

由式(13.18)和式(13.20)消去 v,即可得原子处于第 n 个定态时电子轨道半径为

$$r_n = n^2\left(\frac{\varepsilon_0 h^2}{\pi me^2}\right) = n^2 r_1, \quad n = 1, 2, 3, \cdots \tag{13.21}$$

对应于 $n=1$ 的轨道半径 r_1 是氢原子的最小轨道半径,称为**玻尔半径**,常用 a_0 表示,其值为

$$a_0 = r_1 = \frac{\varepsilon_0 h^2}{\pi me^2} = 5.29177249 \times 10^{-11} \text{ m} \tag{13.22}$$

这个数值与用其他方法得到的数值相符合. 氢原子的能量应等于电子的动能与势能之和,即

$$E = \frac{1}{2}mv^2 - \frac{1}{4\pi\varepsilon_0} \cdot \frac{e^2}{r} = -\frac{1}{8\pi\varepsilon_0} \cdot \frac{e^2}{r}$$

处在量子数为 n 的定态时,能量为

$$E_n = -\frac{1}{8\pi\varepsilon_0} \cdot \frac{e^2}{r_n} = -\frac{1}{n^2}\left(\frac{me^4}{8\varepsilon_0^2 h^2}\right), \quad n = 1, 2, 3, \cdots \tag{13.23}$$

由此可见,由于电子轨道角动量不能连续变化,氢原子的能量也只能取一系列不连续的值,这称为能量量子化,这种量子化的能量值称为原子的能级. 式(13.23)是**氢**

原子能级公式. 通常氢原子处于能量最低的状态, 这个状态称为**基态**, 对应于主量子数 $n=1$, $E_1=-13.6$ eV, $n>1$ 的各个稳定状态的能量均大于基态的能量, 称为**激发态**, 或**受激态**. 处于激发态的原子会自动地跃迁到能量较低的激发态或基态, 同时释放出一个能量等于两个状态能量差的光子, 这就是原子发光的原理. 随着量子数 n 的增大, 能量 E_n 也增大, 能量间隔减小. 当 $n \to \infty$ 时, $r_n \to \infty$, $E_n \to 0$, 能级趋于连续, 原子趋于电离. $E>0$ 时, 原子处于电离状态, 能量可连续变化. 图 13.6 和图 13.7 分别是氢原子处于各定态的电子轨道图和氢原子的能级图.

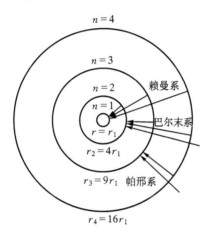

图 13.6 氢原子定态的轨道图

使原子或分子电离所需要的能量称为**电离能**. 根据玻尔理论算出的氢原子基态能量值与实验测得的氢原子基态电离能值 13.6 eV 相符.

下面用玻尔理论来研究氢原子光谱的规律. 按照玻尔假设, 当原子从较高能态 E_n 向较低能态 $E_k (n>k)$ 跃迁时, 发射一个光子, 其频率和波数为

$$\nu_{nk} = \frac{E_n - E_k}{h} \tag{13.24}$$

$$\tilde{\nu}_{nk} = \frac{1}{\lambda_{nk}} = \frac{\tilde{\nu}_{nk}}{c} = \frac{1}{hc}(E_n - E_k) \tag{13.25}$$

将能量表示式 (13.23) 代入即可得氢原子光谱的波数公式

$$\tilde{\nu}_{nk} = \frac{me^4}{8\varepsilon_0^2 h^3 c}\left(\frac{1}{k^2} - \frac{1}{n^2}\right) \quad (n>k) \tag{13.26}$$

显然式 (13.26) 与氢原子光谱的经验公式 (13.17) 是一致的, 同时可得里德伯常数的理论值为

$$R_{H理论} = \frac{me^4}{8\varepsilon_0^2 h^3 c} = 1.0973731 \times 10^7 \text{ m}^{-1} \tag{13.27}$$

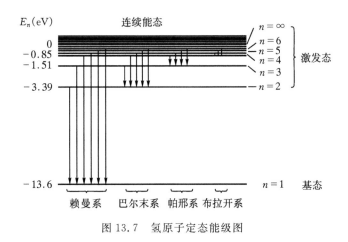

图 13.7　氢原子定态能级图

这也与实验值符合得很好.这表示玻尔理论在解释氢原子光谱的规律性方面是十分成功的,同时也说明这个理论在一定程度上反映了原子内部的运动规律.

三、玻尔理论的缺陷和意义

玻尔的半经典量子理论在说明光谱线规律方面取得了前所未有的成功.但是它也有很大的局限性,如只能计算氢原子和类氢离子的光谱线,对其他稍微复杂的原子就无能为力了;另外,它完全没有涉及谱线强度、宽度及偏振性等.从理论体系上讲,这个理论的根本问题在于它以经典理论为基础,但又生硬地加上与经典理论不相容的若干重要假设,如定态不辐射和量子化条件等,因此它远不是一个完善的理论.但是玻尔的理论第一次使光谱实验得到了理论上的说明,第一次指出经典理论不能完全适用于原子内部运动过程,揭示出微观体系特有的量子化规律.因此它是原子物理发展史上一个重要的里程碑,对于以后建立量子力学理论起到了巨大的推动作用.另外,玻尔理论在一些基本概念上,如"定态"、"能级"、"能级跃迁决定辐射频率"等在量子力学中仍是非常重要的基本概念,虽然另有一些概念,如轨道等已被证实对微观粒子不再适用.

§13.4　微观粒子的波-粒二象性　不确定关系

一、微观粒子的波-粒二象性

1923 至 1924 年间,德布罗意(L. V. de Broglie)仔细地分析了光的微粒说和波动说的历史,深入地研究了光子假设.他认为,19 世纪以来,在光的研究中人们只重视了光的波动性,而忽视了它的粒子性.但在实物粒子的研究中却又发生了相反的情况,只重视实物粒子的粒子性,而忽略了它的波动性.在这种思想的支配下,德布罗意大胆地提出了物质的波-粒二象性假设.他认为,质量为 m,速度为 v 的自由粒子,一方面可用能量 E 和动量 P 来描述它的粒子性;另一方面还可用频率 ν 和波长 λ 来描述它的波动性.它们之间的关系与光的波-粒二相性所描述的关系一样,即

$$\nu = \frac{E}{h} \tag{13.28}$$

$$\lambda = \frac{h}{P} \tag{13.29}$$

式(13.28)和(13.29)叫**德布罗意公式**.这种和实物粒子相联系的波称为**德布罗意波**,或叫**物质波**.德布罗意因这一开创性工作而获得了 1929 年的诺贝尔物理学奖.

由于自由粒子的能量和动量均为常量,所以与自由粒子相联系的波的频率和波长均不变,这说明与自由粒子相联系的德布罗意波可用平面波描述.

对于静质量为 m_0,速度为 v 的实物粒子,其德布罗意波长为

$$\lambda = \frac{h}{P} = \frac{h}{m_0 v} \sqrt{1 - v^2/c^2} \tag{13.30}$$

德布罗意关于物质波的假设,1927 年首先由戴维孙(C. J. Davisson,1881—1958)和革末(L. H. Germer,1896—1971)通过电子衍射实验所证实.戴维孙和革末做电子束在晶体表面散射实验时,观察到了和 X 射线在晶体表面衍射相似的电子衍射现象,从而证实了电子具有波动性.当时的实验中,采用 50 kV 的电压加速电子,波长约为 0.005 nm.由于波长非常短,实验难度很高,因此这一实验是极其卓越的.

后来证实了不仅电子具有波动性,其他微观粒子,如原子、质子和中子等也都具有波动性.微观粒子的波动性在现代科学技术上已得到广泛的应用,利用电子的波动性,已制造出了高分辨率的电子显微镜;利用中子的波动性,制成了中子摄谱仪.

既然微观粒子具有波动性,原子中绕核运动的电子无疑也具有波动性.不过处于原子定态中的电子的波动形式,与戴维孙和革末实验中由小孔衍射的电子束的波动形式是不同的,后者可认为是行波,而前者则应看为驻波.处于定态中的电子形成驻波的情形,与端点固定的振动弦线形成驻波的情形是相似的.原子中电子驻波可如图 13.8形象地表示.由图可见,当电子波在离开原子核为 r 的圆周上形成驻波时,圆周长

图 13.8　处于定态中的电子形成驻波

必定等于电子波长的整数倍,即

$$2\pi r = n\lambda, \quad n = 1, 2, 3, \cdots \quad (13.31)$$

利用德布罗意关系便可得电子的轨道角动量应满足下面的关系

$$L = rp = n\frac{\lambda}{2\pi} \cdot \frac{h}{\lambda} = n\hbar, \quad n = 1, 2, 3, \cdots \quad (13.32)$$

这正是玻尔作为假设引入的量子化条件,在这里,考虑了微观粒子的波动性就自然得出了量子化条件.

例 13.2　计算经过电势差 $U = 150$ V 和 $U = 10^4$ V 加速的电子的德布罗意波长(在 $U < 10^4$ V 时,可不考虑相对论效应).

解　忽略相对论效应,经过电势差 U 加速后,电子的动能和速率分别为

$$\frac{1}{2}m_0 v^2 = eU$$

$$v = \sqrt{\frac{2eU}{m_0}}$$

式中 m_0 为电子的静止质量.利用德布罗意关系可得德布罗意波长

$$\lambda = \frac{h}{m_0 v} = \frac{h}{\sqrt{2m_0 e}} \cdot \frac{1}{\sqrt{U}} = 12.25 \times 10^{-10}\frac{1}{\sqrt{U}} \text{ (m)} = 1.225\frac{1}{\sqrt{U}} \text{ (nm)}$$

式中 U 的单位是伏特.

将 $U_1 = 150$ V, $U_2 = 10^4$ V 代入,得相应波长值分别为

$$\lambda_1 = 0.1 \text{ (nm)}, \quad \lambda_2 = 0.0123 \text{ (nm)}$$

由此可见,在这样的电压下,电子的德布罗意波长与 X 射线的波长相近. 由德布罗意关系同样可计算质量 $m = 0.01$ kg,速度 $v = 300$ m/s 的子弹的德布罗意波长 $\lambda = 2.21 \times 10^{-34}$ m. 由此可见,由于 h 是一个非常小的量,宏观粒子的德布罗意波长是如此的小,以致在任何实验中都不可能观察到它的波动性,而仅表现出它的粒子性.

二、不确定关系

在经典力学中,粒子在任何时刻都有完全确定的位置和动量,在一过程中,粒子的运动具有确定的轨道. 与此不同,微观粒子具有明显的波动性,以致它的某些成对物理量不可能同时具有确定的量值. 例如位置坐标和动量、角坐标和角动量等不能同时具有确定的量值. 其中一个量的不确定程度越小,另一个量的不确定程度就越大.

1927 年,德国物理学家海森伯(W. K. Heisenberg,1901—1976)提出微观粒子不能同时具有确定的位置和动量,同一时刻位置的不确定量 Δx 与该方向的动量不确定量 Δp_x 的乘积大于或等于 $\hbar/2$,即

$$\Delta x \Delta p_x \geqslant \frac{\hbar}{2} \tag{13.33}$$

此式称为**海森伯坐标和动量的不确定关系式**.

这一规律直接来源于微观粒子的波-粒二象性,可以借助于电子单缝衍射实验结果来说明.如图 13.9 所示,设单缝宽度为 Δx,使一束电子沿 Y 轴方向射向狭缝,在缝后放置照相底片,以记录电子落在底片上的位置.

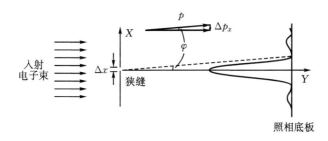

图 13.9　电子单缝衍射

电子可以从缝上任何一点通过单缝,因此在电子通过单缝时刻,其位置的不确定量就是缝宽 Δx.由于电子具有波动性,底片上呈现出和光通过单缝时相似的单缝电子衍射图样,电子流强度的分布已示于图中.显然电子在通过狭缝时刻,其横向动量也有一个不确定量 Δp_x,可从衍射电子的分布来估算 Δp_x 的大小,为简便,先考虑到达单缝衍射中央明纹区的电子.设 φ 为中央明纹旁第一级暗纹的衍射角,则 $\sin\varphi = \lambda / \Delta x$,又有 $\Delta p_x = p\sin\varphi$,再由德布罗意关系式 $p = h/\lambda$,就可得到

$$\Delta p_x = p\sin\varphi = \frac{h}{\lambda} \cdot \frac{\lambda}{\Delta x} = \frac{h}{\Delta x}$$

即
$$\Delta x \Delta p_x \geqslant h$$

式中大于号是在考虑还有一些电子落在中央明纹以外区域.以上只是作粗略估算,严格推导所得关系式为(13.33).

不确定关系式(13.33)表明,微观粒子的位置坐标和同一方向的动量不可能同时具有确定值.减小 Δx,将使 Δp_x 增大,即位置确定越准确,动量确定就越不准确.这和实验结果是一致的.如做单缝衍射实验时,缝越窄、电子在底片上分布的范围就越宽.因此,对于具有波-粒二象性的微观粒子,不可能用某一时刻的位置和动量描述其运动状态,轨道的概念已失去意义,经典力学规律也不再适用.

如果在所讨论的具体问题中,粒子坐标和动量的不确定量相对很小,则说明粒子的波动性不显著,实际上观察不到,则仍可用经典力学处理.

例 13.3　由玻尔理论算得氢原子中电子的运动速率为 2.2×10^6 m/s,若其不确定量为 1.0%,求电子位置的变化范围.

解 根据不确定关系可得电子位置的不确定量为

$$\Delta x \geqslant \frac{\hbar}{2\Delta p} = \frac{\hbar}{2m_e\Delta v} = \frac{1.05 \times 10^{-34}}{2 \times 9.11 \times 10^{-31} \times 2.2 \times 10^6 \times 0.01}$$
$$= 2.6 \times 10^{-9} (\text{m})$$

此值已超出原子的线度(10^{-10} m). 所以, 就原子中的电子而言, 说它有确定的位置同时又有确定的速率, 是没有意义的. 显然, 由于微观粒子的波动性, 核外电子轨道的概念是没有意义的.

不确定关系不仅存在于坐标和动量之间, 也存在于能量和时间之间, 如果微观粒子处于某一状态的时间为 Δt, 则其能量必有一个不确定量 ΔE, 由量子力学可推出二者之间有如下关系

$$\Delta E \Delta t \geqslant \frac{\hbar}{2} \tag{13.34}$$

此式称为**能量和时间的不确定关系**. 将其应用于原子系统可以讨论原子各受激态能级宽度 ΔE 和该能级平均寿命 Δt 之间的关系. 显然, 受激态的平均寿命越长(能级越稳定), 能级宽度就越小(能级越确定), 跃迁到基态所发射的光谱线的单色性就越好.

不确定关系式是微观客体具有波-粒二象性的反映, 是物理学中重要的基本规律, 在微观世界的各个领域中有很广泛的应用.

§13.5 量子力学的基本概念和基本原理

描述微观粒子运动的系统理论是量子力学, 它是薛定谔、海森伯等人在 1925 至 1926 年期间初步建立起来的. 本节介绍量子力学的基本概念和基本方程.

一、波函数及其统计解释

在经典力学中我们已经知道, 一个被看作为质点的宏观物体的运动状态, 是用它的位置矢量和动量来描述的. 但是, 对于微观粒子, 由于它具有波动性, 根据不确定关系, 其位置和动量是不同时具有确定值的, 所以我们就不可能仍然用位置、动量及轨道这样一些经典概念来描述它的运动状态. 微观粒子的运动状态称为**量子态**, 是用波函数 $\Psi(r,t)$ 来描述的, 这个波函数所反映的微观粒子的波动性, 就是德布罗意波. 这是量子力学的一个基本假设.

例如一个沿 x 轴正方向运动的不受外力作用的自由粒子, 由于能量 E 和动量 p 都是恒量, 由德布罗意关系式可知, 其物质波的频率 ν 和波长 λ 也都不随时间变化, 因此自由粒子的德布罗意波是一个单色平面波.

对机械波和电磁波来说, 一个单色平面波的波函数可用复数形式表示为

$$y(x,t) = Ae^{-i2\pi(\nu t - x/\lambda)}$$

但实质是其实部. 类似地, 在量子力学中, 自由粒子的德布罗意波的波函数可表示为

$$\Psi(x,t) = \Psi_0 e^{-i2\pi(\nu t - x/\lambda)} = \Psi_0 e^{-i(Et - Px)/\hbar}$$

式中 Ψ_0 是一个待定常数, $\Psi_0 e^{(i/\hbar)Px}$ 相当于 x 处波函数的复振幅, 而 $e^{(-i/\hbar)Et}$ 则反映波函数随时间的变化.

对于在各种外力场中运动的粒子, 它们的波函数要随着外场的变化而变化. 力场中粒子的波函数可通过下面的薛定谔方程来求解.

经典力学中的波函数总代表某一个物理量在空间的波动, 然而量子力学中的波函数又代表着什么呢? 对此, 历史上提出了各种不同的看法, 但都未能完善地解释微观粒子的波-粒二象性, 直到 1926 年玻恩 (M. Born, 1882—1970) 提出波函数的统计解释才完善地解释了微观粒子的波-粒二象性. 玻恩认为: 实物粒子的德布罗意波是一种几率波; t 时刻, 粒子在空间 r 附近的体积元 $\mathrm{d}V$ 中出现的几率 $\mathrm{d}W$ 与该处波函数的模方成正比, 即

$$\mathrm{d}W = |\Psi(r,t)|^2 \mathrm{d}V = \Psi^*(r,t)\Psi(r,t)\mathrm{d}V \tag{13.35}$$

式中 $\Psi^*(r,t)$ 是波函数 $\Psi(r,t)$ 的共轭复数. 由式 (13.35) 可知, 波函数的模方 $|\Psi(r,t)|^2$ 代表 t 时刻粒子在空间 r 处的单位体积中出现的几率, 称为**几率密度**. 这就是波函数的物理意义, 波函数本身没有直接的物理意义.

波函数的这种统计解释将量子概念下的波和粒子统一起来了. 其量子概念中的粒子性表现为它们具有一定的能量、动量和质量等粒子的属性, 同时某时刻, 一个粒子总是作为整体出现在某处的, 但粒子的运动不具有确定的轨道; 量子概念中的波动性是指用波函数的模方表示在空间某处出现的概率密度, 而波函数并不代表某个实在的物理量在空间的波动.

由于用波函数的模方表示粒子在空间出现的概率密度分布, 所以波函数允许包含一个任意常数因子, 如 $A\Psi(r,t)$ 和 $\Psi(r,t)$ 表示相对概率密度相同的同一个量子态.

既然波函数与粒子在空间出现的概率相联系, 所以波函数必定是单值的、连续的和有限的. 这是**波函数的标准条件**. 又因为粒子必定要在空间中的某一点出现, 因此粒子在空间各点出现的概率的总和应等于 1, 即应有

$$\iiint |\Psi(r,t)|^2 \mathrm{d}x\mathrm{d}y\mathrm{d}z = 1 \tag{13.36}$$

此式称为**波函数的归一化条件**, 其中积分区域遍及粒子可能达到的所有空间.

在经典力学中, 曾经讨论过波动遵从的叠加原理, 即各列波共同在某质点引起的振动, 是各列波单独在该质点所引起的振动的合成. 在量子力学中也有一个类似

的原理,这个原理称为**态叠加原理**,是量子力学原理的又一个基本假设,适用于一切微观粒子的量子态.态叠加原理可以表述为:如果波函数 $\Psi_1(\boldsymbol{r},t),\Psi_2(\boldsymbol{r},t),\cdots$ 都是描述系统的可能的量子态,那么它们的线性叠加

$$\Psi(\boldsymbol{r},t) = c_1\Psi_1(\boldsymbol{r},t) + c_2\Psi_2(\boldsymbol{r},t) + \cdots = \sum_i c_i\Psi_i(\boldsymbol{r},t) \qquad (13.37)$$

也是这个系统的一个可能的量子态.式中 $c_1,c_2,\cdots$ 是任意的复数.

二、薛定谔方程

1. 薛定谔方程和算符

薛定谔(E. Schrödinger,1887—1961)建立了适用于低速情况下的、描述微观粒子在力场中运动的波函数所满足的微分方程,也就是物质波波函数 $\Psi(\boldsymbol{r},t)$ 所满足的方程,称为**薛定谔方程**.

质量为 m 的粒子在外力场中运动时,一般情况下,其势能 V 可能是空间坐标和时间的函数,即 $V=V(\boldsymbol{r},t)$ 而薛定谔方程为

$$\hat{H}\Psi(\boldsymbol{r},t) = i\hbar\frac{\partial\Psi(\boldsymbol{r},t)}{\partial t} \qquad (13.38)$$

式中

$$\hat{H} = \left[-\frac{\hbar^2}{2m}\left(\frac{\partial^2}{\partial x^2} + \frac{\partial^2}{\partial y^2} + \frac{\partial^2}{\partial z^2}\right) + V(\boldsymbol{r},t)\right] \qquad (13.39)$$

称为**哈密顿算符**.

在量子力学中,一切力学量都要用算符来表示,这是量子力学的一个基本假设.算符代表对波函数的某种运算(即操作),如微分运算 (d/dt) 称为微分算符; $\nabla = \boldsymbol{i}\frac{\partial}{\partial x} + \boldsymbol{j}\frac{\partial}{\partial y} + \boldsymbol{k}\frac{\partial}{\partial z}$ 称为 ∇ 算符等.

一般情况下,一算符对某一量子态波函数的运算结果将得到另一个量子态波函数.若一算符作用在某波函数 Ψ 上的效果和 Ψ 与某一常数的乘积相当,即

$$\hat{F}\Psi = F\Psi \qquad (13.40)$$

则 F 称为 $\hat{F}$ 的**本征值**,Ψ 称为算符 $\hat{F}$ 对应于本征值 F 的**本征函数**,它所描述的状态称为 F 的**本征态**,而上式称为**本征值方程**.

对自由粒子波函数 Ψ,由于 $\hat{\boldsymbol{r}}\Psi = \boldsymbol{r}\Psi$,所以坐标算符

$$\hat{\boldsymbol{r}} = \boldsymbol{r}$$

即

$$\hat{x} = x,\ \hat{y} = y,\ \hat{z} = z \qquad (13.41)$$

而 $-i\hbar\nabla\Psi = \boldsymbol{p}\Psi$,所以动量算符为

$$\hat{\boldsymbol{p}} = -i\hbar\nabla \qquad (13.42)$$

一般地说,在量子力学中,某力学量若在经典力学中有相应的力学量 $F(r, p)$,则只需将力学量 $F(r, p)$ 中的 r, p 换成其算符就得到该力学量的算符 $\hat{F}$,即

$$\hat{F}(r, p) = F(r, -i\hbar\nabla) \tag{13.43}$$

在经典力学中,哈密顿量 $H = p^2/2m + V$,所以有式(13.39)所表示的哈密顿算符. 在哈密顿算符中,前项是动能算符,后项是势能算符.

薛定谔方程式(13.38)是一个关于 r 和 t 的线性偏微分方程,具有波动方程的形式. 可以证明,自由粒子的波函数满足上述方程. 它实际上是量子力学的一个基本假设,而不是由更基本的原理经过逻辑推理得到的. 但将这个方程应用于分子、原子等微观体系所得到的大量结果和实验符合,这就说明了它的正确性. 薛定谔因在创立量子理论方面的贡献而荣获 1933 年诺贝尔物理学奖.

2. 定态薛定谔方程

在一般情况下,势能函数是空间和时间的函数,但在有些情况下,势能函数只与空间坐标有关,即 $V = V(r)$. 在这种情况下,波函数可表示为

$$\Psi(r, t) = f(t)\Psi(r) \tag{13.44}$$

将其代入薛定谔方程式(13.39)可得如下两常微分方程

$$i\hbar\frac{df}{dt} = Ef \tag{13.45}$$

$$\hat{H}\Psi = E\Psi \tag{13.46}$$

解式(13.45)得

$$f(t) = Ce^{-iEt/\hbar} \tag{13.47}$$

其中 C 为常数. 这时波函数为

$$\Psi(r, t) = \Psi(r)e^{-iEt/\hbar} \tag{13.48}$$

这种状态下,粒子的能量具有确定的值,把具有这种形式的波函数所描述的状态称为**定态**,这样的波函数称为**定态波函数**. 显然定态下,概率密度分布

$$P(r, t) = |\Psi(r, t)|^2 = |\Psi(r)|^2$$

与时间无关,这是定态的一个重要特征. 从这个意义上讲,可将 $\Psi(r)$ 直接称为定态波函数或波函数 $\Psi(r)$. 定态波函数所满足的方程式(13.46)称为**定态薛定谔方程**(或**不含时薛定谔方程**). 在本课程中我们只处理定态问题.

在关于微观粒子的各种定态问题中,把势能函数 $V(r)$ 的具体形式(如对氢原子中的电子 $V(r) = (1/4\pi\varepsilon_0) \cdot (e^2/r)$,对一维线性谐振子 $V(x) = 1/2m\omega^2 x^2$ 等)代入定态薛定谔方程(13.46)中即可求得定态波函数,同时也就确定了几率密度的分布以及能量和角动量等. 我们将看到,如果粒子处于束缚态,即只能在有限区域中运动时,由于波函数必须满足单值、有限、连续的条件,解出微观粒子的能量、角动量等必定不连续,即它们是量子化的.

三、一维无限深势阱

作为量子力学一些概念和原理的具体应用,我们本节介绍最简单的一种情形——一维无限深势阱.在金属中自由电子、原子核中的质子等,它们的运动都被限制在一个很小的空间内,作为近似和简化,我们抽象出一维无限深势阱模型.它是解释金属物理性质等的基础.通过对这一模型的量子力学处理的学习,可以大致了解量子力学的基本概念和基本原理.

一维无限深势阱的势能函数为

$$V(x) = \begin{cases} 0 & (0 < x < a) \\ \infty & (x \leqslant 0, \ x \geqslant a) \end{cases} \qquad (13.49)$$

其曲线形如深井,如图 13.10 所示,故称为一维无限深势阱.

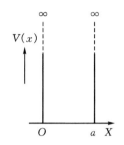

图 13.10　一维无限深势阱

因为势能 $V(x)$ 与时间无关,所以属定态问题.在势阱内 $V(x)=0$,其定态薛定谔方程可写作

$$\frac{\mathrm{d}^2 \Psi}{\mathrm{d}x^2} + \frac{2mE}{\hbar^2} \Psi = 0 \qquad (13.50)$$

其中 m 是势阱中粒子的质量,令

$$k = \frac{\sqrt{2mE}}{\hbar} \qquad (13.51)$$

方程(13.50)变为

$$\frac{\mathrm{d}^2 \Psi}{\mathrm{d}x^2} + k^2 \Psi = 0 \qquad (13.52)$$

其通解为

$$\Psi(x) = A\sin kx + B\cos kx \qquad (13.53)$$

式中 A 和 B 是积分常数,应通过边界条件和归一化条件确定.

由于是无限深势阱,粒子不能穿越阱壁而到达阱外去,它只能限制在阱内的平底深谷中运动.所以在阱壁和阱外波函数应为零.据波函数的连续条件应有 $\Psi(0)=\Psi(a)=0$,将 $\Psi(0)=0$ 代入通解(13.53)式得 $B=0$,再将 $\Psi(a)=0$ 代入便得

$$\Psi(a)=0=A\sin ka$$

此时不能取 $A=0$,否则只能得到零解,那么只有 $\sin ka=0$,从而得

$$ka = n\pi, \quad n = 1, 2, 3, \cdots \qquad (13.54)$$

由式(13.51)和式(13.54)得粒子的能量为

$$E_n = \frac{\hbar^2 k^2}{2m} = \frac{\pi^2 \hbar^2 n^2}{2ma^2}, \quad n = 1, 2, 3, \cdots \qquad (13.55)$$

由此可见,一维无限深势阱中粒子的能量是量子化的,n 称为量子数.当 $n=1$ 时,

粒子处于能量最低的基态，基态能量为

$$E_1 = \frac{\pi^2 \hbar^2}{2ma^2} \neq 0 \qquad (13.56)$$

这一能量也称为零点能，零点能 $E_1 \neq 0$ 表明束缚在势阱中的粒子不会静止，这也是不确定关系所要求的，因为 Δx 有限，Δp_x 不能为零，从而粒子动能也不可能为零.

相应于量子数为 n 的定态波函数为

$$\Psi_n(x) = A_n \sin \frac{n\pi}{a}x, \quad n = 1, 2, 3, \cdots \quad (0 < x < a) \qquad (13.57)$$

由归一化条件可得 $A = \sqrt{2/a}$，因而归一化波函数为

$$\psi_n(x) = \sqrt{\frac{2}{a}} \sin \frac{n\pi}{a}x, \quad n = 1, 2, 3, \cdots \quad (0 < x < a) \qquad (13.58)$$

如图 13.11 所示画出了对应于能量本征值 E_1、E_2、E_3 和 E_4 的波函数以及相应的概率密度. 由图 13.11(a) 可以看出，波函数在阱内区域的分布与在弦线上形成的驻波情形很相似，这一结论与德布罗意关于粒子定态对应于驻波的概念是一致的. 对基态波函数，整个阱区相当于半波长的驻波. 显然，随着量子数 n 的增大，波长在缩短，频率在增加，所以相应状态的能量在提高.

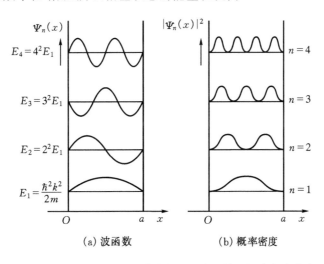

图 13.11　一维无限深势阱中各能级波函数及概率密度分布

图 13.11(b) 画出了对应于四个能级的粒子概率密度分布. 可以看出，在不同的能级上粒子出现的概率密度是不同的. 随着量子数 n 的增大，概率密度起伏的越来越频繁. 这与经典中粒子在阱内出现的概率相等的结论不一致，只有当量子数 n

很大时,粒子在阱区内各处的概率才趋于均匀.

例 13.4 一有限方势垒的势能函数为

$$V(x) = \begin{cases} U_0 & (0 < x < a) \\ 0 & (x \leqslant 0,\ x \geqslant a) \end{cases}$$

试讨论粒子能量 $E < U_0$ 情况下通过方势垒的透射问题.

解 为方便,令

$$k_1 = \frac{\sqrt{2mE}}{\hbar}, \qquad k_2 = \frac{\sqrt{2m(U_0 - E)}}{\hbar}$$

则在不同区域中,定态薛定谔方程分别为

$$\frac{\mathrm{d}^2\Psi}{\mathrm{d}x^2} + k_1^2\Psi = 0 \quad (x \leqslant 0,\ x \geqslant a)$$

$$\frac{\mathrm{d}^2\Psi}{\mathrm{d}x^2} - k_2^2\Psi = 0 \quad (0 < x < a)$$

解上述方程,得

$$\Psi(x) = \begin{cases} Ae^{ik_1 x} + A'e^{-ik_1 x} & (x < 0) \\ Be^{k_2 x} + B'e^{-k_2 x} & (0 < x < a) \\ Ce^{ik_1 x} + C'e^{-ik_1 x} & (x > a) \end{cases}$$

假定粒子由左方($x<0$)入射,由于势垒的存在,因而在 $x<0$ 的区域内,既有入射波 $\Psi_\text{入} = Ae^{ik_1 x}$,又有反射波 $\Psi_\text{反} = A'e^{-ik_1 x}$;在 $x>a$ 的区域内,由于无势场作用,因而只有透射波 $\Psi_\text{透} = Ce^{ik_1 x}$,而无反射波,所以 $C'=0$.

容易理解,入射的粒子数与入射粒子的几率密度 $|\Psi_\text{入}|^2 = A^2$ 成正比,透射的粒子数与透射粒子的几率密度 $|\Psi_\text{透}|^2 = C^2$ 成正比. 由 $\Psi(x)$ 和 $\dfrac{\mathrm{d}\Psi(x)}{\mathrm{d}x}$ 在 $x=0$ 和 $x=a$ 处连续的条件,可得四个方程,将它们联立求解则可求得透射系数

$$D = \frac{透射的粒子数}{入射的粒子数} = \frac{C^2}{A^2} = \frac{4k_1^2 k_2^2}{(k_1^2 + k_2^2)^2 \,\mathrm{sh}^2 k_2 a + k_1^2 k_2^2}$$

式中, $\mathrm{sh} k_2 a = \dfrac{e^{k_2 a} - e^{-k_2 a}}{2}$.

按经典力学的观点,若 $E < U_0$,则粒子不能穿透势垒,将全部被反弹(散射)回去. 上述计算表明,在一般情况下,透射系数 $D \neq 0$,这说明粒子能够穿过比其能量更高的势垒,这种现象称为**势垒贯穿**,也叫**隧道效应**. 它是一种量子效应,类似于光波在非均匀介质中的传播情况. 我们知道,光波入射到不同介质界面时,既有反射的可能,也有折射透过第二种介质的可能. 所以隧道效应被认为是微观粒子波动性的表现.

§13.6　氢原子

一、氢原子问题的量子力学处理

氢原子是只有一个电子在原子核库仑场中运动的最简单的原子,下面我们简要说明处理氢原子问题的思路和主要结果.

在氢原子中,电子处于核的库仑场中,其势能为

$$V(\boldsymbol{r}) = -\frac{e^2}{4\pi\varepsilon_0 r} \tag{13.59}$$

它与时间无关,属定态问题,将势能函数代入定态薛定谔方程式(13.46)并采用球坐标系得

$$\frac{1}{r^2}\cdot\frac{\partial}{\partial r}\left(r^2\frac{\partial\Psi}{\partial r}\right)+\frac{1}{r^2\sin\theta}\cdot\frac{\partial}{\partial\theta}\left(\sin\theta\frac{\partial\Psi}{\partial\theta}\right)+\frac{1}{r^2\sin^2\theta}\cdot\frac{\partial^2\Psi}{\partial\varphi^2}+\frac{2m_e}{\hbar}\left(E+\frac{e^2}{4\pi\varepsilon_0 r}\right)\Psi=0 \tag{13.60}$$

这个偏微分方程需采用分离变量法求解. 令

$$\Psi(r,\theta,\varphi)=R(r)\Theta(\theta)\Phi(\varphi) \tag{13.61}$$

将式(13.61)代入式(13.60)经整理得如下三个常微分方程

$$\frac{\mathrm{d}^2\Phi}{\mathrm{d}\varphi^2}+m^2\Phi=0 \tag{13.62}$$

$$\frac{1}{\sin\theta}\cdot\frac{\mathrm{d}}{\mathrm{d}\theta}\left(\sin\theta\frac{\mathrm{d}\Theta}{\mathrm{d}\theta}\right)+\left[\lambda-\frac{m^2}{\sin^2\theta}\right]\Theta=0 \tag{13.63}$$

$$\frac{1}{r^2}\cdot\frac{\mathrm{d}}{\mathrm{d}r}\left(r^2\frac{\mathrm{d}R}{\mathrm{d}r}\right)+\frac{2m_e}{\hbar}\left[E+\frac{e^2}{4\pi\varepsilon_0 r}-\frac{\hbar^2}{2m_e}\frac{\lambda}{r^2}\right]R=0 \tag{13.64}$$

式中 m 和 λ 是分离变量常数. 对常微分方程式(13.62)求解得

$$\Phi(\varphi)=A\mathrm{e}^{-im\varphi} \tag{13.65}$$

式中 A 是常数,可通过波函数的归一化来确定. 根据波函数的单值性(即周期性边界条件)要求 m 只能取整数 $0,\pm1,\pm2,\cdots$. 称 m 为**氢原子的磁量子数**.

极角波函数 $\Theta(\theta)$ 的具体形式应由方程(13.63)求出,为确保其有限性,要求方程中的常数 λ 必须满足

$$\lambda=l(l+1),\quad l=0,1,2,\cdots \tag{13.66}$$

并且 $|m|\leqslant l$,即

$$m=0,\pm1,\pm2,\cdots,\pm l \tag{13.67}$$

在这些条件限制下,方程(13.63)的解 $\Theta(\theta)$ 是一个被称为蒂合勒让德函数的特殊函数,表示为 $P_l^{|m|}(\cos\theta)$.

径向函数 $R(r)$ 应由方程式(13.64)求出. 在方程式(13.64)中代入 $\lambda=l(l+1)$,然后经化简、整理并进行求解. 另外,根据波函数的有限性和物理上所允许的束缚态要求(因为电子是被束缚在原子核提供的有心力场中),必有

$$\sqrt{\frac{m_e}{2\mid E\mid}}\,\frac{e^2}{4\pi\varepsilon_0\,\hbar}=n,\quad n=1,2,3,\cdots \tag{13.68}$$

由此可以求得能量的本征值

$$E_n=-\frac{m_e e^4}{2\,\hbar^2\,(4\pi\varepsilon_0)^2 n^2},\quad n=1,2,3,\cdots \tag{13.69}$$

这就是**氢原子的能级公式**,与玻尔氢原子理论中的能级公式完全一致. 在玻尔理论中,此结果是由人为的引入了量子化条件所得,但在量子力学中,则是在求解薛定谔方程的过程中为使波函数满足具体物理条件而自然得到的.

在满足上述条件下,解得径向波函数为

$$R_{nl}(r)=N_{nl}e^{-r/na}\left(\frac{2r}{na}\right)^l F\left(l+1-n,\ 2l+2,\ \frac{2r}{na}\right) \tag{13.70}$$

$$n=1,2,3,\cdots,\quad l=0,1,2,\cdots,(n-1)$$

其中 N_{nl} 是归一化常数,$F\left(l+1-n,\ 2l+2,\ \dfrac{2r}{na}\right)$ 是一个特殊函数,称为 $l+1-n$ 阶合流超几何多项式,a 的值为

$$a=\frac{4\pi\varepsilon_0\,\hbar^2}{m_e e^2} \tag{13.71}$$

与式(13.22)比较可见,a 就是玻尔半径 a_0.

前三个径向波函数分别为

$$R_{10}(r)=2\left(\frac{1}{a}\right)^{3/2}e^{-r/a}$$

$$R_{20}(r)=\left(\frac{1}{2a}\right)^{3/2}\left(2-\frac{r}{a}\right)e^{-r/2a}$$

$$R_{21}(r)=\frac{1}{\sqrt{3}}\left(\frac{1}{2a}\right)^{3/2}\left(\frac{r}{a}\right)e^{-r/2a}$$

如果将 $\Theta(\theta)$ 和 $\Phi(\varphi)$ 合在一起,并正交归一化,用 $Y(\theta,\varphi)$ 表示,其具体形式为

$$Y_{lm}(\theta,\varphi)=\Theta(\theta)\Phi(\varphi)$$

$$=(-1)^m\sqrt{\frac{(2l+1)}{4\pi}\cdot\frac{(l-m)!}{(l+m)!}}\,P_l^{|m|}(\cos\theta)\,e^{im\varphi} \tag{13.72}$$

这个函数称为**球谐函数**. 进而氢原子的波函数可表为

$$\Psi_{nlm}(r,\theta,\varphi)=R_{nl}(r)Y_{lm}(\theta,\varphi) \tag{13.73}$$

这波函数就完全确定了氢原子的量子态. 可以看出,一组 (n,l,m) 值就对应于一

个确定的量子态,这一组数就是确定氢原子状态的一组量子数.电子在原子核周围的几率密度分布可通过

$$P(\boldsymbol{r},t)=|\boldsymbol{\Psi}_{nlm}(r,\theta,\varphi)|^2$$

求得.结果表明,概率密度极大值出现的地方与玻尔轨道间存在着对应关系,即在相当于玻尔圆轨道的地方,电子出现的概率最大.正是在这样一种意义上,有时仍然保留"轨道"这一名词.

除了有式(13.69)所表示的能量的本征值外,还可以求出角动量平方和角动量 z 分量的可能值(本征值)

$$\hat{L}^2 Y_{lm}(\theta,\varphi) = l(l+1)\hbar^2 Y_{lm}(\theta,\varphi) \tag{13.74}$$

$$\hat{L}_z Y_{lm}(\theta,\varphi) = m\hbar Y_{lm}(\theta,\varphi) \tag{13.75}$$

可见,在氢原子中,电子的能量、角动量平方和角动量 z 分量都是量子化的,其可能值(本征值)分别为

$$E_n = -\frac{me^4}{2\hbar^2(4\pi\varepsilon_0)^2 n^2},\quad n=1,2,3,\cdots \tag{13.76}$$

$$L = \sqrt{l(l+1)}\,\hbar \tag{13.77}$$

$$L_z = m\hbar \tag{13.78}$$

根据确定氢原子状态的这一组量子数 (n,l,m) 与以上各本征值的关系,称 n 为**主量子数**,l 为**角量子数**或**轨道量子数**,m 为**磁量子数**.当 n 取定时,l 可取如下数值

$$l = 0,1,2,3,\cdots,n-1 \tag{13.79}$$

共有 n 个可能的取值.当 l 取定时,m 可取如下数值

$$m = 0,\pm 1,\pm 2,\pm 3,\cdots,\pm l \tag{13.80}$$

共有 $2l+1$ 个可能的取值.这表明,在角动量确定时,角动量 z 分量可取 $2l+1$ 个值.这一结论称为**角动量的空间量子化**.$l=2$ 时,角动量的可能取向如图 13.12 所示.

这一切量子化的结果,都是依据波函数要满足的标准条件和一定的物理条件而自然得到的.它们可以说明氢原子光谱等许多现象.

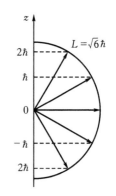

图 13.12　$l=2$ 时角动量的可能取向

二、电子的自旋

1.斯特恩-盖拉赫实验

早在量子力学建立之前,索末菲就提出了角动量的空间量子化.为了从实验上进行验证,1921 年斯特恩(O. Stern,1888—1969)和盖拉赫(W. Gerlach,1889—1979)采用了图 13.13 所示的装置,让处于基态的银原子束(由加热银原子源获得)

通过空间在 z 方向存在梯度的不均匀磁场,射在照相底板上.实验发现,一束射线被分裂为两束,在照相底板上留下了两条对称分布的原子沉积.

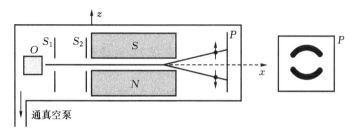

图 13.13 斯特恩-盖拉赫实验用图

这一现象证实了原子具有磁矩,且磁矩在外磁场中只有两种可能取向,即空间取向是量子化的.因为具有磁矩的原子在图示的不均匀磁场中除受到磁力矩的作用发生旋进外,还受到与前进方向垂直的磁力作用,这将使原子束偏转.磁矩在外磁场方向投影为正的原子移向磁场较强的方向,反之则移向磁场较弱的方向.因为如果原子虽有磁矩但其取向并非量子化的,则底片上原子沉积应是连续的,而不是分立的.

2. 电子自旋

上述原子磁矩显然不是电子轨道运动的磁矩,因为当角量子数为 l 时,轨道角动量和磁矩在外磁场方向的投影 L_z 和 $\mu_z = -(e/2m)L_z$ 有 $2l+1$ 个不同值,底片上的原子沉积应为 $2l+1$ 条,即为奇数条,而不可能只有两条.

为了说明上述实验结果,1925 年,乌伦贝克(G. Uhlenbeck,1900—1974)和高德斯密特(S. Goudsmit,1902—1979)提出了电子具有自旋运动的假设,并且根据实验结果指出,电子自旋角动量和自旋磁矩在外磁场中只有两种可能取向.上述实验中银原子处于基态,且 $l=0$,即处于轨道角动量和磁矩皆为零的状态,因而只有自旋角动量和自旋磁矩.

完全类似于电子轨道运动情况,假设电子自旋角动量的大小 S 和它在外磁场方向的投影 S_z 可以用自旋量子数 s 和自旋磁量子数 m_s 表示为

$$S = \sqrt{s(s+1)}\,\hbar \tag{13.80}$$

$$S_z = m_s\hbar \tag{13.81}$$

且当 s 一定时,m_s 可取 $(2s+1)$ 个值.又由上述实验知,m_s 只有两个值,即 $2s+1=2$,由此得

$$s = \frac{1}{2}, \qquad m_s = \pm\frac{1}{2} \tag{13.82}$$

引入电子自旋概念后,就可以解释斯特恩和盖拉赫实验及碱金属原子光谱的双线结构(如纳黄光的 589.0 nm 和 589.6 nm)等现象.

值得指出,自旋是微观粒子的一种内禀属性,它并不与粒子的自转相对应.理论和实验研究表明,一切微观粒子都具有各自特有的自旋.

§13.7　原子的电子壳层结构

一、四个量子数

通过求解薛定谔方程和斯特恩-盖拉赫实验可知,氢原子核外电子的运动状态由四个量子数(n,l,m,m_s)决定.对于其他原子,由于核外有 $Z(Z\geqslant2)$ 个电子,它们之间的相互作用也会对电子的运动状态发生影响,因此,薛定谔方程要比氢原子情形复杂得多,但通过近似计算可知,其核外电子的运动状态仍由上述四个量子数决定,现归纳如下.

(1)主量子数 n,$n=1,2,\cdots$,它基本上决定原子中电子的能量;

(2)角量子数 l,$l=0,1,2,\cdots,(n-1)$,它决定原子中电子角动量的大小.另外,由于轨道磁矩与自旋磁矩的相互作用及相对论效应等,角量子数对能量也有一定的影响.角量子数也称副量子数;

(3)磁量子数 m,$m=0,\pm1,\pm2,\cdots,\pm l$,它决定了电子轨道角动量 L 在外磁场中的取向;

(4)自旋磁量子数 m_s,$m_s=\pm1/2$,它决定了电子自旋角动量 S 在外磁场中的取向.

二、原子的电子壳层结构

为对多电子原子核外电子的运动状态、分布规律等的了解,并用以解释元素周期表中各元素的排列、分类的规律性.1916 年,柯塞尔提出多电子原子中核外电子按壳层分布的形象化模型.他认为主量子数 n 相同的电子,组成一个壳层,n 越大的壳层,离原子核的距离越远,$n=1,2,3,4,5,6\cdots$的各壳层分别用大写字母 $K,L,M,N,O,P\cdots$等表示.在一个壳层内,又按副量子数 l 分为若干个支壳层,显然主量子数为 n 的壳层中包含 n 个支壳层,$l=0,1,2,3,4,5\cdots$的各支壳层分别用小写字母 $s,p,d,f,g,h\cdots$等表示.一般说来,主量子数 n 越大的壳层,其能级越高,同一壳层中,副量子数 l 越大的支壳层能级越高.由量子数 n,l 确定的支壳层通常这样表示:把 n 的数值写在前面,并排写出代表 l 值的字母,如 $1s,2s,2p,3s,3p,3d\cdots$等.

同一支壳层上的电子称为同科电子.同科电子的四个量子数中有两个相同,据泡利不相容原理,m 和 m_s 中至少有一个是不相同的.

核外电子在这些壳层和支壳层上的分布情况由下面两条原理决定.

1.泡利不相容原理

1925 年泡利根据对光谱实验结果的分析总结出如下的规律:在一个原子中不能有两个或两个以上的电子处在完全相同的量子态.即一个原子中任何两个电子都不可能具有一组完全相同的量子数(n,l,m,m_s),这称为**泡利不相容原理**.如基态氦原子,它的两个核外电子都处于 $1s$ 态,其(n,l,m)都是(1,0,0),则 m_s 必定不同,即一个为$+1/2$,另一个为$-1/2$.根据泡利不相容原理不难算出各壳层上最多可容纳的电子数为

$$Z_n = \sum_{l=0}^{n-1} 2(2l+1) = 2n^2 \tag{13.84}$$

各支壳层上最多可容纳的电子数为

$$Z_l = 2(2l+1) \tag{13.85}$$

在 $n=1,2,3,4\cdots$ 的 K,L,M,N 各壳层上,最多可容纳 2,8,18,32$\cdots$个电子.而在 $l=0,1,2,3\cdots$ 的 $s,p,d,f\cdots$ 各支壳层上,最多可容纳 2,6,10,14$\cdots$个电子.

实验证明,自旋量子数为 1/2 的奇数倍的粒子(称为费米子)均受泡利不相容原理的限制;自旋量子数为 0 或 1 的正整数倍的粒子(称为玻色子)则不受此限制.

2.能量最小原理

原子处于正常状态时,每个电子都趋向占据可能的最低能级,使原子系统的总能量尽可能的低.这一规律称为**能量最小原理**.因此,能级越低也就是离核越近的壳层首先被电子填充,其余电子依次向未被占据的最低能级填充,直至所有的 Z 个核外电子分别填入可能占据的最低能级为止.由于能量还和副量子数 l 有关,所以在有些情况下,n 较小的壳层尚未填满时,下一个壳层上就开始有电子填入了.关于 n 和 l 都不同的状态能级高低问题,要在考虑电子轨道、自旋耦合作用后,通过求解薛定谔方程便可确定.对此,我国科学家徐光宪教授总结出这样的规律:对于原子的外层电子,能级高低可以用 $n+0.7l$ 值的大小来比较,其值越大,能级越高.此规律称为**徐光宪定则**.例如,$3d$ 态能级比 $4s$ 态能级高,因此钾的第 19 个电子不是填入 $3d$ 态,而是填入 $4s$ 态,等等.

按量子力学求得的各元素原子中电子排列的顺序,已在各元素的物理、化学性质的周期性中得到完全证实.

* §13.8　激　光

激光是基于受激辐射放大原理产生的一种相干光辐射.能够产生激光的装置称为激光器.自第一台激光器(红宝石激光器)1960 年研制成功后,激光理论的研究,激光器的研制和激光技术的应用都得到了突飞猛进的发展.激光的出现不仅引起了现代光学技术的巨大变革,而且还促进了物理学和其他科学技术的发展.激光之所以有这么大的影响,是与它具有的特殊性能分不开的,本节简要介绍激光的产生原理.

一、受激吸收　自发辐射和受激辐射

假设原子处于能量为 E_1 的低能态,由于从外界吸收了一个能量为 ΔE 的光子而达到能量为 E_2 的高能态,这一过程称为**受激吸收**,如图 13.14(a)所示.

处于高能态上的原子是不稳定的,会自发地向低能态跃迁,并同时辐射一能量为 ΔE 的光子,这一过程称为**自发辐射**,如图 13.14(b)所示.

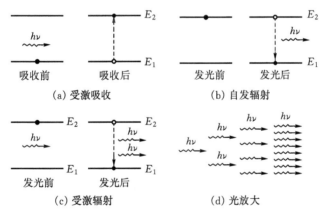

图 13.14　光的吸收和辐射

自发辐射是一种随机的过程,特点是与外界作用无关,各原子的辐射完全是自发地独立进行,所以各原子辐射光的频率、传播方向、位相、偏振态等均无确定的关系,即自发辐射的光是彼此不相干的自然光.

与受激吸收过程相反,处于高能态 E_2 上的原子,若受到能量为 $h\nu = E_2 - E_1$ 的入射光的激励,则会从 E_2 跃迁到 E_1,同时辐射一个与入射光子的频率、传播方向、偏振态均相同的光子,此过程称为**受激辐射**,如图 13.14(c)所示.

由于受激辐射得到一个与入射光子状态完全相同的光子,这相当输入一个光子,可以得到两个全同的光子,这两个光子进一步激励其他原子,便可得到四个全同光子,如图 13.14(d)所示.如此下去,若光子的增殖大于传播中在介质中的损耗,就可实现光放大,它是产生激光的理论基础.

除了辐射跃迁外,还有一种无辐射跃迁,它是指在外界作用下,原子从高能态跃迁到低能态,将多余的能量转换为周围分子或原子的平动、转动或振动能,而无辐射产生.

二、粒子数反转

在一般情况下,当光子通过发光系统时,光吸收过程和受激辐射过程都有可能发生,而要发生光放大过程,必须使受激辐射过程占优势.理论分析表明,发光原子系统发生受激辐射过程与发生吸收过程的几率之比,等于处于高能态的原子数 N_2 与处于低能态的原子数 N_1 之比,即 N_2/N_1.所以,发生光放大过程必须满足 $N_2/N_1 \gg 1$,即要使大量原子处于高能态.

但是,在温度为 T 的平衡态原子系统中,处于各能态的原子数必定遵从玻尔兹曼分布,由玻尔兹曼分布可以得到处于高、低两个能态上的原子数之比为

$$\frac{N_2}{N_1} = \mathrm{e}^{-(E_2-E_1)/kT} = \mathrm{e}^{-\Delta E/kT} \qquad (13.86)$$

可见,在平衡态下,处于高能态的原子数总是远少于低能态的原子数,并且能级间距越大,两能级上原子数的这种差别就越悬殊.实现光放大的条件 $N_2 \gg N_1$ 显然是违背玻尔兹曼分布规律的.所以,将 $N_2 \gg N_1$ 的这种分布称为**粒子数反转**,粒子数反转是实现光放大过程的基本条件.

通常的物质中粒子数反转是难以实现的,这是由于这些物质的原子激发态的平均寿命都极其短暂,当原子激发到高能态后,会立即自发跃迁返回基态,不可能在高能态等待并积攒足够多的原子从而出现粒子数反转的情形.有些物质的原子能级中存在一种平均寿命比较长的高能态能级,这种能级称为**亚稳态能级**,亚稳态能级的存在是粒子数反转的实现成为可能.

这里让我们看以下四能级系统的例子.如图 13.15所示,是某种物质的原子中存在的部分能级的示意图,四个能级中 E_2 是亚稳能级.当用频率为

$$\nu_{30} = \frac{E_3 - E_0}{h} \qquad (13.87)$$

的光照射该物质时,将会有大量的原子从基态 E_0 激发到高能态 E_3,由于 E_3 能级的寿命极短,处于 E_3 能态的原子将通过与其他原子碰撞等无辐射跃迁很

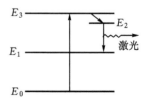

图 13.15 四能级系统

快到达亚稳能级 E_2. 由于亚稳能级 E_2 的寿命比较长, 所以在这个能级上可以积攒足够多的原子. 而这时处于 E_1 能级的原子数则是极少的, 于是就形成了 E_2 能级对 E_1 能级的粒子数反转, 由 E_2 到 E_1 的受激辐射就会引发光放大过程, 从而产生频率为

$$\nu_{21} = \frac{E_2 - E_1}{h} \tag{13.88}$$

的激光.

显然, 在形成 E_2 能级对 E_1 能级的粒子数反转的过程中, 外界是要向工作物质提供能量的. 原子获得能量才得以从低能态激发到高能态, 这种过程称为**抽运过程**. 上面是用频率为 ν_{30} 的光照射工作物质的方法实现抽运过程的, 这种提供能量的方式称为**光激励**. 实际上, 将原子从低能态激发到高能态, 可以通过不同的激励方式, 光激励是其中的一种, 还可以有电激励、化学激励等. 不同的激光器采用不同的激励方式.

三、光学谐振腔

只有工作物质的粒子数反转并不能产生激光, 这是由于在一般的情况下自发辐射的概率比受激辐射的概率大得多, 这样发出的光是沿各个方向传播的散射光, 不具相干性. 所以, 要获得激光, 必须提高受激辐射的概率, 而且要使某单一方向上的受激辐射占优势, 这就是光学谐振腔的主要作用.

光学谐振腔, 简单地说是在工作物质两端分别平行地放置全反射镜 M_1 和部分反射镜 M_2 所形成的腔体, 如图 13.16 所示. 最初, 处于粒子数反转的工作物质中, 有一部分原子要发生自发辐射, 光子向各个方向发射, 沿管轴方向发射的光子受到反射镜的往返反射, 而沿其他方向发射的光子都一去不复返了, 如图 13.16 (a) 和 (b) 所示. 反射的光子在工作物质中穿越时就不断地引发受激辐射, 因而得到放大, 强度越来越强, 从部分反射镜 M_2 射出, 这就是激光, 如图 13.16(c) 所示.

光在谐振腔内往返传播, 当往返不同次数的光到达 M_2 的相位差满足 2π 的整数倍时, 腔内才能形成稳定的驻波, 并且在 M_2 处形成相长干涉. 这就要求光在谐振腔内往返一次的光程 $2nl$ 应等于波长 λ 的整数倍, 即

$$2nl = k\lambda, \quad k = 1, 2, 3, \cdots \tag{13.89}$$

式中 l 是谐振腔的长度, n 是工作物质的折射率. 上式可改写为

$$\nu = k\frac{c}{2nl}, \quad k = 1, 2, 3, \cdots \tag{13.90}$$

上式称为共振条件. 对于一定的谐振腔的长度 l 和折射率 n, 只有某些特定频率 ν 的光才能形成光振荡而输出激光. 反之, 对于输出一定频率激光的谐振腔, 其长度

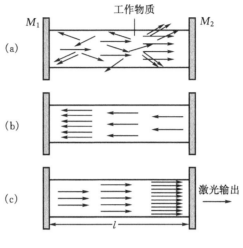

图 13.16　光学谐振腔

必须满足式(13.90)的条件.

四、激光的应用

激光无论在方向性和能量集中方面,还是在单色性和相干性方面,都是普通光无法比拟的,因而得到越来越广泛的应用.

激光具有很好的方向性,这就是说激光的能量在空间上是高度集中的;激光若以脉冲形式发射,又可以实现能量在时间上的高度集中.这种在空间上和时间上高度集中的激光束可用于定位、导航和测距.用激光测定地球与月球之间的距离,精度可达±(10～15) cm.

大功率的脉冲激光束,能够产生几万度的高温.工业上可用于熔化金属和非金属材料,可用于打孔、切割和焊接;医学上可制成激光手术刀;军事上可制成激光武器.

光纤通信则是利用激光作为传递信息的运载工具,具有信息量大、传送路数多等优点,已经在国民经济和人民生活等各方面发挥着巨大的作用.

利用激光的单色性和相干性进行全息照相,可以将物体各点反射光的振幅和相位两方面的信息都记录下来.

*§13.9　固体的能带理论

固体可分为晶体和非晶体.X射线结构分析表明,晶体中的粒子(原子、分子或离子)在空间呈完全有规则的周期性排列,形成空间点阵.晶体的性质与这种内在的周期性有着重要的关系.晶体的许多性质无法用经典理论来解释,必须用量子理论才能说明.本节简要介绍固体(主要指晶体)能带结构的基本概念,并定性说明导体、半导体、绝缘体能带结构的差异及对它们性质的影响.

一、电子的共有化

为简化,我们讨论只有一个价电子的碱金属原子,这样的原子可看成由一个电子和一个正离子(原子实)组成,电子在原子实电场中运动.对于孤立原子,价电子受到一个与原子实的距离成反比,且为负值的势场作用,如图 13.17(a)所示.当原子结合成晶体时,价电子便受到所有原子实的合势场作用,这个势场呈现出如图 13.17(b)中实线所示的周期性,其周期取决于原子的间距.实际的晶体是三维晶体,势场也具有三维周期性.

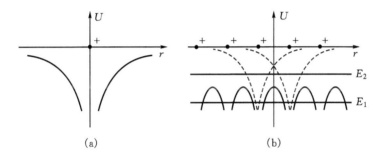

图 13.17　原子和晶体中的势场

由图可见,这个势场相当于在空间排列的势垒群,在它们的作用下,原属各自原子的核外电子,由于隧道效应可以穿越势垒,从一个原子转移到另一个原子,在整个晶体中运动,这时的电子属各原子所共有,称为**共有化电子**.对于原子的内层电子,如处于 E_1 能态上的电子,由于能量较低,势垒较宽,电子穿越势垒的概率很小,所以共有化程度不显著.原子外层的电子,能量较大,相应的势垒较窄,所以穿越势垒的概率较大,共有化程度较显著.总之,晶体中的电子都有不同程度的共有化,产生这种现象的实质是电子波动性在晶体中的反映.

二、能带的形成

晶体中共有化的电子,可近似看成在上述周期性势场中运动.量子力学证明,对于原胞数为 N 的晶格(即 N 个原子相互靠近形成的晶体),原先每个原子中具有相同能量的电子能级,因原子的相互影响而分裂成为 N 个和原来能级很接近的新能级,其宽度与组成晶体的原子数 N 无关,主要决定于晶体中相邻原子间的距离.由于 N 很大,所形成的 N 个新能级中相邻两能级的能量差就很小,其数量级为 10^{-22} eV,几乎可以看成是连续的.因此,N 个新能级具有一定的能量范围,通常称它为**能带**.

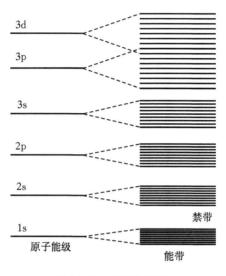

图 13.18　能级与能带

对于一定的晶体,由不同壳层的电子能级分裂所形成的能带宽度各不相同,内层电子共有化程度不显著,能带很窄;而外层电子共有化程度显著,能带较宽.图 13.18 表示原子能级 1s、2s、2p、3s、3p、3d 分裂成相应的能带的情况.通常采用与原子能级相同的符号来表示能带,如 1s 带、2s 带、2p 带等.

三、满带、导带和禁带

由上所述,能带中的能级数决定于组成晶体的原子数 N,每个能带中能容纳的电子数可由泡利不相容原理确定.例如 1s、2s 等 s 能带最多只能容纳 $2N$ 个电子.同理可知,2p、3p 等 p 能带可容纳 $6N$ 个电子,d 能带可容纳 $10N$ 个电子等.

晶体中的电子在能带中各个能级的填充方式.如同原子中的电子那样,仍然服从泡利不相容原理和能量最小原理,由能量最低的能级依次到达较高的能级,每个能级可填入自旋相反的两个电子.

如果一个能带中的各个能级都被电子填满,这样的能带称为**满带**.满带中的电子不能起导电作用,这是因为所有的能级都已被电子填满,且电子动量(或速度)正反方向的态呈对称分布.如果存在有一个以某一速率沿某一方向运动的电子,则必然存在有一个以同样速率沿相反方向运动的电子,结果电子电流的效果相互抵消,在晶体中不产生宏观的电流.当晶体加上外电场时,在外电场的作用下,由于泡利不相容原理的限制,电子除了在不同能级间交换外,总体上并不能改变电子在能带中的分布.所以满带不导电.

由价电子能级分裂后形成的能带称为**价带**.如果晶体的价带中的能级没有全部被电子填满,对于这样的不满带,当无外电场时,其上的较低能级全被电子占据,且电子动量正反方向的态呈对称分布,故不产生电流.当加上外电场后,电子就会在外场的作用下进入能带中未被填充的高能级,而没有反向的电子转移与之抵消,从而破坏了电子按动量正反方向的对称分布,因而在晶体中形成电流.这样的能带又称为**导带**.有些晶体的价带也填满了电子,这样的价带是满带而不是导带.

还有一种能带,其中所有的能级都没有被电子填入,这样的能带称为**空带**,与各原子激发态能级相对应的能带,在未被激发的正常情况下就是空带.如果由于某种原因(如热激发或光激发等),价带中有些电子被激发而进入空带,则在外电场的作用下,这种电子可以在该空带内向较高的能级跃迁,一般没有反向电子的转移与之抵消,这时电子也不具有按动量正反方向的对称分布,所以也可形成电流,从而表现出一定的导电性,因此空带也是导带.

在两个相邻能带之间,可以有一个不存在电子稳定状态的能量区域,这个区域就称为**禁带**.禁带的宽度对晶体的导电性起着相当重要的作用,有的晶体两个相邻能带相互重叠,这时禁带消失.

四、导体、半导体和绝缘体

凡是电阻率为 10^{-8} $\Omega \cdot m$ 以下的物体,称为导体;电阻率为 10^8 $\Omega \cdot m$ 以上的物体,称为绝缘体,而半导体是电阻率介于导体和绝缘体之间的物体.

从能带结构来看,半导体和绝缘体都具有充满电子的满带和隔离空带与满带的禁带.半导体的禁带较窄,禁带宽度 ΔE_g 约为 $0.1 \sim 1.5$ eV,绝缘体的禁带较宽,禁带宽度 ΔE_g 约为 $3 \sim 6$ eV.由此可见半导体和绝缘体在本质上差别不大.半导体的禁带宽度较窄,在一般的温度下,由于电子的热运动,将使一些电子从满带越过禁带,激发到空带上去成为导电的电子,所以半导体具有一定的导电性.绝缘体的禁带宽度很宽,所以在一般温度下,从满带热激发到空带的电子数是微不足道的,这样它对外表现便是电阻率很大,几乎不导电.显然,对绝缘体,禁带宽度越宽,其绝缘性能越好;对半导体,禁带宽度越窄,其导电性能越好.

导体的情况就完全不同,它和半导体之间,不仅在电阻率的数量级上不同,而且还存在着质的区别.有些导体,如 Na 等碱金属,除去完全充满电子的一系列满带外,还有只是部分地被电子填充的价带(导带);另一些导体,如 Mg 等二价金属,虽然全是满带,但其最高的满带与较高的空带(导带)存在交叠而形成一个统一的宽能带(导带).这就决定了导体具有导电性,在外电场作用下就可形成电流.显然,在后一种情况下,若满带与空带重叠的部分少,则导电性能差,属不良导体,钙晶体就属这种情况.

导体、绝缘体和半导体的能带结构如图 13.19 所示.

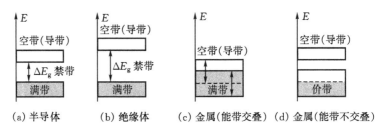

图 13.19　导体、绝缘体和半导体的能带结构简图

章后结束语

一、本章小结

1. 黑体辐射的基本规律

热辐射、平衡热辐射、单色辐出度、辐出度、黑体等概念

斯特藩-玻尔兹曼定律　$M_B(T) = \sigma T^4$

维恩位移定律　$\lambda_m T = b$

普朗克黑体辐射定律 $M_{B\lambda}(T) = \dfrac{2\pi hc^2}{\lambda^5} \left(\dfrac{1}{e^{hc/\lambda kT} - 1} \right)$, $h = 6.63 \times 10^{-34}$ J · s 为普朗克常数

2. 普朗克的量子假设

物体发射或吸收辐射时,其能量是量子化的,即 $E = n\varepsilon = nh\nu(n = 1, 2, 3, \cdots)$.

3. 光电效应的实验规律

(1)阴极 K 在单位时间内所发射的光子数与照射光的强度成正比;(2)存在截止频率(红限)ν_0;(3)光电子的初动能与照射光的强度无关,而与频率成线性关系;(4)光电效应是瞬时的.

4. 爱因斯坦的光量子假设

一束光就是一束以光速运动的光子流,光子(能量为 $h\nu$)只能整体的被吸收或产生.

爱因斯坦光电效应方程　　$h\nu = \dfrac{1}{2}mv_0^2 + A$

而 $A = h\nu_0$，$\dfrac{1}{2}mv_0^2 = eU_a$（$U_a$ 为遏止电压）

5.光的波-粒二象性

光既具有波动性，又具有粒子性，光是波和粒子的统一.

$$E = h\nu, \qquad p = \frac{h}{\lambda}$$

6.氢原子光谱的实验规律

氢原子的线状光谱可用并合原理表示为

$$\tilde{\nu}_{kn} = T(k) - T(n) = R\left(\frac{1}{k^2} - \frac{1}{n^2}\right)$$

7.玻尔的量子假设

①存在定态不辐射；②角动量量子化条件 $L = mvr = n\hbar$（$n = 1, 2, 3, \cdots$）；

③跃迁的频率公式　　$\nu_{kn} = \dfrac{E_k - E_n}{h}$

氢原子轨道半径

$$r_n = n^2\left(\frac{\varepsilon_0 h^2}{\pi m e^2}\right), \ n = 1, 2, 3, \cdots$$

氢原子的能级

$$E_n = -\frac{1}{8\pi\varepsilon_0} \cdot \frac{e^2}{r_n} = -\frac{1}{n^2}\left(\frac{me^4}{8\varepsilon_0^2 h^2}\right)$$

8.微观粒子的波粒二象性

德布罗意假设，像光一样，实物粒子也具有波-粒二象性.相应的波称为德布罗意波（物质波）.

$$\nu = \frac{E}{h}, \qquad \lambda = \frac{h}{p}$$

9.不确定关系（微观粒子的波-粒二象性的表现）

$$\Delta x \Delta p x \geqslant \frac{\hbar}{2}, \qquad \Delta E \Delta t \geqslant \frac{\hbar}{2}$$

10.微观粒子的运动状态称为量子态，用波函数 $\Psi(\boldsymbol{r}, t)$ 来表示

波函数的统计解释：在体积为 dV 的空间内发现粒子的概率

$$\mathrm{d}W = |\Psi(\boldsymbol{r}, t)|^2 \mathrm{d}V = \Psi^*(\boldsymbol{r}, t)\Psi(\boldsymbol{r}, t)\mathrm{d}V$$

波函数的标准条件：单值、有限、连续

归一化条件 $\displaystyle\iiint |\Psi(\boldsymbol{r}, t)|^2 \mathrm{d}x\mathrm{d}y\mathrm{d}z = 1$

11.薛定谔方程

$$\hat{H}\Psi(\boldsymbol{r},t)=\mathrm{i}\,\hbar\frac{\partial\,\Psi(\boldsymbol{r},t)}{\partial t}$$

$$\hat{H}=\left[-\frac{\hbar^2}{2m}(\frac{\partial^2}{\partial x^2}+\frac{\partial^2}{\partial y^2}+\frac{\partial^2}{\partial z^2})+V(\boldsymbol{r},t)\right]\text{为哈密顿算符}$$

本征值方程　　$\hat{F}\Psi=F\Psi$

坐标算符 $\hat{r}=\boldsymbol{r}$,动量算符　$\hat{P}=-\mathrm{i}\,\hbar\nabla$

定态薛定谔方程　　$\hat{H}\Psi=E\Psi$

定态波函数　　$\Psi(\boldsymbol{r},t)=\Psi(\boldsymbol{r})\mathrm{e}^{-\mathrm{i}Et/\hbar}$

定态下,概率 $P(\boldsymbol{r},t)=|\Psi(\boldsymbol{r},t)|^2=|\Psi(\boldsymbol{r})|^2$ 与时间无关.

12.一维无限深势阱中的粒子

波函数　　$\Psi_n(x)=A_n\sin\dfrac{n\pi}{a}x$, 　$n=1,2,3,\cdots$

能级　　　$E_n=\dfrac{\hbar^2 k^2}{2m}=\dfrac{\pi^2\,\hbar^2 n^2}{2ma^2}$, 　$n=1,2,3,\cdots$

13.氢原子

$$V(r)=-\frac{e^2}{4\pi\varepsilon_0 r}$$

$$E_n=-\frac{me^4}{2\,\hbar^2(4\pi\varepsilon_0)^2 n^2},\quad n=1,2,3,\cdots$$

$$\Psi_{nlm}(r,\theta,\varphi)=R_{nl}(r)Y_{lm}(\theta,\varphi)$$

$L=\sqrt{l(l+1)}\hbar$, 　角量子数 $l=0,1,2,3,\cdots,n-1$

$L_z=m\,\hbar$, 　磁量子数 $m=0,\pm1,\pm2,\pm3,\cdots,\pm l$

14.电子自旋

自旋角动量 $S=\sqrt{s(s+1)}\hbar$, 　自旋量子数 $s=\dfrac{1}{2}$

$\quad S_z=m_s\,\hbar$, 　自旋磁量子数 $m_s=\pm\dfrac{1}{2}$

一切微观粒子都有各自的自旋.

氢原子核外电子的运动状态由四个量子数 (n,l,m,m_s) 决定.

15.原子的电子壳层结构

主壳层 (n)、支壳层 (l):1s、2s、2p、3s、3p、3d……

泡利不相容原理:在一个原子中不能有两个或两个以上的电子处在完全相同的量子态.

能量最小原理:原子处于正常态时,每个电子都趋向占据可能的最低能级,使原子系统的总能量尽可能的低.

二、应用及前沿发展

量子力学是反映微观粒子(分子、原子、原子核、基本粒子等)运动规律的理论.它与相对论一起成为近代物理的两大支柱,早已渗透到物理学的各个领域.随着量子力学的出现,人类对物质微观结构的认识日益深入,从而能够深刻地掌握物质物理和化学的性能及其变化规律,为利用这些规律于生产实际开辟了广阔的途径.原子物理、原子核物理、固体物理等学科所涉及的微观现象,都能从以量子力学为基础的理论中获得说明.量子力学不仅是物理学中的基础理论之一,它的出现深化了物理学的研究方法和人们对物质世界的认识,而且对现代科学技术也有深远的影响,例如,现代能源、激光、超导、半导体、材料,信息(如利用量子方法发送信息)以及高精度的测量技术(如扫描隧道显微镜)等都离不开量子力学.此外,量子力学对近代化学、生物学、宇宙学等相关学科也有着极为深远的影响.

在本章中我们仅介绍了量子力学的最基本原理和方法,而且处理的是最简单的问题.量子力学理论还涉及到多体问题、全同粒子问题、耦合问题及量子跃迁问题等,另外微扰论、自洽场等近似处理方法也是量子力学所涉及的基本问题.这些在量子力学教材中都有介绍.

在量子理论建立不久,相对论量子理论于 1928 年被提出,它适用于描述高速运动的微观粒子.在宇宙射线和高能粒子的实验中发现,相对论情况下($E \gg m_0 c^2$),当粒子的能量改变与粒子的静止能量可相比拟时,粒子就转化为别种粒子,例如电子、正电子(电子对)能够转化为光子,光子也能够转化为电子对,等等.因此,在高能情况下,就不可能像在非相对论量子理论中那样来区分粒子和场,这就需要将场也量子化,从而发展起了量子场论.

量子场论在反映基本粒子运动规律上虽取得了很大的成就.但目前也存在着一些困难,如对基本粒子之间的强相互作用,还未能建立起完整的理论,对于核力的性质,也还不能很好地加以阐明.当前关于基本粒子性质的实验研究也越来越多,它正推动着这方面的理论进一步向前发展.

对于量子力学理论的解释,即量子力学理论是否完备的问题,是量子力学理论中存在的一个重大问题.自从量子力学理论产生以来,这个问题一直是物理学界争论的中心问题之一.目前的量子力学不是最终理论,它不会停留在现有的水平上,而是会继续深入的发展下去.至于沿着哪个方向发展,如何发展,这类问题应在辩证唯物主义指导下,通过实践寻求解决.

习 题 与 思 考

13.1 绝对黑体和平常所说的黑色物体有什么区别?

13.2 普朗克量子假设的内容是什么?

13.3 光电效应有哪些实验规律? 用光的波动理论解释光电效应遇到了哪些困难?

13.4 波长 λ 为 0.1 nm 的 X 射线,其光子的能量 $\varepsilon=$ _____;质量 $m=$ _____;动量 $p=$ _____.

13.5 怎样理解光的波-粒二象性?

13.6 氢原子光谱有哪些实验规律?

13.7 原子的核型结构模型与经典理论存在哪些矛盾?

13.8 如果枪口的直径为 5 mm,子弹质量为 0.01 kg,用不确定关系估算子弹射出枪口时的横向速率.

13.9 怎样理解微观粒子的波-粒二象性?

13.10 什么是德布罗意波? 哪些实验证实微观粒子具有波动性?

13.11 如果加速电压 $U \geqslant 10^6$ eV,还可以用公式 $\lambda = \dfrac{1.225}{\sqrt{U}}$ nm 来计算电子的德布罗意波长吗? 为什么?

13.12 波函数的物理意义是什么? 它必须满足哪些条件?

13.13 在量子力学中,一维无限深势阱中的粒子可以有若干个态,如果势阱的宽度缓慢地减少至某一较小的宽度,则下列说法中正确的是(   ).

(1)每一能级的能量减少;   (2)能级数增加;

(3)相邻能级的能量差增加;   (4)每个能级的能量不变.

13.14 斯特恩-盖拉赫实验怎样说明了空间量子化? 怎样说明电子具有自旋?

13.15 描述原子中电子定态需要哪几个量子数? 取值范围如何? 它们各代表什么含义?

13.16 简述泡利不相容原理和能量最低原理.

***13.17** 什么叫自发辐射和受激辐射? 从辐射的机理来看普通光源和激光光源的发光有何不同?

***13.18** 什么叫粒子数反转分布? 实现粒子数反转需要具备什么条件?

***13.19** 产生激光的必要条件是什么?

***13.20** 激光谐振腔在激光的形成过程中起哪些作用?

***13.21** 绝缘体、导体、半导体的能带结构有什么不同?

* 　* 　* 　* 　* 　* 　*

13.22 地球表面每平方厘米每分钟由于辐射而损失的能量的平均值为 0.5434 J. 试问若有一个绝对黑体辐射相同的能量时,其温度为多少?

13.23 若将恒星表面的辐射近似的看作黑体辐射,现测得太阳和北极星辐射波谱的 λ_m 分别为 5100Å 和 3500Å,其单位表面上发出的功率比为多少?

13.24 设太阳落到地面上每平方米的辐射通量为 8 W,若平均波长为 5000 Å. 求:

(1)每秒钟落到每平方米地面上的光子数.

(2)若人眼瞳孔的直径为 5 mm,每秒钟进入人眼的光子数为多少?

13.25 已知铯的逸出功为 1.88 eV,今用波长为 3000 Å 的紫外光照射. 试求光电子的初动能和初速度.

13.26 今用波长为 4000Å 的紫外光照射金属表面,产生的光电子的速度 5×10^5 m·s^{-1},试求:

(1)光电子的动能;

(2)光电效应的红限频率.

13.27 用能量为 12.5 eV 的电子去激发基态氢原子,问受激发的氢原子向低能级跃迁时,会出现哪些波长的光谱线?

13.28 试计算氢原子巴尔末系最长的波长和最短的波长各等于多少? 并由最短的波长确定里德伯常数 R_H.

13.29 试证明氢原子中电子由 $n+1$ 的轨道跃迁到 n 轨道时所放射光子的频率 ν 介于电子在 $n+1$ 轨道和 n 轨道绕核转动频率 ν_{n+1} 与 ν_n 之间,并证明当 $n \to \infty$ 时,$\nu \to \nu_n$.

13.30 在电子束中,电子的动能为 200 eV,则电子的德布罗意波长为多少? 当该电子遇到直径为 1 mm 的孔或障碍物时,它表现出粒子性,还是波动性?

13.31 假设粒子只在一维空间运动,它的状态可用如下波函数来描写

$$\Psi(x,t) = \begin{cases} 0 & x \leqslant 0, \ x \geqslant 0 \\ A e^{\frac{i}{\hbar}Et} \sin \dfrac{\pi}{a}x & 0 \leqslant x \leqslant a \end{cases}$$

式中 E 和 a 分别为确定常数,A 为任意常数,$t=0$ 时函数的曲线如图 13.20 所示. 计算归一化波函数和几率密度 ρ.

13.32 求一电子处在宽度为 $a=1$Å 和 $a=1$ m 的势阱中的能级值,把结果同室温($T=300$ K)下电子的平均动能进行比较,可得到什么结论?

13.33 质量为 m、电量为 q_1 的粒子,在点电荷 q_2 所产生的电场中运动,求其

薛定谔方程.

13.34 一维无限深势阱中粒子的定态波函数

为 $\Psi_n(x) = \sqrt{\dfrac{2}{a}} \sin \dfrac{n\pi x}{a}$. 试求:粒子在 $x=0$ 到 $x=$

$a/3$ 之间被找到的几率,当

(1)粒子处于基态时;

(2)粒子处于 $n=2$ 的状态时.

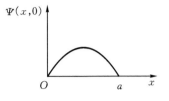

图 13.20　题 13.31 图

13.35 求氢原子基态$(n=1,l=0)$的径向函数,基态的波函数和电子的几率密度最大处的半径等于多少?

13.36 求角量子数 $l=2$ 的体系的 L 和 L_z 之值及 L 与 z 轴方向的最小夹角.

13.37 计算氢原子中 $l=4$ 的电子的角动量及其在外磁场方向上的投影值.

13.38 求出能够占据一个 d 支壳层的最多电子数,并写出这些电子的 m_l 和 m_s 值.

13.39 某原子处在基态时,其 K、L、M 壳层和 4s、4p、4d 支壳层都填满电子.试问这是哪种原子?

***13.40** 已知 Ne 原子的某一激发态和基态的能量差 $E_2-E_1=16.7$ eV,试计算在 $T=300$ K 时,热平衡条件下,处于两能级上的原子数之比.

***13.41** 硅与金刚石的能带结构相似,只是禁带宽度不同,已知硅的禁带宽度为 1.14 eV,金刚石的禁带宽度为 5.33 eV,试根据它们的禁带宽度求它们能吸收的辐射的最大波长各是多少?

阅读材料 F：纳米物理与纳米技术

20 世纪 90 年代兴起了一门全新的纳米科学技术.它的出现对生产力的进步和发展将产生极其深远的影响.所谓纳米科学技术是指在 1～100 nm 尺度上研究和应用原子、分子现象,并由此发展起来的多学科的、基础研究与应用研究紧密联系的新的科学技术.

纳米概念是人们认识世界的一种新的思考方式,即生产过程要越来越精细,以致最后在纳米尺度上直接操纵单个原子和分子或原子团和分子团,制造具有特定功能的材料和产品.纳米科学技术的诞生,标志着人类开始对纳米尺度上的各种现象的系统研究.这样的尺度(纳米子)具有一系列奇异的物理特性.

(1)小尺度效应.当粒子的尺寸与传导电子的德布罗意波长相当时,其对光的吸收将显著增加,由磁有序向磁无序态转变.

(2)表面效应.由于纳米尺寸小,表面积大,表面原子数增加.因而可大大地增强纳米子的活性,致使金属纳米子会在空气中燃烧,无机材料纳米子会直接与气体进行化学反应.

(3)量子尺寸效应.当粒子尺寸降到极限时,电子能级将由准连续变成离散能级.且具有贯穿势垒的能力——即会发生隧道效应.

任何一种物质,一旦被制成纳米材料后,它的光学性质、力学性质、磁学性质和催化性质等都得到奇异的改变.

因此,我们在思考方式上,必须放弃在常规尺度上建立起来的宏观概念,而要用建立在纳米尺度上的新概念.一些与传统科学技术不同的新现象、新规律将从这里产生,新的科学技术也会从这里孕育.

纳米技术具有诱人的应用前景.五颜六色的金属,包括黄金和白金,它们是那样光芒夺目,但当它们被切割成纳米微粒后,就成了"黑"金.它们能吸收可见光而成为太阳黑体,这类材料用来做隐形飞机再好不过了.纳米微晶金属可以显著地提高力学强度而成为超级金属.

普通陶瓷坚硬、易碎,而当我们把烧制陶瓷的原料粉碎成纳米尺度的微粒,再压制成名叫纳米微晶陶瓷的新型陶瓷后,我们再也不用担心它掉到地上,因为它像金属一样可以弯曲、变形了;有的微晶陶瓷还可以做成陶瓷弹簧,作成永不生锈、锋利无比的陶瓷刀具,用这种陶瓷刀具能轻松的裁剪铁皮、切削钢铁.纳米陶瓷材料做成的发动机,既耐高温,又耐磨,它将应用于未来的高速列车中.

化装品中添加 ZnO、TiO_2 等纳米微粒后可以吸收紫外线,有效地防止皮肤癌变.

半导体的硅是不发光的,但是纳米材料做成的多孔硅、氮化硅、碳化硅都可以发出耀眼的蓝光,光电子学的领域由此得到了开拓.

纳米磁性材料内涵丰富多采,其中稀土永磁已成为当今"磁王",纳米金属微晶软磁锋芒毕露;纳米磁性微粒所制成的磁性液体可应用于真空旋转密封等多种用途;利用纳米磁性材料的巨磁电阻效应,可使现在我们使用的磁盘容量增加 20 倍,每平方英寸能存储 50 亿个信息,相当于 2500 部《红楼梦》.可以说,纳米技术敲开了磁电子学的新大门.

在严寒的冬天,我们只穿一件很薄的"纳米"毛衣,一点也不会觉得冷.

空调、冰箱,采用纳米材料磁制冷,没有噪音,也没有环境污染,不再使用破坏臭氧层的氟利昂.

目前,微电子技术已经走到了极限,无法再微小下去了,经典电路的极限尺寸大约在 0.25 微米,到了纳米尺度后必须考虑量子效应,随穿发光二极管的诞生,意味着量子半导体器件已登上了历史的舞台,而纳米材料做成的机器人因为能够操纵单个的分子原子,微电子技术获得超越.它可以进入人的血管,对人进行全身检查和治疗.

航天飞机和火箭的燃料中因为加入了纳米材料,燃料效率将成倍增长.

总之,世界上所有的东西,通过物理、化学甚至生物方法变成纳米材料后,就将彻底改头换面,成为一种具有特殊性能的新型材料.

细心的人或许还记得,20 世纪 50 年代,著名物理学家、诺贝尔物理学奖获得者费曼(R. P. Feynman)曾说过,如果有一天,可以按人的意志安排一个个原子,那将产生怎样的奇迹呢? 可以这样说,纳米材料就是带来这个材料的天才,它将使我们实现这个美丽的梦想.

习题答案

第 7 章

7.16 (1) 623 J, 623 J, 0; (2) 1039 J, 623 J, 416 J

7.17 (1) 250 J; (2) 放热, -292 J; (3) 209 J, 41 J

7.18 (1) 938 J; (2) 1435 J

7.21 (1) P_0V_0; (2) $\frac{3}{2}T_0$; (3) $\frac{21}{4}T_0$; (4) $\frac{19}{2}\nu RT_0$

7.24 (1) 398 K; (2) 31%

7.25 1.47×10^3 J

7.26 (1) $\frac{1}{15}$ kW; (2) $\frac{2}{3}$ kJ

7.27 5.6×10^7 J

7.28 $T(S_2 - S_1)$

7.29 74.89 J/K

7.30 11.52 J/K

第 8 章

8.12 $31.8 \text{ m} \cdot \text{s}^{-1}$, $33.7 \text{ m} \cdot \text{s}^{-1}$

8.13 3 J

8.14 $3.74 \times 10^3 \text{ J} \cdot \text{mol}^{-1}$, $6.23 \times 10^3 \text{ J} \cdot \text{mol}^{-1}$, $6.23 \times 10^3 \text{ J} \cdot \text{mol}^{-1}$, $0.935 \times 10^3 \text{ J}$, $3.12 \times 10^3 \text{ J}$, $0.195 \times 10^3 \text{ J}$

8.15 (1) (略); (2) $C = 1/v_0$; (3) $\bar{v} = v_0/2$

8.16 0.83%

8.17 2300 m

8.18 (1) 0.32×10^5 Pa; (2) 0.36×10^5 Pa

8.19 1.67×10^{-7} m, 3.03×10^{-10} m

8.20 $2.8 \times 10^{-2} \text{ J} \cdot \text{s}^{-1} \cdot \text{m}^{-2}$

8.21 3.05×10^6 Pa, 3.78×10^6 Pa

第 9 章

9.4 (1) $0.80\,\text{s}$, 2.5π, $5/4\,\text{Hz}$, $0.10\,\text{m}$, $\pi/3$;

  (2) $-5.0\times10^{-2}\,\text{m}$, $0.68\,\text{m}\cdot\text{s}^{-1}$, $3.1\,\text{m}\cdot\text{s}^{-2}$

9.5 $0.70\,\text{s}$

9.6 $\nu=\dfrac{1}{2\pi}\sqrt{\dfrac{k_1+k_2}{m}}$

9.7 $\nu=\dfrac{1}{2\pi}\sqrt{\dfrac{k_1k_2}{m(k_1+k_2)}}$

9.9 (1)π; (2)$-\pi/2$; (3) $-\pi/3$; (4)$-\pi/4$

9.10 (1)略; (2)$A=S$, $\omega=\sqrt{\dfrac{k}{m}}$, $\nu=\dfrac{1}{2\pi}\sqrt{\dfrac{k}{m}}$; (3)（略）

9.11 $A_{\max}=\dfrac{\mu_0 g}{4\pi^2\nu^2}$

9.12 $A_{\max}=\dfrac{g}{4\pi^2\nu^2}$

9.13 $t=(2n+1)T/8$, $n=0, 1, 2, \cdots$

9.14 (1)$x=0.17\,\text{m}$, $F=-6.7\times10^{-2}\,\text{N}$(负号表示力的方向沿 x 轴负方向)

  (2) $0.17\,\text{s}$; (3) $1.3\,\text{m}\cdot\text{s}^{-1}$; $8.6\times10^{-3}\,\text{J}$, $2.8\times10^{-3}\,\text{J}$, $1.1\times10^{-2}\,\text{J}$

9.15 (1) $T=0.44\,\text{s}$; (2)$4.0\times10^{-3}\,\text{J}$; (3) $4.0\times10^{-3}\,\text{J}$

9.16 $A=1.0\times10^{-2}\,\text{m}$, $\varphi=4\pi/3$

9.17 (1) $A=1.0\times10^{-2}\,\text{m}$, $\varphi=-\pi/4$;

  (2) $2n\pi+3\pi/4$ $(n=0, 1, 2, \cdots)$, $2n\pi+3\pi/4$ $(n=0, 1, 2, \cdots)$

9.18 $\Delta\varphi=62°42'$

9.19 $\gamma=44.7\,\text{kg}\cdot\text{s}^{-1}$

9.21 (1)串入 $300\,\Omega$; (2)并入 $150\,\mu\text{F}$

9.22 (1)$\dfrac{\pi}{4\omega}$; (2)$1.57\times10^{-4}\,\text{s}$

9.23 $4.99\times10^2\,\mu\text{H}$

9.24 38.9

9.25 (1) $8.35\times10^4\,\text{Hz}$; (2)$6.29\times10^3$

第 10 章

10.10 $u=9.2\times10^2\,\text{m}\cdot\text{s}^{-1}$

10.11 $u=2.66\times10^2$ m $\cdot$ s^{-1}, $y=1.25\times10^{-2}\cos[1.52\times10^3(t-\frac{x}{266})+\varphi]$ m

10.12 $\lambda=60.0$ cm, $y=1.00\cos[1100\pi(t+\frac{x}{330})+\varphi]$ cm

10.13 $\lambda=0.28$ m, $\nu=0.54$ Hz

10.15 $T=8.33\times10^{-3}$ s, $\lambda=0.250$ m, $y=4.00\times10^{-3}\cos240\pi(t-\frac{x}{30.0})$ m

10.16 (1) $A=0.1$ m, $\nu=1.0$ Hz, $u=2.0\times10^2$ m $\cdot$ s^{-1}, $\lambda=2.0\times10^2$ m;
(2) $v=0.63$ m $\cdot$ s^{-1}

10.19 $B=2.13\times10^9$ Pa

10.20 (1)$\overline{w}=3.03\times10^{-5}$ J $\cdot$ m^{-3}; (2) $w_{max}=6.06\times10^{-5}$ J $\cdot$ m^{-3};
(3) $W=6.70\times10^{-7}$ J

10.21 (1)$\Delta\varphi=\pm3\pi$; (2) $A=0$

10.22 $u=3.0\times10^2$ m $\cdot$ s^{-1}, $\lambda=1.3$ m

10.23 $\Delta\nu=\dfrac{2\nu Vu}{u^2-V^2}$

第 11 章

11.6 $\Delta x=2.5$ mm, $\Delta x/\lambda=4\times10^3$

11.7 8.53×10^{-6} m

11.8 正面是紫红色,背面是蓝绿色

11.9 105.8 nm

11.10 (1)700 nm; (2)14 条

11.11 0.05746 mm

11.12 0.266 cm

11.13 1.22

11.14 (1)535 nm; (2)5.9×10^{-3} cm

11.15 (1)466.7 nm, 600 nm; (2)4, 3; (3) 9, 7

11.16 428.6 nm

11.17 2.2×10^{-4} rad, 45.5 m

11.18 13.8 cm

11.20 (1)6×10^{-6} m; (2)1.50×10^{-6} m; (3)九级

11.21 一个,600 nm 的光的二级谱线与 400 nm 的三级光谱线开始重叠

11.22 0.097 nm, 0.13 nm

11.23　$2.25I_1$

11.24　$I_{线} : I_{自} = 2 : 1$

11.25　$\dfrac{1}{2}I_0\cos^4\theta$

11.26　$36.9°$

11.28　$1.27\,\text{g/cm}^3$

第 12 章

12.6　$50.25\,\text{s}$，$-14.7\times10^9\,\text{m}$

12.7　$4\,\text{s}$

12.8　$0.877c$

12.9　$(1)0.89c$；$(2)-1.0c$；$(3)\,0.39c$；$(4)\,1.89c$；$(5)\,1.5c$

12.10　能

12.11　$\dfrac{10}{3}\,\text{s}$

12.12　$0.78c$

12.13　$(1)l'\sqrt{1-\dfrac{v^2\cos^2\theta'}{c^2}}$，$\arctan\dfrac{\tan\theta'}{\sqrt{1-\dfrac{v^2}{c^2}}}$；$(2)\sqrt{\dfrac{2}{3}}c$

12.14　1.01；1.90

12.15　$0.866c$；$0.786c$

12.16　$4.7\times10^{-14}\,\text{J}=2.95\times10^5\,\text{eV}$

12.17　$2.22\,\text{MeV}$，0.12%，$1.45\times10^{-6}\%$

12.18　$\sqrt{17}\,m_0$

第 13 章

13.4　$1.99\times10^{-15}\,\text{J}$，$2.21\times10^{-32}\,\text{kg}$，$6.63\times10^{-24}\,\text{kg}\cdot\text{m}\cdot\text{s}^{-1}$

13.8　$1.1\times10^{-30}\,\text{m}\cdot\text{s}^{-1}$

13.13　(3)

13.22　$199.9\,\text{K}$

13.23　0.22

13.24　$(1)2.01\times10^{19}\,\text{m}^{-2}\cdot\text{s}^{-1}$；$(2)3.94\times10^{14}\,\text{s}^{-1}$

13.25 $2.26\,\text{eV}$, $8.92\times10^5\,\text{m}\cdot\text{s}^{-1}$

13.26 $(1)1.14\times10^{-19}\,\text{J}$; $(2)5.78\times10^{14}\,\text{Hz}$

13.27 1216Å, 1026Å, 6565Å

13.28 6562.1Å, 3645.6Å, $1.0972\times10^7\,\text{m}^{-1}$

13.30 $8.69\times10^{-11}\,\text{m}$,粒子性

13.31 $\Psi(x,t)=\begin{cases}0 & x\leqslant0,\ x\geqslant a\\ \sqrt{\dfrac{2}{a}}\cdot e^{-\frac{i}{\hbar}Et}\sin\dfrac{\pi}{a}x & 0\leqslant x\leqslant a\end{cases}$

$\rho=|\Psi(x,t)|^2=\begin{cases}0 & x\leqslant0,\ x\geqslant a\\ \dfrac{2}{a}\sin^2\dfrac{\pi}{a}x & 0\leqslant x\leqslant a\end{cases}$

13.32 $37.7n^2\,\text{eV}$, $3.77\times10^{-19}n^2\,\text{eV}$, $3.88\times10^{-2}\,\text{eV}$

13.33 $\nabla^2\Psi+\dfrac{2m}{\hbar^2}\left(E-\dfrac{q_1q_2}{4\pi\varepsilon_0 r}\right)\Psi=0$

13.34 0.19; 0.40

13.35 $R_{10}(r)=2\left(\dfrac{1}{a_1}\right)^{3/2}e^{-\frac{r}{a_1}}$, $\Psi_{100}(r,\theta,\varphi)=\dfrac{1}{\sqrt{\pi}}\left(\dfrac{1}{a_1}\right)^{3/2}e^{-r/a_1}$

$r=a_1=0.53\times10^{-10}\,\text{m}$

13.36 $\sqrt{6}\hbar$; 0, $\pm\hbar$, $\pm2\hbar$; $35.26°$

13.37 $2\sqrt{5}\hbar$; 0, $\pm\hbar$, $\pm2\hbar$, $3\hbar$, $\pm4\hbar$

13.38 10 个, $m_l=0$, ±1, ±2, $m_s=\pm\dfrac{1}{2}$

13.39 钯(Pd $Z=46$)

13.40 0

13.41 $1.09\,\mu\text{m}$, $0.233\,\mu\text{m}$

附　表

(一)基本物理常数表(1998 年推荐值)

物理量	符号	计算用值	1998 最佳值[①]
真空中的光速	c	$3\times10^8\ \mathrm{m\cdot s^{-1}}$	$2.997\ 924\ 58\times10^8$(精确)$\mathrm{m\cdot s^{-1}}$
真空磁导率	μ_0	$4\pi\times10^{-7}\ \mathrm{N\cdot A^{-2}}$	
		$=1.26\times10^{-6}\mathrm{N\cdot A^{-2}}$	$=1.256\ 637\ 061\cdots\times10^{-6}\mathrm{N\cdot A^{-2}}$
真空电容率	ε_0	$8.85\times10^{-12}\ \mathrm{F\cdot m^{-1}}$	$8.854\ 187\ 817\cdots\times10^{-12}\mathrm{F\cdot m^{-1}}$
万有引力常量	G	$6.67\times10^{-11}\ \mathrm{m^3\cdot kg^{-1}\cdot s^{-2}}$	$6.673(10)\times10^{-11}\mathrm{m^3\cdot kg^{-1}\cdot s^{-2}}$
玻耳兹曼常量	k	$1.38\times10^{-23}\ \mathrm{J\cdot K^{-1}}$	$1.380\ 650\ 3(24)\times10^{-23}\mathrm{J\cdot K^{-1}}$
阿伏伽德罗常量	N_A	$6.02\times10^{23}\ \mathrm{mol^{-1}}$	$6.022\ 141\ 99(47)\times10^{23}\mathrm{mol^{-1}}$
摩尔气体常量	R	$8.31\mathrm{J\cdot mol^{-1}\cdot K^{-1}}$	$8.314\ 472(15)\mathrm{J\cdot mol^{-1}\cdot K^{-1}}$
普朗克常量	h	$6.63\times10^{-34}\ \mathrm{J\cdot s}$	$6.626\ 068\ 76(52)\times10^{-34}\mathrm{J\cdot s}$
约化普朗克常量	$\hbar=h/2\pi$	$1.05\times10^{-34}\ \mathrm{J\cdot s}$	$1.054\ 571\ 596(82)\times10^{-34}\mathrm{J\cdot s}$
基本电荷	e	$1.6\times10^{-19}\ \mathrm{C}$	$1.602\ 176\ 462(63)\times10^{-19}\mathrm{C}$
电子静质量	m_e	$9.1\times10^{-31}\ \mathrm{kg}$	$9.109\ 381\ 88(21)\times10^{-31}\mathrm{kg}$
质子静质量	m_p	$1.67\times10^{-27}\ \mathrm{kg}$	$1.672\ 621\ 58(13)\times10^{-27}\mathrm{kg}$
中子静质量	m_n	$1.67\times10^{-27}\ \mathrm{kg}$	$1.674\ 927\ 16(13)\times10^{-27}\mathrm{kg}$
磁通量子 $h/2e$	Φ_0	$2.07\times10^{-15}\ \mathrm{Wb}$	$2.067\ 833\ 636(81)\times10^{-15}\mathrm{Wb}$
电导量子 $2e^2/h$	G_0	$7.75\times10^{-5}\ \mathrm{s}$	$7.748\ 091\ 696(28)\times10^{-5}$
精细结构常量	α	7.3×10^{-3}	$7.297\ 352\ 533(27)\times10^{-3}$
里德伯常量	R_∞	$1.10\times10^7\ \mathrm{m^{-1}}$	$1.097\ 373\ 156\ 854\ 8(83)\times10^7\mathrm{m^{-1}}$
斯特藩-玻耳兹曼常量	σ	$5.67\times10^{-8}\ \mathrm{W\cdot m^{-2}\cdot K^{-4}}$	$5.670\ 400(40)\times10^{-8}\mathrm{W\cdot m^{-2}\cdot K^{-4}}$
玻尔磁子	μ_B	$9.27\times10^{-24}\ \mathrm{J\cdot T^{-1}}$	$9.274\ 008\ 99(37)\times10^{-24}\mathrm{J\cdot T^{-1}}$
玻尔半径	a_0	$5.29\times10^{-11}\ \mathrm{m}$	$5.291\ 772\ 083(19)\times10^{-11}\mathrm{m}$

[①]根据国际科技数据委员会(CODATA)1998 年的推荐值(1999 年正式发表).

关于太阳、地球和月亮的一些数据

地球质量	5.9742×10^{24} kg
地球赤道半径	6.378140×10^{6} m
地球极半径	6.356775×10^{6} m
太阳质量	1.9891×10^{30} kg
太阳平均半径	6.96×10^{8} m
月亮质量	7.3483×10^{22} kg
月亮平均半径	1.7380×10^{6} m
地球至月亮的平均距离	3.84400×10^{8} m
地球至太阳的平均距离	1.496×10^{11} m

(二)国际单位制的有关规定

1. 国际单位制的基本单位

量的名称	单位名称	单位符号
长度	米	m
质量	千克	kg
时间	秒	s
电流	安[培]	A
热力学温度	开[尔文]	K
物质的量	摩[尔]	mol
发光强度	坎[德拉]	cd

2. 国际单位制的辅助单位

量的名称	单位名称	单位符号
平面角	弧度	rad
立体角	球面度	sr

3. 国际单位制中用于构成十进倍数和分数单位的词头

词头名称	词头符号	所表示的因数
艾[可萨](exa)	E	10^{18}
拍[它](peta)	P	10^{15}
太[拉](tera)	T	10^{12}
吉[伽](giga)	G	10^{9}
兆(mega)	M	10^{6}
千(kilo)	k	10^{3}
百(hecto)	h	10^{2}
十(deca)	da	10^{1}
分(deci)	d	10^{-1}
厘(centi)	c	10^{-2}
毫(milli)	m	10^{-3}
微(micro)	μ	10^{-6}
纳[诺](nano)	n	10^{-9}
皮[可](pico)	p	10^{-12}
飞[母托](femto)	f	10^{-15}
阿[托](atto)	a	10^{-18}

4. 几个保留单位

物理量	符号	数值
电子伏特	eV	$1.602\ 176\ 462(63) \times 10^{-19}$ J
原子质量单位	u	$1.600\ 538\ 73(13) \times 10^{-27}$ kg
标准大气压	atm	$101\ 325$ Pa

参考文献

[1] 程守洙,等.普通物理学(第 6 版,上、下册)[M].北京:高等教育出版社,2006

[2] 吴百诗.大学物理(修订版,上、下册)[M].西安:西安交通大学出版社,1994

[3] 白少民,等.大学物理学(第 2 版,上、下册)[M].西安:陕西人民出版社,2005

[4] 刘克哲.物理学(第 2 版,上、下卷)[M].北京:高等教育出版社,1999

[5] 陆果.基础物理学教程(上、下卷)[M].北京:高等教育出版社,1998

[6] 毛骏健,等.大学物理学(上、下册)[M].北京:高等教育出版社,2006

[7] 朱峰.大学物理[M].北京:清华大学出版社,2004

[8] 范中和.大学物理学(上、下册)[M].西安:陕西师范大学出版社,2006